G. Lindström/R. Langkau

Physik kompakt:
Elektrodynamik

Gunnar Lindström
Rudolf Langkau

Physik kompakt: Elektrodynamik

Prof. Dr. Rudolf Langkau
Professor für Physik an der Universität Hamburg,
I. Institut für Experimentalphysik, Bereich Teilchenphysik
Luruper Chaussee 149, 22761 Hamburg
Arbeitsschwerpunkte: Physikalische Meßtechnik, Beschleuniger, Teilchenphysik

Prof. Dr. Dr. h.c. Gunnar Lindström
Professor für Physik an der Universität Hamburg,
I. Institut für Experimentalphysik, Bereich Nukleare Meßtechnik
Jungiusstr. 9, 20355 Hamburg
Arbeitsschwerpunkte: Halbleiterdetektoren für Kern- und Elementarteilchen-
strahlung, Strahlungshärte, Defekt-Engineering

Umschlag: Klaus Birk, Wiesbaden

Gedruckt auf säurefreiem Papier

ISBN 978-3-662-12693-6   ISBN 978-3-662-12692-9 (eBook)
DOI 10.1007/978-3-662-12692-9

Vorwort

Die vorliegende Einführung in die Experimentalphysik entstand aus den Kursvorlesungen vor dem Vordiplom, die sich vornehmlich an Studenten der naturwissenschaftlichen Fächer mit Schwerpunkt Physik (Physiker, Mathematiker, etc.) wenden. Diese Vorlesungen wurden von Prof. Dr. Rudolf Langkau, Prof. Dr.Dr.h.c. Gunnar Lindström und Prof. Dr. Wolfgang Scobel an der Universität Hamburg über einen längeren Zeitraum (ca. 1976 bis 1996) gehalten und fortlaufend den speziellen Bedürfnissen dieses Hörerkreises angepaßt. Die ausgereiften Niederschriften der genannten Vorlesungen wurden redigiert, vereinheitlicht und um einige Ergänzungen erweitert. So soll nicht nur der genannte Kreis von Hörern, für den Kenntnisse der Grundgesetze der Physik und der physikalisch naturwissenschaftlichen Denkweise ein entscheidender Bestandteil des Grundstudiums ist, angesprochen werden. Die Darstellung und der Umfang des Stoffes wurden diesem Ziel angepaßt. Diesem Zweck dienen auch der einführende Teil (Kapitel 1 des Bandes Mechanik) und die Zusammenfassung der notwendigen Methoden, Einheiten und Größen. Hier wird u.a. berücksichtigt, daß in den vergangenen Jahren die Vorkenntnisse in Mathematik und Physik bei Beginn eines Studiums außerordentlich unterschiedlich wurden. Ausdrücklicher Wert wurde darauf gelegt, den Skriptum-Charakter der Darstellung zu erhalten. Die vorliegenden sechs kleinformatigen Bände sollen nicht als Lehrbuch-Ersatz dienen, sondern als Begleiter neben der Vorlesung Verwendung finden und zum vertiefenden Studium in Lehrbüchern einladen. Die Einteilung der Sachgebiete und die Abfolge ihrer Darstellung folgt daher weitgehend der heute üblichen Praxis.

Dieser Band aus der Reihe Physik kompakt enthält die Einführung in die Grundlagen der Wechselwirkungen am Beispiel der Gravitation, der Elektrizitätslehre und des Magnetismus, wie sie üblicherweise im zweiten Semester angeboten werden. Die Grundlagen der elektrischen Leitung und die Betrachtungen zu den Erscheinungen des Elektromagnetismus im stofferfüllten Raum sowie die Einführung der zeitabhängigen elektromagnetischen Felder bereiten auf die Vorlesungen zur Wechselstromlehre und Festkörperphysik des Hauptstudiums vor. Im Anhang des Bandes werden einfache Gesetze der Vektoranalysis rekapituliert.

Die Autoren danken allen Hörern für die Anregungen und Hinweise, die zur stetigen Verbesserung der Vorlagen führten. Besonderer Dank gilt unserem Lektor, Herrn W. Schwarz, für seine beharrliche und motivierende Unterstützung und Frau M. Berghaus für die geduldige und sorgsame Ausfertigung der Skizzen und Zeichnungen sowie für die arbeitsintensive Erstellung der Reinschrift und die liebevolle Gestaltung des Textlayout mit LaTeX.

Hamburg, im Februar 1996

R. Langkau
G. Lindström
W. Scobel

Inhaltsverzeichnis

1 Gravitationswechselwirkung

1.1 Gravitationsgesetz

Im ersten Teil, Mechanik, war bereits das Gravitationsgesetz angegeben worden:

$$\boxed{\vec{F} = -\vec{u}_r \gamma \frac{mm'}{r^2}}$$

(1.1)

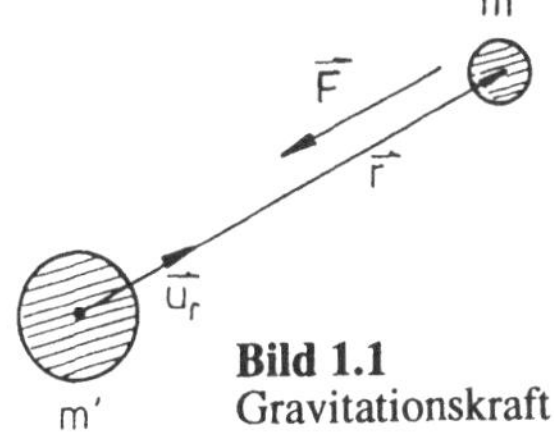

Bild 1.1
Gravitationskraft

Hierin ist $\vec{F}$ die von m' auf m ausgeübte Gravitationskraft, $\vec{r}$ der von m' nach m führende Ortsvektor, r der Abstand zwischen m' und m und $\vec{u}_r = \vec{r}/r$ der Einheitsvektor in Richtung $\vec{r}$. Die Proportionalitätskonstante γ heißt **Gravitationskonstante**. Es ist

$$\gamma = 6.67 \cdot 10^{-11} \, \frac{\text{m}^3}{\text{kg} \cdot \text{s}^2}$$

Das Gravitationsgesetz wurde von NEWTON ursprünglich aus den Keplerschen Gesetzen abgeleitet: KEPLER (1571–1630) hatte die bis dahin bekannten Beobachtungen über die Planetenbewegungen in den folgenden drei empirischen Gesetzen zusammengefaßt:

1. Die Planeten bewegen sich auf Ellipsenbahnen um die Sonne (= jeweils einer der Ellipsenbrennpunkte).

2. Der von der Sonne zu einem Planeten führende Ortsvektor über-
   streicht in gleichen Zeiten gleiche Flächen (konstante Flächenge-
   schwindigkeit).

3. Die Quadrate der Umlaufzeiten verschiedener Planeten verhalten sich
   wie die 3. Potenzen der halben großen Achse ihrer Ellipsenbahnen.

NEWTON (1642–1727) hat aus diesen empirischen Gesetzen aufgrund seiner die Mechanik bestimmenden Axiome das Gravitationsgesetz Gl. (1.1)
etwa in folgender Weise abgeleitet:
Aus dem 2. Keplerschen Gesetz folgt, daß die der Planetenbewegung zugrundeliegende Kraft eine Zentralkraft sein muß (s. Teil 1):

$$\vec{F} = -F\vec{u}_r$$

Die Planetenbahnen können näherungsweise als Kreisbahn beschrieben
werden (Radius r = mittlerer Abstand zur Sonne). Die Bahngeschwindig-
keit ist näherungsweise konstant. Für die eine derartige Bahn erzwingende
Radialkraft muß gelten:

$$F = m\frac{v^2}{r} = m\omega^2 r = m\frac{4\pi^2}{T^2}r$$

Hierin ist T die Umlaufzeit. Für diese gilt nach dem 3. Keplerschen Gesetz:

$$T^2 \sim r^3$$

so daß man erhält: $F \sim m/r^2$. Hierin ist m die Masse des Planeten, r der
Abstand Planet–Sonne und F die von der Sonne auf den Planeten wirkende
Anziehungskraft. Nach dem 3. Newtonschen Axiom gilt für die Kraft F',
die der Planet auf die Sonne (Masse m') ausübt

$$F' = -F$$

und man erwartet analog zur obigen Formel $F' \sim m'/r^2$. Wegen $F' = -F$
sind die beiden Formeln $F \sim m/r^2$ und $F' \sim m'/r^2$ nur dann zu erfüllen,
wenn für die zwischen Sonne und Planet wirkende Gravitationskraft gilt:

$$F \sim \frac{mm'}{r^2}$$

NEWTON hat dann weiterhin angenommen, daß dieses die Planetenbewegung bestimmende Kraftgesetz allgemein die Anziehungskraft zwischen
zwei beliebigen Massen beschreibt, so daß man mit einer universell gültigen
Proportionalitätskonstanten γ das allgemein gültige Gravitationsgesetz Gl.
(1.1) erhält.

1.2 Gravitationskraft und potentielle Energie

Wie bereits bemerkt, gehört die Gravitationskraft zur allgemeinen Klasse der **Zentralkräfte**, die durch die folgende Gleichung beschrieben werden:

$$\vec{F} = F(r)\vec{u}_r$$

Jede Zentralkraft ist eine konservative Kraft. Jedem Punkt im Raum kann also – bis auf eine beliebig zu wählende Konstante – eindeutig eine potentielle Energie zugeordnet werden (s. Teil 1). Dies erkennt man sofort daraus, daß nach der obigen Gleichung das Integral der Verschiebungsarbeit W von einem einmal gewählten Anfangspunkt A zum beliebigen Endpunkt P unabhängig von der Wahl des Weges zwischen A und P ist. Es gilt:

$$\mathrm{d}W = -\vec{F} \cdot \mathrm{d}\vec{s} = -F(r)\vec{u}_r \cdot \mathrm{d}\vec{s} = -F(r)\mathrm{d}r$$

Also ist:

$$W = -\oint_A^P \vec{F}\mathrm{d}\vec{s} = -\int_{r(A)}^{r} F(r)\mathrm{d}r$$

und somit ausschließlich eine Funktion des radialen Abstands zwischen A und P. Für die Festlegung der potentiellen Energie aus der Verschiebungsarbeit sollte dabei der Bezugspunkt A so gewählt werden, daß sich für W_p eine möglichst einfache Form ergibt. Wäre beispielsweise $F(r) \sim r$, so würde man für die potentielle Energie $r(A) = 0$ wählen und damit $W_p \sim -r^2/2$ erhalten. Die sonst notwendige additive Konstante fällt also weg, die potentielle Energie des betrachteten Teilchens wird in diesem Fall gleich Null gesetzt, wenn sein Abstand vom Kraftzentrum gleich Null ist ($W_p = 0$ für $r = 0$). Physikalische Relevanz besitzt ohnehin nur die Differenz der potentiellen Energien (etwa in den Punkten P_1 und P_2), der physikalische Sachverhalt wird also durch die gewählte Zuordnung nicht geändert.

Im Fall der Gravitationskraft mit dem Abstandsgesetz $F(r) \sim -1/r^2$ erhält man für die potentielle Energie $W_p \sim 1/r - 1/r_A$. Es ist also vernünftig, den Bezugspunkt ins Unendliche zu verlegen ($r_A = \infty$), also eine Zuordnung $W_p = 0$ für $r = \infty$ vorzunehmen. Damit erhalten wir:

$$\boxed{W_p(r) = -\gamma\frac{mm'}{r}} \tag{1.2}$$

In diesem Zusammenhang ist es nützlich, die Gesamtenergie $W = W_p + W_k$ einer sich unter dem Einfluß der Gravitationskraft bewegenden Masse m zu betrachten. Hierbei wird der Einfachheit halber $m' \gg m$ angenommen, so daß m' als in Ruhe befindlich betrachtet werden kann. Es gilt also

$$W = \frac{m}{2}v^2 - \gamma\frac{mm'}{r}$$

Speziell werde zunächst angenommen, daß sich m auf einer Kreisbahn um m' bewegt. Dann gilt (Radialkraft = Gravitationskraft)

$$m\frac{v^2}{r} = \gamma\frac{mm'}{r^2}$$

$$\Rightarrow \quad \frac{m}{2}v^2 = \frac{1}{2}\gamma\frac{mm'}{r}$$

also

$$\boxed{W = -\frac{1}{2}\gamma\frac{mm'}{r}} \tag{1.3}$$

Die Gesamtenergie ist in diesem Fall also negativ!

Dieses Ergebnis läßt sich folgendermaßen verallgemeinern: Jede geschlossene Bahn von m um m' (jede Ellipsenbahn) ist durch eine negative Gesamtenergie bestimmt.

Bei positiver Gesamtenergie erhält man für $r \to \infty$ wegen $W_p(r \to \infty) = 0$, $mv_\infty^2/2 = W$, also eine von Null verschiedene Geschwindigkeit $v_\infty = \sqrt{2W/m}$, mit der sich das Teilchen geradlinig bewegt. Die Bahnen sind in diesem Fall offen (Hyperbelbahnen, wie sich zeigen läßt). Im Grenzfall $W = 0$ ergibt sich eine Parabelbahn.

Das in Bild 1.2 zusammengefaßte Resultat gilt allgemein für jedes Kraftgesetz $F \sim 1/r^2$. Danach sind stets geschlossene Bahnen durch negative Gesamtenergie („gebundene Zustände"), offene Bahnen durch positive Gesamtenergie (oder $W = 0$) („ungebundene Zustände") charakterisiert.

Für konservative Kräfte gilt allgemein:

$$\boxed{\vec{F} = -\operatorname{grad} W_p} \tag{1.4}$$

wobei die Operation grad (Gradient) folgendes bedeuten soll:

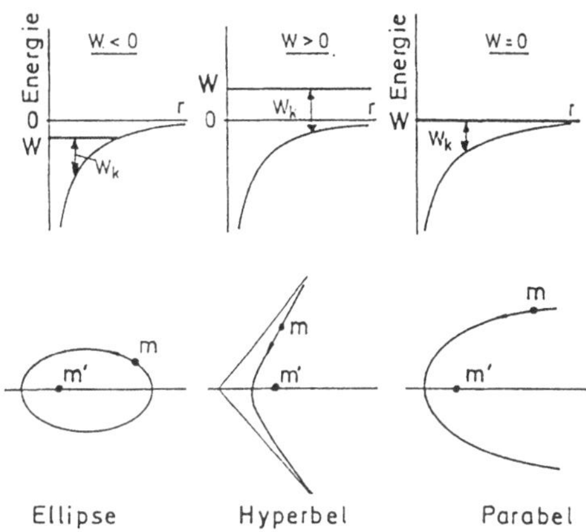

Bild 1.2 Charakterisierung der Teilchenbahn durch die Gesamtenergie bei Gravitationswechselwirkung

$$\text{grad } A = \frac{\partial A}{\partial x} \cdot \vec{u}_x + \frac{\partial A}{\partial y} \cdot \vec{u}_y + \frac{\partial A}{\partial z} \cdot \vec{u}_z \qquad (1.5)$$

Hierin ist $A(x, y, z)$ eine beliebige skalare Funktion. Stellt man A statt in Kartesischen Koordinaten in Kugelkoordinaten r, φ, ϑ dar, und ist A ausschließlich von r abhängig, so gilt:

$$\text{grad } A(r) = \frac{\partial A}{\partial r} \vec{u}_r \qquad (1.5a)$$

Hiermit läßt sich im Fall der Gravitationskraft die Gültigkeit der Gl. (1.4) leicht verifizieren. Aus Gl. (1.2) erhält man

$$\vec{F} = -\text{grad } W_p = -\vec{u}_r \frac{\partial W_p}{\partial r} = \vec{u}_r \frac{\partial}{\partial r} \left(\gamma \frac{mm'}{r} \right)$$

$$= -\gamma \frac{mm'}{r^2} \vec{u}_r$$

Die Angabe der potentiellen Energie als Funktion des Ortes und das Kraftgesetz sind also völlig gleichwertig (vgl. auch Teil 1).

1.3　Gravitationspotential und Gravitationsfeldstärke

Gravitationskraft und potentielle Energie sind durch die Gln. (1.1) und (1.2) beschrieben. Es sei m die konstante Masse eines bestimmten, für die Betrachtung festgehaltenen Teilchens (etwa die Sonne). m' sei die beliebige Masse verschiedener Teilchen mit unterschiedlichen Abständen zur Masse m (etwa die Planeten). Wir betrachten jeweils die Gravitationskraft und die potentielle Energie (Bild 1.3).

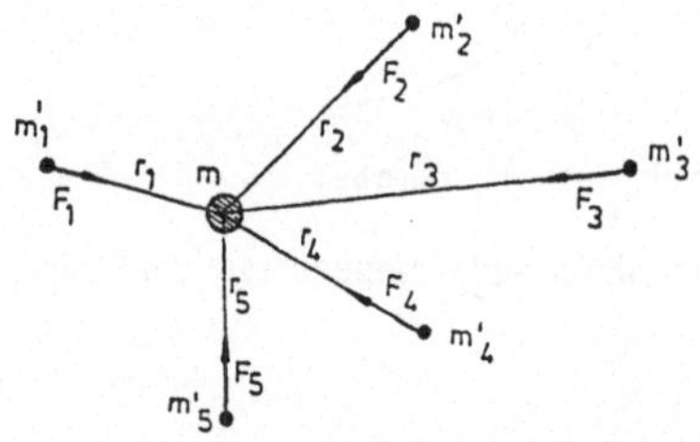

Bild 1.3
Zum Begriff „Gravitationsfeld"

Nach Gln. (1.1) und (1.2) sind Gravitationskraft und potentielle Energie stets proportional zu m'. Damit läßt sich die Situation (Bild 1.3) auch durch Einführung eines von m ausgehenden „Gravitationsfeldes" beschreiben:

$$\vec{F} = -\gamma \frac{m'm}{r^2} \vec{u}_r = m' \left(-\frac{\gamma m}{r^2} \vec{u}_r \right) = m' \vec{g}$$

Wir führen eine **Gravitationsfeldstärke** $\vec{g}$ ein:

$$\boxed{\vec{g} = \frac{\vec{F}}{m'} = \frac{\gamma m}{r^2} \vec{u}_r} \qquad (1.6)$$

Die Gravitationsfeldstärke hat die Dimension einer Beschleunigung:

$$[g] = \frac{\text{N}}{\text{kg}} = \frac{\text{kg m/s}^2}{\text{kg}} = \frac{\text{m}}{\text{s}^2}$$

Weiterhin ist

$$W_p = -\gamma \frac{m'm}{r} = m' \left(-\frac{\gamma m}{r} \right) = m' V$$

Wir führen ein **Gravitationspotential** V ein:

$$V = \frac{W_p}{m'} = -\frac{\gamma m}{r} \tag{1.7}$$

Das Gravitationspotential hat die Dimension:

$$[V] = \frac{\mathrm{J}}{\mathrm{kg}} = \frac{\mathrm{m}^2}{\mathrm{s}^2}$$

Aus (1.6) und (1.7) folgt mit Gl. (1.4) als Zusammenhang zwischen Gravitationspotential und Gravitationsfeldstärke:

$$\vec{g} = -\operatorname{grad} V = -\frac{\partial V}{\partial r}\vec{u}_r \tag{1.8}$$

Durch Gl. (1.6) und (1.7) ist in jedem Punkt $\vec{r}$ (Koordinatenursprung in m) ein Vektor $\vec{g}(\vec{r})$ und eine skalare Größe $V(r)$ definiert, so daß für die von m ausgeübte Kraft auf ein Probeteilchen der Masse m' am Ort $\vec{r}$ gilt:

$$\vec{F} = m'\vec{g}(\vec{r}), \quad W_p = m'V(r) \tag{1.9}$$

Das hier entwickelte Konzept des „Feldes" zur Beschreibung einer Wechselwirkung gilt ganz allgemein und wird im folgenden auch zur Beschreibung ganz andersartiger Wechselwirkungen benutzt.

Superpositionsprinzip: Wir betrachten die von verschiedenen Massen $m_1, m_2, \ldots, m_n$ auf die Probemasse m' ausgeübte Gravitationskraft. Es gilt für die insgesamt auf m' wirkende Kraft:

$$\vec{F}_{\mathrm{ges}} = \sum_{i=1}^{n} \vec{F}_i = m' \sum_{i=1}^{n}\left(-\gamma\frac{m_i}{r_i^2}\vec{u}_{r,i}\right) = m' \sum_{i=1}^{n}\vec{g}_i$$

Hierin ist $\vec{g}_i$ die durch m_i am Ort von m' bewirkte Gravitationsfeldstärke, $\vec{r}_i = r_i \cdot \vec{u}_{r,i}$ ist der jeweils von m_i nach m' führende Ortsvektor. Entsprechend Gl. (1.9) können wir also auch in diesem Fall schreiben:

$$\vec{F}_{\text{ges}} = m' \vec{g}_{\text{ges}}$$

wobei sich die Gesamtfeldstärke aus den Einzelfeldstärken $\vec{g}_i$ additiv zusammensetzt:

$$\vec{g}_{\text{ges}} = \sum_{i=1}^{n} \vec{g}_i \tag{1.10}$$

Aus der Definition der potentiellen Energie $W_p = -\int_{\infty}^{\vec{r}} \vec{F} \mathrm{d}\vec{s}$ und $W_p = m'V$ folgt aus (1.10) entsprechend auch Superposition der Potentiale:

$$V_{\text{ges}} = \sum_{i=1}^{n} V_i \tag{1.10a}$$

Die Gleichungen (1.10) und (1.10a) sind durch entsprechende Integralbeziehungen zu ersetzen, wenn das Feld, statt durch diskrete Einzelmassen m_i durch eine kontinuierliche Massenverteilung eines ausgedehnten Körpers bewirkt wird:

$$\vec{g}_{\text{ges}} = \int\limits_{\text{Vol.}} \mathrm{d}\vec{g}; \; V_{\text{ges}} = \int\limits_{\text{Vol.}} \mathrm{d}V \tag{1.11}$$

Beispiele:

1. Potential und Feldstärke einer homogenen Kugelschale

Wir teilen die Kugelschale (Dicke d) in differentielle Kreisringe (Breite $a \cdot \mathrm{d}\Theta$) auf, wobei die Kreisringebene jeweils senkrecht zu $\vec{r} = \vec{OP}$ gewählt sei.

Superposition der Feldstärke Innerhalb des Kreisrings können je zwei diametral gegenüberliegende Punkte gewählt werden, so daß sich die senkrecht zu $\vec{r}$ wirkenden Feldstärkekomponenten aufheben. Die in Richtung $\vec{r}$ wirkenden sind aber für alle Punkte auf dem Kreisring konstant:

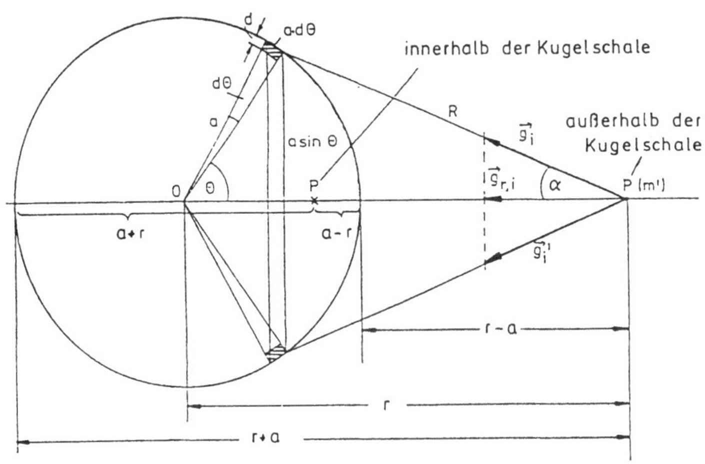

Bild 1.4 Zur Berechnung von Gravitationspotential und -feldstärke einer homogenen Kugelschale

$$-\gamma \frac{\mathrm{d}m}{R^2} \cos \alpha$$

Die Kugelschale hat die Masse m, der Kreisring (Radius $a \sin \Theta$) also die Masse:

$$\frac{m}{4\pi a^2 d} \cdot 2\pi a \sin \Theta \cdot a \cdot \mathrm{d}\Theta \cdot d = \frac{m}{2} \sin \Theta \cdot \mathrm{d}\Theta$$

Integration der Feldstärkebeiträge über den Kreisring liefert also:

$$\mathrm{d}\vec{g}_{\text{Kreisr.}} = -\vec{u}_r \frac{\gamma \dfrac{m}{2} \sin \Theta}{R^2} \cos \alpha \cdot \mathrm{d}\Theta$$

Nach dem Kosinussatz gilt (s. Bild 1.4):

$$R^2 = a^2 + r^2 - 2ar \cos \Theta$$

Differentiation liefert ($a = \text{const}, r = \text{const}$):

$$2R \cdot \mathrm{d}R = 2ar \sin \Theta \cdot \mathrm{d}\Theta$$

also die Beziehung:

$$\sin \Theta \cdot d\Theta = \frac{R}{ar} \cdot dR$$

Außerdem gilt nach dem Kosinussatz weiterhin:

$$a^2 = R^2 + r^2 - 2Rr \cos \alpha$$
$$\cos \alpha = \frac{R^2 + r^2 - a^2}{2Rr}$$

Setzt man die Beziehungen für $\sin \Theta \cdot d\Theta$ und $\cos \alpha$ in diejenige für $d\vec{g}_{\text{Kreisr.}}$ ein, so erhält man:

$$d\vec{g}_{\text{Kreisr.}} = -\vec{u}_r \gamma \frac{m}{r^2} \frac{1}{4a} \left(1 + \frac{r^2 - a^2}{R^2} \right) \cdot dR$$

Integration im Fall $r > a$ (P außerhalb der Kugelschale)

$$\vec{g} = \int_{r-a}^{r+a} d\vec{g}_{\text{Kreisr.}} = -\vec{u}_r \gamma \frac{m}{r^2} \frac{1}{4a} \underbrace{\left\{ R - \frac{r^2 - a^2}{R} \right\}_{r-a}^{r+a}}_{= 4a}$$

$$\vec{g} = -\vec{u}_r \gamma \frac{m}{r^2}$$

Die Gesamtmasse kann also im Zentrum der Kugelschale vereinigt gedacht werden.

Integration im Fall $r < a$ (P innerhalb der Kugelschale) In diesem Fall ist folgende Integration auszuführen (s. Bild 1.4, geänderte Integrationsgrenzen!):

$$\vec{g} = \int_{a-r}^{a+r} d\vec{g}_{\text{Kreisr.}} = -\vec{u}_r \gamma \frac{m}{r^2} \frac{1}{4a} \underbrace{\left\{ R - \frac{r^2 - a^2}{R} \right\}_{a-r}^{a+r}}_{= 0}$$

$$\vec{g} = 0$$

Superposition des Potentials Das Potential des Kreisrings (Masse $m/2 \sin \Theta \cdot \mathrm{d}\Theta$, s.o.) ist gegeben durch

$$\mathrm{d}V_{\mathrm{Kreisr.}} = -\gamma \frac{\frac{m}{2} \sin \Theta}{R} \cdot \mathrm{d}\Theta$$

mit $\sin \Theta \cdot \mathrm{d}\Theta = (R \cdot \mathrm{d}R)/(ar)$ erhält man:

$$\mathrm{d}V_{\mathrm{Kreisr.}} = -\gamma \frac{m}{2ar} \cdot \mathrm{d}R$$

also für P **außerhalb** der Kugelschale ($r > a$)

$$V = \int_{r-a}^{r+a} \mathrm{d}V_{\mathrm{Kreisr.}} = -\gamma \frac{m}{2ar} R \Big|_{r-a}^{r+a}$$

$$V = -\gamma \frac{m}{r}$$

Für P **innerhalb** der Kugelschale ($r < a$) (Integrationsgrenzen s.o.):

$$V = \int_{a-r}^{a+r} \mathrm{d}V_{\mathrm{Kreisr.}} = -\gamma \frac{m}{2ar} R \Big|_{a-r}^{a+r}$$

$$V = -\gamma \frac{m}{a}$$

Wir fassen zusammen: Für die homogene Kugelschale (Radius a, Masse m) gilt für einen Punkt P im Abstand r vom Kugelmittelpunkt:

$$V = \begin{cases} -\gamma \dfrac{m}{a}, & r < a \\[2mm] -\gamma \dfrac{m}{r}, & r > a \end{cases} \quad ; \quad \vec{g} = \begin{cases} 0, & r < a \\[2mm] -\gamma \dfrac{m}{r^2} \vec{u}_r, & r > a \end{cases}$$

$$(1.12)$$

Selbstverständlich hängen Potential und Feldstärke auch in den Gln. (1.12) durch die allgemeine Beziehung Gl. (1.8) miteinander zusammen. Es hätte also beispielsweise nur das einfacher zu berechnende Potential hergeleitet zu werden brauchen. Die Feldstärke hätte sich dann daraus durch $\vec{g} = -\,\mathrm{grad}\,V$ direkt ergeben.

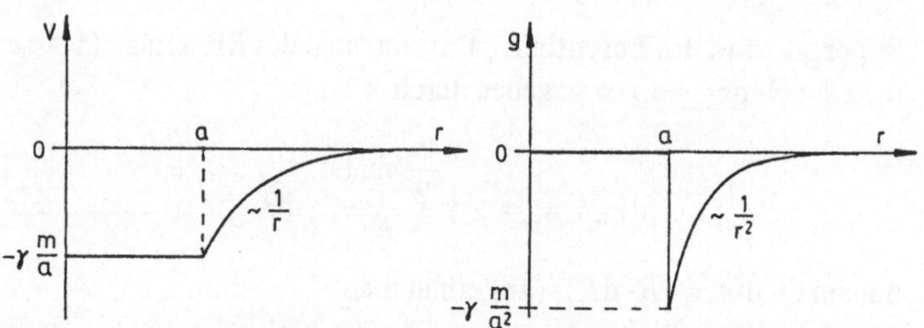

Bild 1.5 Gravitationspotential und -feldstärke einer homogenen Kugelschale (Radius a)

2. Gravitationspotential und -feldstärke einer homogenen Kugel.

Es werde eine Kugel (Radius a) konstanter Dichte betrachtet: $\varrho(r) =$ const. Die Gesamtmasse sei m. Die Kugel wird in Kugelschalen (Radius b, Masse: $4\pi b^2 \cdot \mathrm{d}b \cdot \varrho$, $0 \leq b \leq a$) aufgeteilt. Der Abstand des betrachteten Punktes P vom Kugelmittelpunkt sei wieder r.

a.) P **außerhalb der Kugel**, $r > a$

Jede Kugelschale verursacht ein Potential und eine Feldstärke, wie die der im Kugelmittelpunkt vereinigten jeweiligen Gesamtmasse (s. Gl. (1.12)). Die Integration über das Gesamtvolumen der Kugel (also über b) läßt sich daher sofort ausführen und man erhält:

$$V = -\gamma\frac{m}{r},\ \vec{g} = -\gamma\frac{m}{r^2}\vec{u}_r;\ r > a \qquad (1.13)$$

b.) P **innerhalb der Kugel**, $r < a$

Der schraffierte Teil der Kugel mit dem Radius r kann in 0 vereinigt gedacht werden, derjenige zwischen r und a wird in Kugelschalen mit Radius b und Dicke $\mathrm{d}b$ aufgeteilt (s. Bild 1.6). Durch Anwendung der Gl. (1.12) erhalten wir

$$V = -\gamma\frac{\frac{4}{3}\pi r^3\varrho}{r} + \int_r^a -\gamma\frac{4\pi b^2 \cdot \mathrm{d}b \cdot \varrho}{b}$$

$$= -\gamma\frac{4}{3}\pi r^2\varrho - \gamma 2\pi\varrho b^2\Big|_r^a$$

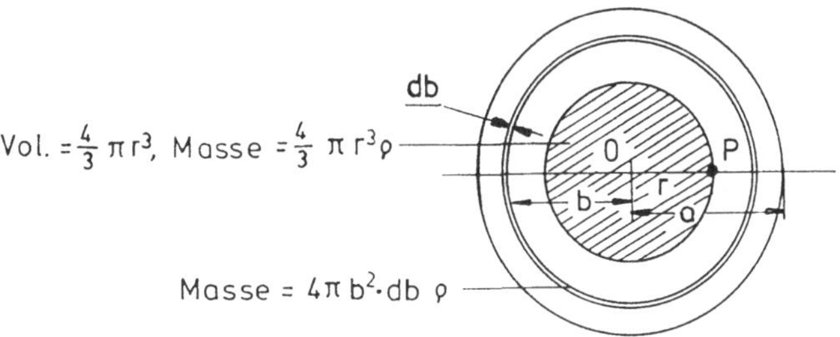

Bild 1.6 Herleitung des Gravitationspotentials innerhalb einer homogenen Kugel

$$= \gamma\pi\varrho\left(\frac{2}{3}r^2 - 2a^2\right) = \frac{2}{3}\gamma\pi\varrho(r^2 - 3a^2)$$

Durch Einsetzen der Gesamtmasse $m = 4/3\,\pi a^3\varrho$ erhält man

$$V = \frac{\gamma m}{2a^3}(r^2 - 3a^2), \; r < a$$

und mit Gl. (1.8)

$$\vec{g} = -\frac{\partial V}{\partial r}\vec{u}_r = -\frac{\gamma m}{2a^3}\frac{\partial}{\partial r}(r^2 - 3a^2)\vec{u}_r$$
$$= -\frac{\gamma m}{a^3}r\vec{u}_r$$

Zusammengefaßt:

$$\left.\begin{array}{rcl} V &=& \dfrac{\gamma m}{2a^3}(r^2 - 3a^2) \\[2ex] \vec{g} &=& -\dfrac{\gamma m r}{a^3}\vec{u}_r \end{array}\right\} r < a \qquad (1.13a)$$

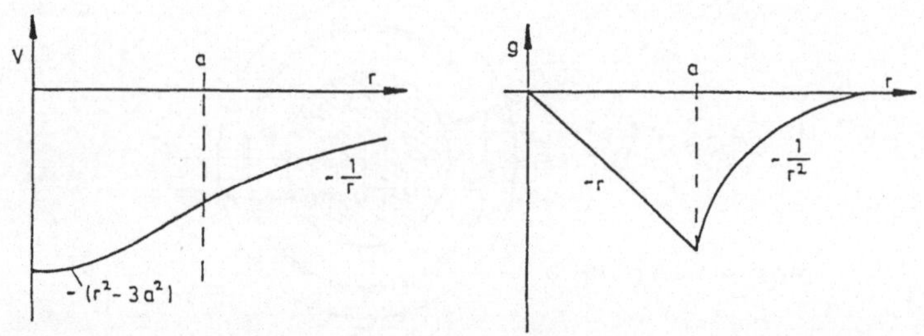

Bild 1.7 Gravitationspotential und -feldstärke einer homogenen Kugel (Radius a)

Feldlinien und Äquipotentialflächen   Ein Feld wird häufig bildlich auch durch **Feldlinien** (Kraftlinien) dargestellt. Eine **Feldlinie** ist diejenige Bahn, auf der sich die Probemasse bewegen würde, wenn sie ausschließlich der Wirkung des betrachteten Feldes unterliegt. In jedem Punkt einer Feldlinie ist also die Feldstärkenrichtung durch die Bahntangente bestimmt. Die Feldstärke wird dann vielfach durch die Dichte der Feldlinien charakterisiert. Demgegenüber heißt eine durch konstante potentielle Energie, d.h. durch konstantes Potential V gekennzeichnete Fläche im Raum **Äquipotentialfläche**. Innerhalb einer Äquipotentialfläche kann eine Probemasse verschoben werden, ohne daß Arbeit geleistet zu werden braucht (die potentielle Energie bleibt ja konstant!), d.h. die Kraftkomponente tangential zur Äquipotentialfläche ist jeweils gleich Null. Äquipotentialflächen und Feldlinien stehen also senkrecht aufeinander. Damit läßt sich Gl. (1.4) auch schreiben (vgl. Bild 1.8):

$$\vec{F} = -\frac{\partial W_p}{\partial s_n}\vec{u}_n, \quad \vec{g} = -\frac{\partial V}{\partial s_n}\vec{u}_n \qquad (1.14)$$

$$\Rightarrow \left|\frac{\partial V}{\partial s}\right| < \left|\frac{\partial V}{\partial s_n}\right| \Rightarrow \left|\frac{\partial V}{\partial s_n}\right| = \max\left|\frac{\partial V}{\partial s}\right|$$

Feldlinien- und Äquipotentialflächen für das Feld einer und zweier Punktmassen sind in Bild 1.9 als Beispiel dargestellt.

Gravitationsfeldstärke und Fallbeschleunigung   Für den freien Fall der Masse m' auf der Erdoberfläche hatten wir als Kraftgesetz geschrieben (Teil 1)

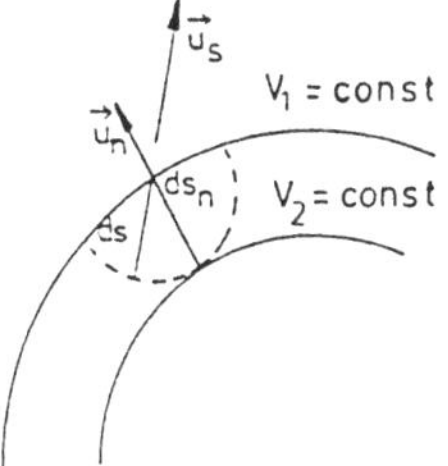

Bild 1.8
Der Gradient (die Feldstärke) hat stets diejenige Richtung, in der sich das Potential am stärksten verändert ($\vec{u}_s$ beliebige Richtung, $\vec{u}_n$ Normalrichtung zur Äquipotentialfläche $V = \text{const}$). Veranschaulichung durch zwei benachbarte Äquipotentialflächen V_1, V_2).

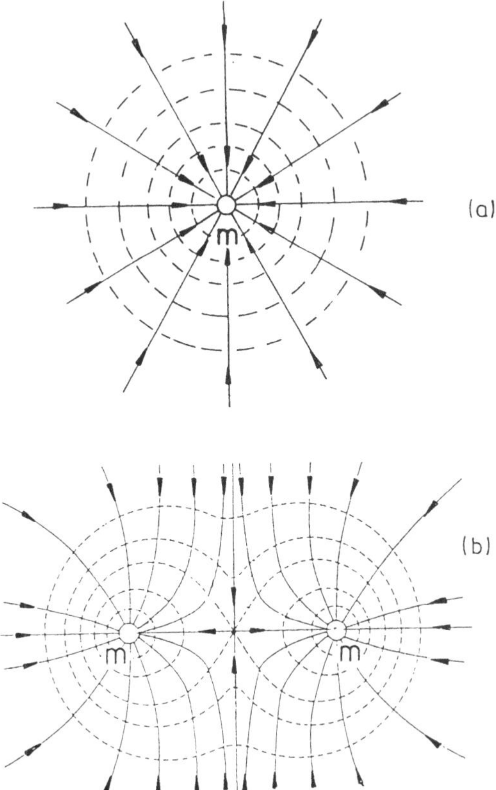

Bild 1.9 Äquipotentialflächen und Feldlinien für das Feld einer Punktmasse (a) und für zwei gleiche Punktmassen (b)

$$\vec{F} = m' \cdot \vec{g}$$

Hierin ist $\vec{g}$ die **Fallbeschleunigung**. Nach Gl. (1.9) und (1.10) können wir $\vec{g}$ auch als **Gravitationsfeldstärke** interpretieren! Wenn man näherungsweise die Erde als ideale Kugel betrachtet und von der Annahme ausgeht, daß die Massenverteilung in jeder Kugelschale homogen ist, dann läßt sich g an der Erdoberfläche nach Gl. (1.13) aus der Erdmasse ($5.98 \cdot 10^{24}$ kg) und ihrem Radius ($6.37 \cdot 10^6$ m) errechnen. Man erhält $g = 9.83$ m/s^2 (vgl. hierzu Fallbeschleunigung in Teil 1).

1.4   Ergänzung*: Planetenbahnen und Rutherfordstreuung

Ausgangspunkt der Betrachtungen ist eine ruhende Punktmasse M oder ruhende Punktladung Q im Ursprung des Koordinatensystems. **Ziel** ist die Bestimmung der möglichen Bahnen, die eine bewegte Punktmasse m im Gravitationsfeld von M oder eine bewegte Punktladung q der Masse m im Coulomb-Feld von Q durchlaufen kann. Die potentiellen Energien betragen im **Gravitationsfeld**:

$$W_{p,g} = -\gamma \frac{mM}{r}$$

und im **Coulombfeld**:

$$W_{p,C} = \frac{1}{4\pi\varepsilon_0} \frac{qQ}{r}$$

Zur gemeinsamen Behandlung beider Fälle wird die potentielle Energie im folgenden durch

$$W_p = -\frac{A}{r}$$

beschrieben. Es ist A **positiv** für die Gravitationswechselwirkung (anziehende Kraft), **positiv** für die Coulomb-Wechselwirkung bei **ungleichnamigen** Ladungen q und Q (anziehende Kraft), **negativ** für die Coulomb-Wechselwirkung bei **gleichnamigen** Ladungen q und Q (abstoßende Kraft).

Bezeichnen W und W_k die Gesamtenergie und die kinetische Energie, dann lautet der Energie-Erhaltungssatz:

$$W = W_k + W_p = \frac{1}{2}\,mv^2 - \frac{A}{r} = \text{const} \qquad (1.15)$$

In **Zentralkraftfeldern** gilt außerdem der Erhaltungssatz $\vec{L} = \text{const}$ für den Bahndrehimpuls. Die Konstanz der **Richtung** von $\vec{L}$ bedeutet, daß die Bahn in einer **Ebene** liegt. Diese wird im folgenden als (x, y)-Ebene festgelegt. Aus der Konstanz des **Betrages** von $\vec{L}$ folgt:

$$L = mr^2\omega = mr^2\frac{\mathrm{d}\varphi}{\mathrm{d}t} = \text{const} \qquad (1.16)$$

Dabei bezeichnet r den Betrag des Ortsvektors $\vec{r}$ von m bzw. q, φ den Winkel zwischen $\vec{r}$ und der x-Achse und $\omega =\mathrm{d}\varphi/\mathrm{d}t$ die Winkelgeschwindigkeit.

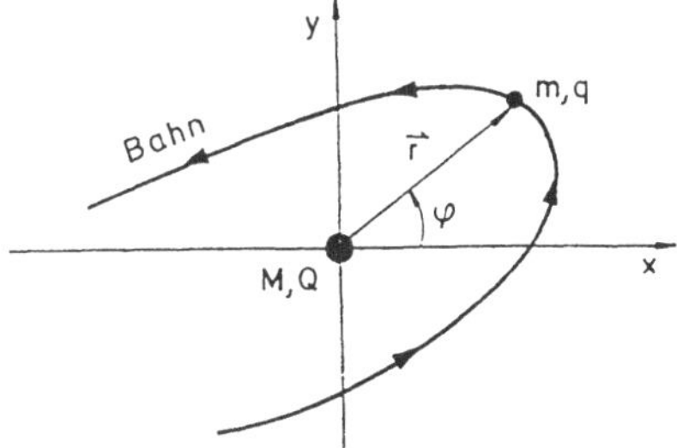

Der Übergang von (x, y)-Koordinaten zu (r, φ)-Polarkoordinaten mittels der Transformationsgleichungen

$$\begin{aligned}
x &= r\cos\varphi, & \frac{\mathrm{d}x}{\mathrm{d}t} &= \cos\varphi\frac{\mathrm{d}r}{\mathrm{d}t} - r\sin\varphi\frac{\mathrm{d}\varphi}{\mathrm{d}t}\\[2mm]
y &= r\sin\varphi, & \frac{\mathrm{d}y}{\mathrm{d}t} &= \sin\varphi\frac{\mathrm{d}r}{\mathrm{d}t} + r\cos\varphi\frac{\mathrm{d}\varphi}{\mathrm{d}t}
\end{aligned}$$

ergibt:

$$v^2 = \left(\frac{\mathrm{d}x}{\mathrm{d}t}\right)^2 + \left(\frac{\mathrm{d}y}{\mathrm{d}t}\right)^2 = \left(\frac{\mathrm{d}r}{\mathrm{d}t}\right)^2 + r^2\left(\frac{\mathrm{d}\varphi}{\mathrm{d}t}\right)^2$$

Damit folgt aus (1.15):

$$\left(\frac{\mathrm{d}r}{\mathrm{d}t}\right)^2 + r^2\left(\frac{\mathrm{d}\varphi}{\mathrm{d}t}\right)^2 = \frac{2W}{m} + \frac{2A}{mr}$$

Mit $\mathrm{d}r/\mathrm{d}t = (\mathrm{d}r/\mathrm{d}\varphi)\cdot(\mathrm{d}\varphi/\mathrm{d}t)$ und $\mathrm{d}\varphi/\mathrm{d}t = L/(mr^2)$ aus (1.16) ist dann:

$$\left(\frac{\mathrm{d}r}{\mathrm{d}\varphi}\right)^2 \frac{L^2}{m^2 r^4} + r^2 \frac{L^2}{m^2 r^4} = \frac{2W}{m} + \frac{2A}{mr}$$

oder:

$$\frac{1}{r^4}\left(\frac{\mathrm{d}r}{\mathrm{d}\varphi}\right) = \frac{2mW}{L^2} + \frac{2mA}{L^2}\frac{1}{r} - \frac{1}{r^2} \tag{1.17}$$

Diese Beziehung beschreibt – in Form einer etwas unübersichtlichen Differentialgleichung – den Abstand r als Funktion von φ, also die gesuchte Bahnkurve.

Bezeichnungen:

$$\frac{L^2}{mA} = h \tag{1.18}$$

heißt **Halbparameter** der Bahn.

$$e = +\sqrt{1 + \frac{2WL^2}{mA^2}} \tag{1.19}$$

heißt **numerische Exzentrizität** der Bahn.
Aus (1.19) folgt mit (1.18):

$$e^2 - 1 = \frac{2WL^2}{mA^2}\frac{h^2}{h^2} = \frac{2WL^2}{mA^2}\frac{m^2 A^2}{L^4}h^2 = \frac{2mW}{L^2}h^2$$

oder

$$\frac{2mW}{L^2} = \frac{e^2 - 1}{h^2} \tag{1.20}$$

Einsetzen von (1.20) und (1.18) in (1.17) ergibt:

$$\left(\frac{1}{r^2}\frac{\mathrm{d}r}{\mathrm{d}\varphi}\right)^2 = \frac{e^2 - 1}{h^2} + \frac{2}{h}\frac{1}{r} - \frac{1}{r^2}$$

$$= \frac{e^2}{h^2} - \left(\frac{1}{r} - \frac{1}{h}\right)^2 \tag{1.21}$$

Abkürzung:

$$\frac{h}{e}\left(\frac{1}{r} - \frac{1}{h}\right) = \varrho \tag{1.22}$$

Damit ist:

$$\frac{\mathrm{d}\varrho}{\mathrm{d}\varphi} = \frac{h}{e}\frac{\mathrm{d}}{\mathrm{d}\varphi}\left(\frac{1}{r}\right) = -\frac{h}{e}\frac{1}{r^2}\frac{\mathrm{d}r}{\mathrm{d}\varphi}$$

oder

$$\left(\frac{1}{r^2}\frac{\mathrm{d}r}{\mathrm{d}\varphi}\right)^2 = \frac{e^2}{h^2}\left(\frac{\mathrm{d}\varrho}{\mathrm{d}\varphi}\right)^2$$

Einsetzen in (1.21) ergibt schließlich:

$$\left(\frac{\mathrm{d}\varrho}{\mathrm{d}\varphi}\right)^2 + \varrho^2 = 1 \tag{1.23}$$

Diese Differentialgleichung enthält gegenüber (1.17) keine neuen oder zusätzlichen physikalischen Aussagen. Sie hat lediglich eine übersichtlichere Form, die das Auffinden einer Lösung erleichtert.

Gesucht wird eine Funktion $\varrho(\varphi)$, deren Quadrat zusammen mit dem Quadrat ihrer ersten Ableitung eine Eins ergibt. Eine solche Eigenschaft hat nur die Kosinus- (oder Sinus-) Funktion. Also lautet die Lösung von (1.23):

$$\varrho(\varphi) = \cos(\varphi + \alpha)$$

Der Winkel α ist die „Integrationskonstante". Sie kann durch eine frei vorgebbare Anfangsbedingung festgelegt werden. Probe:

$$\frac{\mathrm{d}\varrho}{\mathrm{d}\varphi} = -\sin(\varphi + \alpha); \quad \left(\frac{\mathrm{d}\varrho}{\mathrm{d}\varphi}\right)^2 = \sin^2(\varphi + \alpha)$$

$$\sin^2(\varphi + \alpha) + \cos^2(\varphi + \alpha) = 1$$

Aus (1.22) folgt dann:

$$\frac{1}{r} - \frac{1}{h} = \frac{e}{h}\varrho = \frac{e}{h}\cos(\varphi + \alpha)$$

oder

$$r(\varphi) = \frac{h}{1 + e\cos(\varphi + \alpha)}$$

Die Anfangsbedingung wird üblicherweise so gewählt, daß der umlaufende Körper den **kleinsten** Abstand vom Zentrum bei $\varphi = 0$ hat. Für $\varphi = 0$ ist:

$$r(0) = \frac{h}{1 + e\cos\alpha}$$

$r(0)$ ist dann minimal, wenn $\cos\alpha$ maximal, also gleich $+1$ ist. Das ist im Intervall $0 \leq \alpha < 2\pi$ für $\alpha = 0$ der Fall. Damit ergibt sich für die Bahnkurve:

$$r(\varphi) = \frac{1}{1 + e\cos\varphi} \tag{1.24}$$

Diese Gleichung ist die Polarkoordinaten-Darstellung von Kegelschnitten, also von Ellipsen und Hyperbeln, wobei der Koordinatenursprung in einem der Brennpunkte liegt. Bekannter sind die Kegelschnittgleichungen in der (x, y)-Darstellung, nämlich:

$$\frac{x^2}{a^2} \pm \frac{y^2}{b^2} = 1 \tag{1.25}$$

wobei das Pluszeichen für eine Ellipse, das Minuszeichen für eine Hyperbel gilt. Der Vollständigkeit halber wird im folgenden die Äquivalenz der Darstellungen (1.24) und (1.25) für den Fall der Ellipse aufgezeigt.

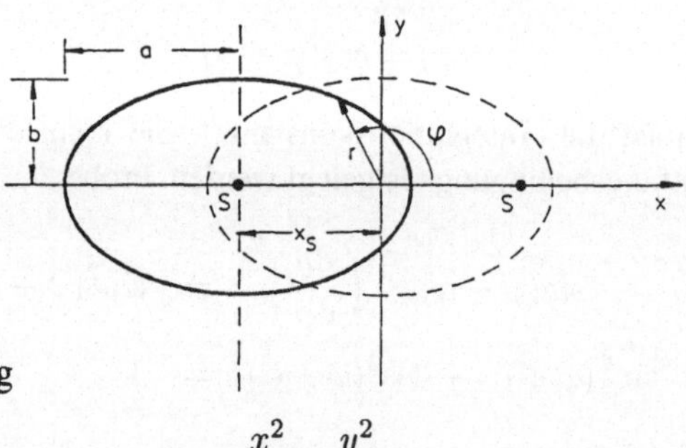

Die Gleichung

$$\frac{x^2}{a^2} + \frac{y^2}{b^2} = 1$$

beschreibt eine Ellipse, deren Mittelpunkt im Koordinatenursprung, deren große Halbachse in x- und deren kleine Halbachse in y-Richtung liegt. Die Abszissen der beiden Brennpunkte S sind $x_s = \pm\sqrt{a^2 - b^2}$. Nach Verschiebung der Ellipse entlang der x-Achse nach links um die Strecke x_s befindet sich ihr rechter Brennpunkt im Koordinatenursprung, und die Ellipsengleichung lautet dann:

$$\frac{(x + \sqrt{a^2 - b^2})}{a^2} + \frac{y^2}{b^2} = 1$$

Der Übergang zu (r, φ)-Polarkoordinaten ergibt mit $x = r \cos \varphi$ und $y = r \sin \varphi$:

$$\frac{(r \cos \varphi + \sqrt{a^2 - b^2})}{r^2} + \frac{r^2 \sin^2 \varphi}{b^2} = 1$$

Nach einigen einfachen Umformungen und unter Ausnutzung der Relation $\sin^2 \varphi = 1 - \cos^2 \varphi$ erhält man:

$$r^2 = \frac{b^4}{a^2} - 2\frac{b^2}{a}\sqrt{1 - \frac{b^2}{a^2}}\, r \cos \varphi + \left(1 - \frac{b^2}{a^2}\right) r^2 \cos^2 \varphi$$

oder

$$r^2 = \left(\frac{b^2}{a} - \sqrt{1 - \frac{b^2}{a^2}}\, r \cos \varphi\right)^2$$

Da r als **Betrag** des Ortsvektors nur **positiv** sein kann, ergibt die Radizierung mit den Bezeichnungen

$$h = \frac{b^2}{a} \qquad \text{und} \qquad e = \sqrt{1 - \frac{b^2}{a^2}} \tag{1.26}$$

als Ellipsengleichung

$$r = h - er \cos \varphi$$

oder

$$r = \frac{h}{1 + e \cos \varphi}$$

also die Bahnkurve (1.24).

Ob der Körper eine Ellipsen- oder Hyperbel-Bahn durchläuft und wie die Kurvenparameter von den physikalischen Gegebenheiten abhängen, wird in der folgenden Fallunterscheidung diskutiert.

1. Fall: Die Kraft ist **anziehend** (Gravitationswechselwirkung oder Coulomb-Wechselwirkung bei ungleichnamigen Ladungen q und Q). Die Gesamtenergie ist **negativ** ($W = mv^2/2 - A/r < 0$).

Für ein anziehendes Potential ist $A > 0$ und damit gemäß (1.18) auch $h > 0$. Für $W < 0$ ist gemäß (1.19) $e < 1$. Die Bahnkurve (1.24) ergibt im gesamten Winkelbereich $0 \leq \varphi \leq 2\pi$ **endliche** und positive r-Werte. Die Bahn ist eine geschlossene Kurve, also eine **Ellipse**.

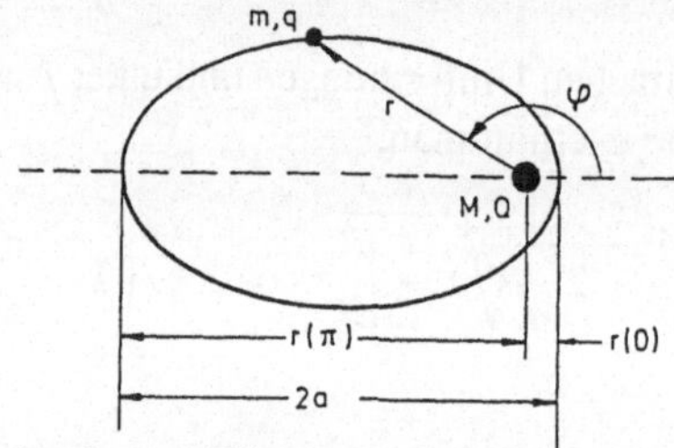

Aus (1.24) ist abzulesen: Für $\varphi = 0$ ist $\cos\varphi = 1$ und $r(0) = h/(1 + e)$. Für $\varphi = \pi \stackrel{\wedge}{=} 180°$ ist $\cos\varphi = -1$ und $r(\pi) = h/(1 - e)$. Die große Achse hat also die Länge:

$$2a = r(0) + r(\pi) = h\left(\frac{1}{1+e} + \frac{1}{1-e}\right) = \frac{2h}{1-e^2}$$

Mit (1.18) und (1.19) folgt daraus:

$$2a = \frac{A}{(-W)} \qquad (W \text{ ist } \textbf{negativ}!)$$

Bei vorgegebenem A wird also die Länge $2a$ der großen Achse **allein** von W bestimmt. Für $\varphi = \pm\pi/2 \stackrel{\wedge}{=} \pm 90°$ ist $\cos\varphi = 0$ und $r(\pi/2) = h$.

Die Größe des Halbparameters wird nach (1.18) bei vorgegebenem A **allein** von L bestimmt. Für die Länge $2b$ der kleinen Achse ergibt sich aus (1.26) zusammen mit (1.18):

$$2b = 2\sqrt{ah} = 2\sqrt{\frac{A}{2(-W)}\frac{L^2}{mA}} = \frac{2L}{\sqrt{2m(-W)}}$$

Wird speziell bei vorgegebener Gesamtenergie W und festem A der Bahndrehimpuls L so gewählt, daß $L^2 = (mA^2)/(-2W)$ ist, dann ergibt sich $a = b$. Die resultierende Bahn ist ein Kreis.

2. Fall: Die Kraft ist **anziehend** (Gravitationswechselwirkung oder Coulomb-Wechselwirkung bei ungleichnamigen Ladungen q und Q). Die Gesamtenergie ist **positiv** $(W = (mv^2)/(2 - A/r) > 0)$.

Wiederum ist $A > 0$ und damit $h > 0$. Wegen $W > 0$ ist gemäß (1.19) aber $e > 1$. Aus (1.24) ist abzulesen:

Für $\varphi = 0$ ist $\cos\varphi = 1$ und $r(0) = h/(1 + e)$. Für $\varphi \equiv \varphi_0 = \pm\arccos(-1/e)$, d.h. für

$$\cos\varphi_0 = -\frac{1}{e} \tag{1.27}$$

ist $r(\varphi_0) = \infty$. Für $\varphi_0 < \varphi < 2\pi - \varphi_0$ ist $-1 < \cos\varphi < -1/e$ und der Nenner von (1.24) negativ. Also ist in diesem Winkelbereich r ebenfalls **negativ**. Da r der **Betrag** eines Vektors ist, sind nur **positive** r-Werte physikalisch sinnvoll. Zwischen $\varphi = \varphi_0$ und $\varphi = 2\pi - \varphi_0$ existiert somit keine Bahnkurve. Da $\cos\varphi_0$ negativ ist, muß der Grenzwinkel φ_0 dem Betrage nach ein **stumpfer** Winkel sein (siehe Bild 1.10).

Die Bahn ist also **keine geschlossene** Kurve. Sie ist eine **Hyperbel**, die das Wechselwirkungszentrum M bzw. Q **umläuft**. Die Winkel $\pm\varphi_0$ sind gleichzeitig die Winkel der beiden Hyperbelasymptoten gegen die Richtung $\varphi = 0$. Ein aus dem Unendlichen ankommenden und wieder im Unendlichen verschwindender Körper m bzw. q wird also insgesamt um den Winkel

$$\vartheta = 2\varphi_0 - \pi$$

abgelenkt. Aus

$$\frac{\vartheta}{2} = \varphi_0 - \frac{\pi}{2}$$

folgt nach den Rechenregeln der Trigonometrie:

$$\cot\frac{\vartheta}{2} = \cot\left(\varphi_0 - \frac{\pi}{2}\right) = -\tan\varphi_0 = -\frac{\sqrt{1 - \cos^2\varphi_0}}{\cos\varphi_0}$$

Aus (1.27) und (1.19) folgt daraus:

$$\cot\frac{\vartheta}{2} = e\sqrt{1 - \frac{1}{e^2}} = \sqrt{e^2 - 1} = \frac{L}{A}\sqrt{\frac{2W}{m}} \tag{1.28}$$

Diese Beziehung verknüpft den Ablenkungswinkel mit den vorgegebenen physikalischen Größen.

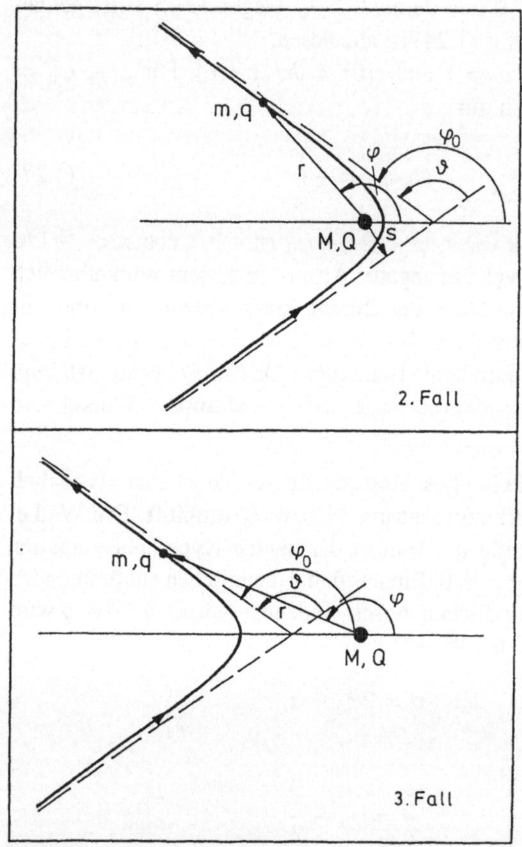

Bild 1.10 Bahnen bei positiver Gesamtenergie für eine anziehende (2. Fall) und eine abstoßende (3. Fall) Kraft

Der senkrechte Abstand s der beiden Hyperbelasymptoten vom Zentrum (Brennpunkt) heißt **Stoßparameter**. Bestünde keinerlei Wechselwirkung zwischen m und M bzw. q und Q, dann würde der aus dem Unendlichen unter dem Winkel φ_0 ankommende Körper in diesem Abstand geradlinig am Zentrum vorbeilaufen. Im Unendlichen beträgt die Gesamtenergie

$$W_\infty = W(r \to \infty) = \left(\frac{1}{2}mv^2 - \frac{A}{r} \right)_{r \to \infty} = \frac{1}{2}mv_\infty^2$$

und der Betrag des Bahndrehimpulses bezüglich des Zentrums

$$L_\infty = mv_\infty s$$

Daraus folgt:

$$W_\infty = \frac{L_\infty^2}{2ms^2} \qquad \text{oder} \qquad s = \frac{L_\infty}{\sqrt{2mW_\infty}}$$

Da W und L Erhaltungsgrößen sind und damit längs der ganzen Bahn konstant bleiben, ist

$$W_\infty = W, \; L_\infty = L \quad \text{und} \quad s = \frac{L}{\sqrt{2mW}}$$

Damit ergibt (1.28):

$$\tan\frac{\vartheta}{2} = \frac{L}{A}\sqrt{\frac{2W}{m}} = \frac{L}{A}\sqrt{\frac{4W^2}{2mW}} = \frac{L}{\sqrt{2mW}}2\frac{W}{A}$$

oder

$$\tan\frac{\vartheta}{2} = 2s\frac{W}{A} \tag{1.29}$$

3. Fall: Die Kraft ist **abstoßend** (Coulomb-Wechselwirkung bei gleichnamigen Ladungen q und Q). Die Gesamtenergie ist **positiv** ($W = mv^2/2 - A/r > 0$).

Für ein abstoßendes Potential ist $A < 0$ und damit gemäß (1.18) auch $h < 0$. Wegen $W > 0$ ist gemäß (1.19) $e > 1$. Dieser Fall ergibt sich somit aus dem 2. Fall durch einen Wechsel im Vorzeichen von r. Das heißt: Für $\varphi = \varphi_0$ mit $\cos\varphi_0 = -1/e$ ist $r = \infty$. Im Winkelbereich $2\pi - \varphi_0 < \varphi < \varphi_0$ ist r **negativ**. Im Winkelbereich $\varphi_0 < \varphi < 2\pi - \varphi_0$ ist r **positiv**, d.h. nur hier gibt es eine Bahn. Sie ist wiederum eine **Hyperbel**. Während aber im 2. Fall das Zentrum umlaufen wird, weicht hier der Körper dem Zentrum aus (siehe Bild 1.10).

Für den Ablenkwinkel ϑ gilt unter Beachtung des Vorzeichens von A unverändert die Beziehung (1.29), d.h. es ist

$$\tan\frac{\vartheta}{2} = 2s\frac{W}{(-A)} \tag{1.30}$$

Läuft der Körper **zentral**, also mit dem Stoßparameter $s = 0$ auf das Zentrum zu, dann folgt aus (1.30):

$$\tan\frac{\vartheta}{2} = 0 \qquad \text{oder} \qquad \vartheta = \pi \mathrel{\widehat{=}} 180°$$

Die Hyperbel entartet dann zu einer unendlich feinen „Haarnadel-Kurve":

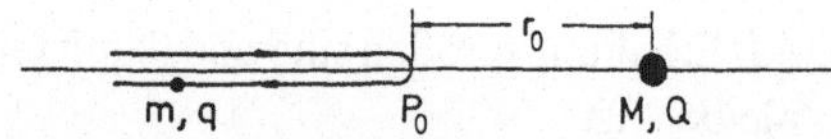

Im Umkehrpunkt P_0 ist die kinetische Energie Null und somit die Gesamtenergie gleich der potentiellen Energie. Bezeichnet r_0 den Abstand zwischen P_0 und dem Zentrum (r_0 = „Abstand dichtester Annäherung" = „Distance of closest approach"), dann ist also:

$$W = W(P_0) = \left(\frac{1}{2}mv^2\right)_{r_0} - \frac{A}{r_0} = -\frac{A}{r} \quad \text{oder} \quad \frac{W}{(-A)} = \frac{1}{r_0}$$

Einsetzen in (1.30) ergibt:

$$\tan\frac{\vartheta}{2} = 2\frac{s}{r_0} \tag{1.31}$$

4. Fall: Die Kraft ist **abstoßend** (Coulomb-Wechselwirkung bei gleichnamigen Ladungen q und Q). Die Gesamtenergie ist **negativ** ($W = mv^2/2 - A/r < 0$).

Diesen Fall gibt es nicht! Für ein abstoßendes Potential ist $A < 0$ und damit $W_P = -A/r > 0$. Die Gesamtenergie kann also nur positiv sein.

3. Fall und Rutherford-Streuung: Der 3. Fall beschreibt eine wichtige Erscheinung aus dem Bereich der experimentellen **Kernphysik**. Grundlegende Information über die Struktur und den Aufbau der Atomkerne erhält man aus Untersuchungen von **Kernreaktionen**. Dabei werden geladene Teilchen (Protonen, α-Teilchen, usw.), die mit **Beschleunigern** auf hohe Energien gebracht worden sind, auf die Kerne geschossen und die aus der Wechselwirkung mit den Kernen hervorgehenden Teilchen auf ihre **Energie** und **Winkel-Verteilung** hin analysiert.

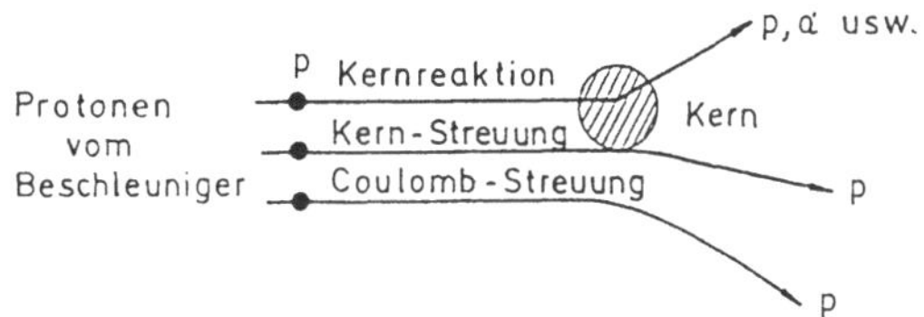

Die gemessenen Winkelverteilungen enthalten dabei stets und unvermeidbar einen Beitrag solcher Teilchen, die im Coulomb-Feld des Kerns abgelenkt worden sind, ohne mit dem Kern selbst in Wechselwirkung getreten zu sein. Diese Ablenkung heißt **Rutherford-Streuung**.

Physikalische Informationen über den **Aufbau** der Atomkerne können somit aus ihr nicht gewonnen werden. Sie muß aber bei der Interpretation der insgesamt beobachteten Winkelverteilung berücksichtigt werden, um den Beitrag der aus „echten" Kernprozessen stammenden Teilchen isolieren zu können. Dazu muß sie theoretisch berechenbar sein.

Es werde angenommen, daß positiv geladene Teilchen (Ladung q) entlang **paralleler** Bahnen auf einen Atomkern (Ladung Q) zulaufen. Die **Teilchenstromdichte** („Strahlintensität") $i = \mathrm{d}N/(\mathrm{d}A\,\mathrm{d}t)$ sei konstant. $\mathrm{d}N$ bezeichnet die Anzahl der Teilchen, die im Zeitintervall $\mathrm{d}t$ ein senkrecht zur Strahlrichtung orientiertes Flächenelement $\mathrm{d}A$ durchsetzen. Die Größe $n = \mathrm{d}N/\mathrm{d}t = i\cdot \mathrm{d}A$ heißt **Teilchenstrom**.

Zur eindeutigen Unterscheidung bezeichnen im folgenden n_0 und i_0 bzw. n und i den Teilchenstrom und die Teilchenstromdichte der **einfallenden** bzw. **gestreuten** Teilchen. Die Ablenkung ϑ, die ein Teilchen erfährt, ist gemäß (1.31) von dessen Stoßparameter s abhängig. Der Teilchenstrom $n_0(s)$ von Teilchen mit Stoßparametern zwischen

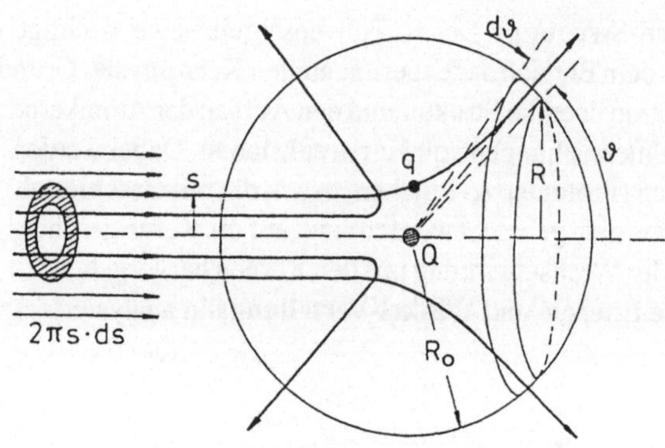

Bild 1.11 Zur Rutherford-Streuung

s und $s + ds$ durchsetzt ein ringförmiges Flächenelement der Größe $dA_s = 2\pi s \cdot ds$ (siehe Bild 1.11). Er beträgt also

$$n_0(s) = i_0 2\pi s \cdot ds$$

Diese Teilchen werden in ein Winkelintervall zwischen ϑ und $\vartheta + d\vartheta$ abgelenkt. Sie durchsetzen auf der Oberfläche einer Kugel, in deren Zentrum der Atomkern liegt und deren Radius R_0 sehr groß gegen die Ausdehnung des Kerns ist, ein ringförmiges Flächenelement der Größe

$$dA_\vartheta = 2\pi R R_0 \cdot d\vartheta = 2\pi R_0^2 \sin\vartheta \cdot d\vartheta$$

Für den Teilchenstrom $n(\vartheta)$ und dA_ϑ ergibt sich dann

$$n(\vartheta) = i dA_\vartheta = i 2\pi R_0^2 \sin\vartheta \cdot d\vartheta$$

Wegen $n(\vartheta) = n_0(s)$ beträgt somit die Teilchenstromdichte i auf der Kugeloberfläche:

$$i = \frac{i_0 s}{R_0^2 \sin\vartheta} \frac{ds}{d\vartheta} \qquad (1.32)$$

Aus (1.31) erhält man:

$$s = \frac{r_0}{2}\cot\frac{\vartheta}{2} = \frac{r_0}{2}\frac{\cos\dfrac{\vartheta}{2}}{\sin\dfrac{\vartheta}{2}} \quad \text{und} \quad \frac{ds}{d\vartheta} = -\frac{r_0}{4}\frac{1}{\sin^2\dfrac{\vartheta}{2}}$$

Das Minuszeichen drückt aus, daß mit **wachsendem** s die Ablenkung ϑ **kleiner** wird. Für die hier diskutierten Zusammenhänge ist nur der **Betrag** von $ds/d\vartheta$ von Interesse. Das Minuszeichen kann also weggelassen werden. Einsetzen von s und $ds/d\vartheta$ in (1.32) und Anwendung der Formel

$$\sin\vartheta = 2\sin\frac{\vartheta}{2}\cos\frac{\vartheta}{2}$$

ergeben:

$$i = \frac{i_0}{R_0^2}\,\frac{1}{2\sin\dfrac{\vartheta}{2}\cos\dfrac{\vartheta}{2}}\,\frac{r_0}{2}\,\frac{\cos\dfrac{\vartheta}{2}}{\sin\dfrac{\vartheta}{2}}\,\frac{r_0}{4}\,\frac{1}{\sin^2\dfrac{\vartheta}{2}}$$

oder:

$$i = \frac{i_0}{16R_0^2}\,\frac{r_0^2}{\sin^4\dfrac{\vartheta}{2}}$$

Diese Beziehung heißt **Rutherfordsche Streuformel**. Sie zeigt, daß die Stromdichte der gestreuten Teilchen sehr steil mit zunehmendem Streuwinkel ϑ abfällt.

Für den Minimalabstand r_0 folgt aus den Diskussionen des 3. Falles: $r_0 = (-A)/W$. Die Gesamtenergie W ist gleichzeitig auch die (kinetische) Einschußenergie der Teilchen. Bei Coulombscher Abstoßung ist $(-A) = qQ/(4\pi\varepsilon_0)$. Also folgt:

$$i = \frac{i_0 q^2 Q^2}{256\pi^2\varepsilon_0^2 R_0^2}\,\frac{1}{W^2}\,\frac{1}{\sin^4\dfrac{\vartheta}{2}}$$

Die Ladungen q und Q müssen ganzzahlige Vielfache der Elementarladung e_0 sein, d.h. es muß gelten $q = ze_0$ und $Q = Ze_0$, wobei z und Z ganze Zahlen bedeuten. Z ist die sogenannte Kernladungszahl des streuenden Kerns oder die Ordnungszahl des entsprechenden chemischen Elements. Damit folgt für den Teilchenstrom $n = i(\vartheta)$ dA durch ein Flächenelement dA auf der Kugeloberfläche:

$$n = \frac{i_0 e_0^4}{256\pi^2 \varepsilon_0^2} \frac{\mathrm{d}A}{R_0^2} \left(\frac{zZ}{W}\right)^2 \frac{1}{\sin^4 \dfrac{\vartheta}{2}} \tag{1.33}$$

Der Quotient $\mathrm{d}A/R_0^2 \equiv \mathrm{d}\Omega$ ist der vom Flächenelement $\mathrm{d}A$ aufgespannte **Raumwinkel**. Im Zusammenhang mit Betrachtungen über Kernreaktionen oder Streuprozesse nennt man die Größe $n/(i_0\,\mathrm{d}\Omega)$ den „Differentiellen Wirkungsquerschnitt" (Bezeichnung: $\mathrm{d}\sigma/\mathrm{d}\Omega$; Maßeinheit: $\mathrm{m}^2\,\mathrm{sr}^{-1}$). Also ist

$$\frac{\mathrm{d}\sigma}{\mathrm{d}\Omega} = \frac{e_0^4}{256\pi^2\varepsilon_0^2} \left(\frac{zZ}{W}\right)^2 \frac{1}{\sin^4 \dfrac{\vartheta}{2}}$$

Beispiel: Ein homogener Protonenstrahl $(z = 1)$ mit der Einschußenergie $W = 1.6\,10^{-12}$ N m $(= 10\,\mathrm{MeV})$ transportiert $\mathrm{d}N = 10^{20}$ Protonen im Zeitintervall $\mathrm{d}t = 1$ s durch einen Querschnitt von $\mathrm{d}A_0 = 10^{-6}\,\mathrm{m}^2$. Er wird an einem Atomkern des Elements Blei $(Z = 82)$ gestreut. Gesucht wird der Strom n der gestreuten Protonen durch ein Flächenelement $\mathrm{d}A = 1$ mm$^2 = 10^{-6}\,\mathrm{m}^2$ auf der Oberfläche einer Kugel mit dem Radius $R_0 = 10$ mm $= 10^{-2}$ m.

Die Stromdichte der einfallenden Protonen beträgt:

$$i_0 = \frac{\mathrm{d}N}{\mathrm{d}A_0 dt} = 10^{26}\,\mathrm{m}^{-2}\mathrm{s}^{-1}$$

Mit den Zahlenwerten $e_0 = 1.6 \cdot 10^{-19}$ A s für die Elementarladung und $\varepsilon_0 = 8.85 \cdot 10^{-12}$ A s V^{-1} m^{-1} für die elektrische Feldkonstante folgt aus (1.33) für n unter Berücksichtigung der Umrechnung 1 N m = 1 W s = 1 V A s:

$$n = \frac{10^{26} \cdot 1.6^4 \cdot 10^{-76}}{256\pi^2 \cdot 8.85^2 \cdot 10^{-24}} \frac{10^{-6}}{10^{-4}} \frac{82^2}{1.6^2 \cdot 10^{-24}} \frac{1}{\sin^4 \dfrac{\vartheta}{2}}$$

$$= \frac{8.7 \cdot 10^{-6}}{\sin^4 \dfrac{\vartheta}{2}} \quad \text{Protonen pro Sekunde}$$

Dieses Ergebnis ist im Bild 1.12 graphisch aufgetragen.

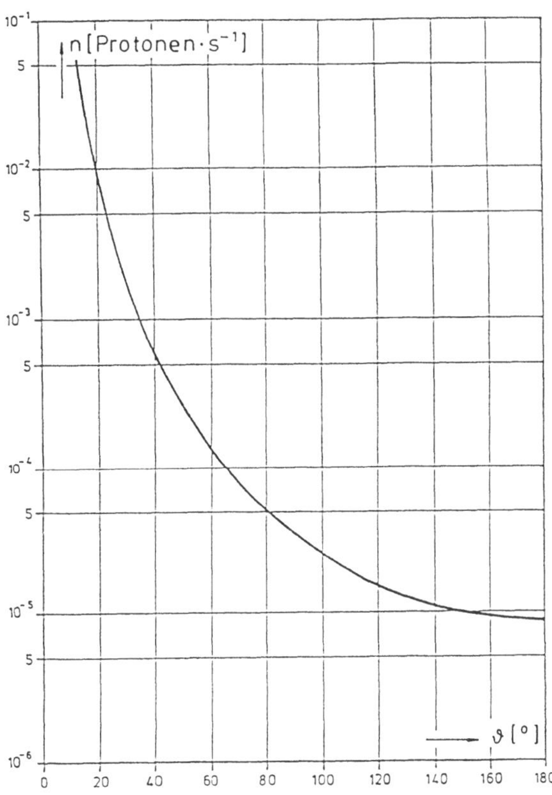

Bild 1.12 Winkelverteilung bei Rutherford-Streuung

2 Elektrische Wechselwirkung

Die bisher allein beschriebene **Gravitationswechselwirkung** ist zwar verantwortlich für die Planetenbewegung um die Sonne oder etwa den freien Fall. Viele andere Phänomene, etwa die zwischen den Atomen eines Moleküls herrschenden Bindungskräfte, kann sie jedoch nicht beschreiben. Beispielsweise hat das Wasserstoffmolekül eine Bindungsenergie von $7.2 \cdot 10^{-19}$ J ($\simeq 4.5$ eV). Aufgrund der Gravitationswechselwirkung ($m_1 = m_2 = 1.67 \cdot 10^{-27}$ kg, Abstand $r = 0.75 \cdot 10^{-10}$ m) errechnet man dagegen eine potentielle Energie von $2.22 \cdot 10^{-54}$ J ($\simeq 1.4 \cdot 10^{-35}$ eV). Die Gravitationswechselwirkung ergibt also einen um einen Faktor 10^{35} zu kleinen Wert.

Verantwortlich für den Aufbau der Materie aus Atomen und Molekülen ist die wesentlich stärkere sogenannte **elektromagnetische Wechselwirkung**. Heute sind insgesamt vier voneinander verschiedene Wechselwirkungsarten bekannt, zusätzlich zu den bereits genannten sind dies die u.a. für den Zusammenhalt der Nukleonen im Atomkern verantwortliche **starke Wechselwirkung** und die bestimmte Prozesse der Elementarteilchen (z.B. den β–Zerfall) bestimmende **schwache Wechselwirkung**. Die vier verschiedenen Wechselwirkungsarten lassen sich nach ihrer Stärke ordnen. Setzt man diejenige der starken Wechselwirkung willkürlich $= 1$, so erhält man relativ hierzu:

$$
\begin{array}{ll}
\text{Starke Wechselwirkung:} & 1 \\
\text{Elektromagn. Wechselwirkung:} & 10^{-2} \\
\text{Schwache Wechselwirkung:} & 10^{-5} \\
\text{Gravitationswechselwirkung:} & 10^{-38}
\end{array}
$$

2.1 Elektrische Ladung und Coulombsches Gesetz

Es werden zunächst folgende Grunderscheinungen rekapituliert: Zwei jeweils mit einem Seidentuch geriebene Glasstäbe üben eine abstoßende Kraft aufeinander aus, ebenso zwei mit einem Katzenfell geriebene Hartgummistäbe. Ein mit einem Seidentuch geriebener Glasstab wird von einem mit einem Katzenfell geriebenen Hartgummistab angezogen. Die für die Kraftwirkung verantwortlich Eigenschaft nennen wir **elektrische Ladung**. Es gibt offenbar zwei verschiedene Ladungsarten, die man durch das Vorzeichen unterscheidet. Die auf dem Glasstab durch Reibung hervorgerufene wird willkürlich als **positive Ladung**, die auf dem Hartgummistab erzeugte als **negative Ladung** bezeichnet. Das Resultat der o.a. Versuche läßt sich mit dieser Bezeichnungsweise folgendermaßen zusammenfassen: Ladungen gleichen Vorzeichens stoßen sich ab, Ladungen entgegengesetzten Vorzeichens ziehen sich an.

Für die vorläufige Definition der **Ladungsmenge** (i.f. kurz als **Ladung** q, Q bezeichnet) als neuer skalarer Größe wird Proportionalität zwischen der von einer Referenzladung Q auf q im bestimmten Abstand r wirkende Kraft F und der Ladung q angenommen:

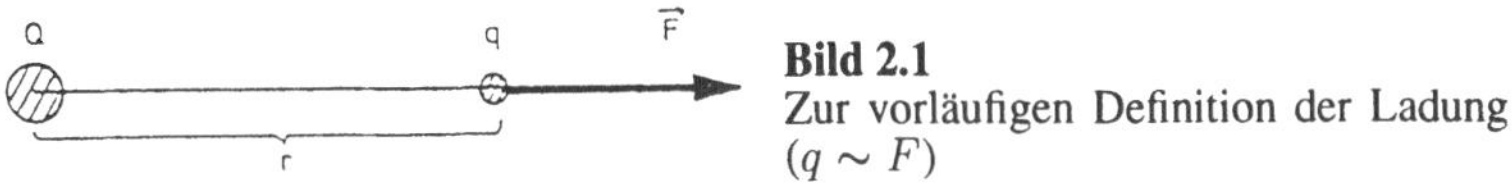

Bild 2.1
Zur vorläufigen Definition der Ladung
$(q \sim F)$

Die Festlegung der Ladung in dieser Weise führt zu einer relativ einfachen Beschreibung der physikalischen Zusammenhänge, wie i.f. näher gezeigt wird. In der Prinzip-Meßanordnung des Bildes 2.1 kann man nun die Ladung q durch eine bestimmte Ladung q_0 ersetzen und bei festgehaltener Referenzladung Q und bei festem Eichabstand r jeweils die Kräfte auf q und q_0 messen. Dieses Meßverfahren gibt die folgende vorläufige Definitionsgleichung für die Ladung:

$$\frac{q}{q_0} = \frac{F(q)}{F(q_0)} \tag{2.1}$$

Gl. (2.1) dient nur zum Vergleich von Ladungen untereinander, eine verbindliche Ladungseinheit ist hier noch nicht festgesetzt. Mit Hilfe von Gl. (2.1) kann aber die Kraftwirkung zwischen zwei im Abstand r befindlichen Punktladungen im Vakuum untersucht werden. COULOMB (1736–1806) fand mit einer Anordnung, die der Gravitationswaage (Teil 1) entspricht:

$$\vec{F} = K\frac{qq'}{r^2}\vec{u}_r \qquad\qquad (2.2)$$

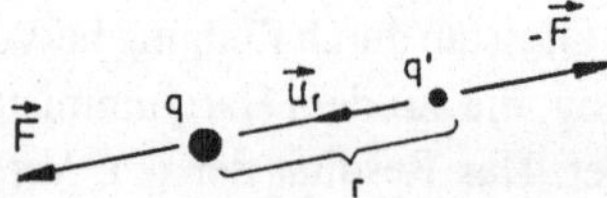

Bild 2.2
Coulombsches Gesetz: $\vec{F}$ ist die von q' auf q wirkende Kraft, $\vec{r} = r\vec{u}_r$ der von q' nach q weisende Ortsvektor.

In Gl. (2.2) kann man eine willkürliche Ladungseinheit festsetzen (z.B. die Ladung eines Elektrons). Man würde dann eine von dieser Einheitenwahl abhängige Proportionalitätskonstante empirisch ermitteln. Stattdessen wurde die **Ladungseinheit Coulomb** (abgekürzt C) so definiert, daß sich für K ein relativ einfacher Zahlenwert ergibt, nämlich

$$\text{Zahlenwert von} \quad K \;=\; \text{Zahlenwert von} \;\; (10^{-7}\cdot c^2)$$
$$=\; 8.987\cdot 10^9$$

mit $c = 2.998\cdot 10^8$ m/s (Lichtgeschwindigkeit im Vakuum).
Nach Gl. (2.2) hat K die Dimension N m²/C². Somit ist

$$K = 8.987\cdot 10^9\ \mathrm{N\,m^2/C^2}$$

Statt K wird schließlich die **elektrische Feldkonstante** ε_0 gemäß

$$K = \frac{1}{4\pi\varepsilon_0} \Rightarrow \varepsilon_0 = \frac{1}{4\pi K}$$

eingeführt. Das ergibt

$$\varepsilon_0 = 8.854\cdot 10^{-12}\ \frac{\mathrm{C^2}}{\mathrm{N\cdot m^2}} \qquad\qquad (2.3)$$

Das Coulombsche Gesetz im Vakuum (Gl. (2.2)) erhält also nach Festlegung der Ladungseinheit 1 Coulomb endgültig die Form

$$\vec{F} = \frac{1}{4\pi\varepsilon_0}\frac{qq'}{r^2}\vec{u}_r \qquad\qquad (2.4)$$

Bemerkungen zum Einheitensystem

1. Grundsätzlich kann man nach Gl. (2.2) mit der auf oben erfolgten Definition für die Ladungseinheit durch Festlegung der Proportionalitätskonstanten K die Ladungseinheit durch die Einheiten m, kg, s ausdrücken:

$$[\text{Ladungseinheit}]^2 = (K^*)^{-1} \text{N m}^2,$$
$$\text{Ladungseinheit} \sim \text{kg}^{1/2}\text{m}^{3/2}\text{s}^{-1}$$

(K^* = festzulegender Zahlenfaktor).

Durch internationale Übereinkunft ist aber das SI-System als ein **kohärentes rationales Einheitensystem** mit einem bestimmten Satz von **Basiseinheiten** festgelegt, aus denen sich abgeleitete Einheiten ausschließlich durch Multiplikation und Division (also als **rationaler Ausdruck**) der Basiseinheiten ohne **zusätzliche Einführung von Zahlenfaktoren** („Kohärenz") ergeben. Beispiele:

$$1\,\text{N} = 1\,\text{kg}\,\frac{\text{m}}{\text{s}^2};\ 1\,\text{J} = 1\,\text{kg}\,\frac{\text{m}^2}{\text{s}^2}\ \ etc.$$

In der o.a. Beziehung ist die Ladungseinheit ein **nichtrationaler** Ausdruck der Basiseinheiten kg, m, s. Also ist die Ladung keine abgleitete Größe der Basisgrößen Masse, Länge, Zeit, im Sinne des SI-Systems. Zu den bisher eingeführten Grundgrößen Masse, Länge, Zeit, muß bei der Beschreibung elektrischer Phänomene eine neue Grundgröße zusätzlich eingeführt werden.

2. Als neue Grundgröße könnte nach Bemerkung 1 die elektrische Ladung mit der Einheit Coulomb eingeführt werden. Im SI-System wird stattdessen die **Stromstärke** (Einheit Ampere, Abkürzung A) als Grundgröße benutzt. Ampere und Coulomb sind entsprechend den Anforderungen an ein rationales kohärentes Einheitensystem durch die einfache Beziehung

$$\boxed{1\,\text{C} = 1\,\text{A s}} \qquad\qquad (2.5)$$

miteinander verknüpft. Die Definition der Stromeinheit A erfolgt später.

Bemerkung zur Einführung der elektrischen Feldkonstante ε_0: Wir
werden sehen, daß man analog zur elektrischen **Feldkonstanten** ε_0 (Gl.
(2.3)):

$$\varepsilon_0 = \frac{10^7}{4\pi} \frac{1}{c^2} \frac{A^2 s^2}{N\,m^2}$$

(c = Zahlenwert der Lichtgeschwindigkeit im Vakuum in m/s) eine **magnetische Feldkonstante** μ_0 einführt. Grundsätzlich frei wählbar ist nur eine
der beiden Konstanten ε_0, μ_0. Im SI-System mit der elektrischen Basisein-
heit Ampere wird – entgegen der hier angegebenen Einführung über das
Coulombsche Gesetz – μ_0 zahlenmäßig festgelegt, und zwar durch

$$\mu_0 = \frac{4\pi}{10^7} \frac{N}{A^2}$$

Dann ergibt sich empirisch der o.a. Wert für ε_0. Man erhält also die erst im
Zusammenhang mit der Verknüpfung zwischen elektrischen und magneti-
schen Feldern verständliche Beziehung:

$$\boxed{\varepsilon_0 \mu_0 c^2 = 1} \tag{2.6}$$

2.2 Elektrisches Feld, Feldstärke und Potential

Die Gravitationswechselwirkung wurde statt durch Angabe der Wechsel-
wirkungskraft auch durch Einführung einer ihr proportionalen Gravitati-
onsfeldstärke beschrieben. Im folgenden verfahren wir völlig analog (vgl.
Abschn. 1.3). q sei eine raumfeste Punktladung im Koordinatenursprung.
Die Kraft auf eine am Ort $\vec{r}$ befindliche Probeladung q' kann nach dem
Coulombschen Gesetz (Gl. (2.4)) auch geschrieben werden:

$$\vec{F} = \frac{1}{4\pi\varepsilon_0} \frac{q'q}{r^2} \vec{u}_r = q' \left(\frac{1}{4\pi\varepsilon_0} \frac{q}{r^2} \vec{u}_r \right) = q'\vec{E}$$

Als **elektrische Feldstärke** $\vec{E}$ einer Punktladung q im Vakuum (nur hier
ist das Coulombsche Gesetz in der angegebenen Weise gültig) wird also
eingeführt durch

$$\boxed{\vec{E} = \frac{\vec{F}}{q'} = \frac{1}{4\pi\varepsilon_0}\frac{q}{r^2}\vec{u}_r} \qquad (2.7)$$

Gegenüber dem Gravitationsfeld sei hier auf eine Besonderheit hingewiesen: Elektrische Ladungen können positiv oder negativ sein. Die Richtung der elektrischen Feldstärke ist dann mit der Richtung der Kraft auf eine Probeladung identisch, wenn die Probeladung positiv ist. Dies ist eine willkürliche Festlegung des Vorzeichens der elektrischen Feldstärke. Hieraus folgt für das elektrische Feld einer positiven bzw. negativen Punktladung die in Bild 2.3 angegebene Darstellung.

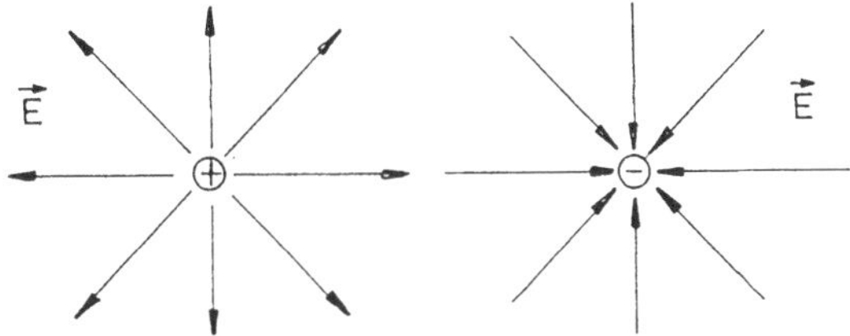

Bild 2.3 Feldstärkerichtung im elektrischen Feld einer positiven und negativen Punktladung

Für die Einheit der elektrischen Feldstärke ergibt sich nach Gl. (2.7)

$$\boxed{[E] = \frac{\text{N}}{\text{C}} = \frac{\text{N}}{\text{A s}}} \qquad (2.8)$$

Superpositionsprinzip Genauso wie für das Gravitationsfeld gilt: Die Gesamtfeldstärke des durch die Punktladung $q_1,\ldots,q_n$ bewirkten Feldes ergibt sich durch Addition der den Punktladungen q_i entsprechenden Einzelfeldstärken E_i.

$$\boxed{\vec{E} = \sum_{i=1}^{n}\vec{E}_i \quad \text{mit} \quad \vec{E}_i = \frac{1}{4\pi\varepsilon_0}\frac{q_i}{r_i^2}\vec{u}_{r,i}} \qquad (2.9)$$

Falls die Ladung kontinuierlich über ein bestimmtes Gebiet verteilt ist, muß Gl. (2.9) durch ein entsprechendes Integral ersetzt werden.

Beispiele:

1. Elektrische Feldstärke einer unendlich ausgedehnten, ebenen Platte mit konstanter Flächenladungsdichte σ (Bild 2.4).

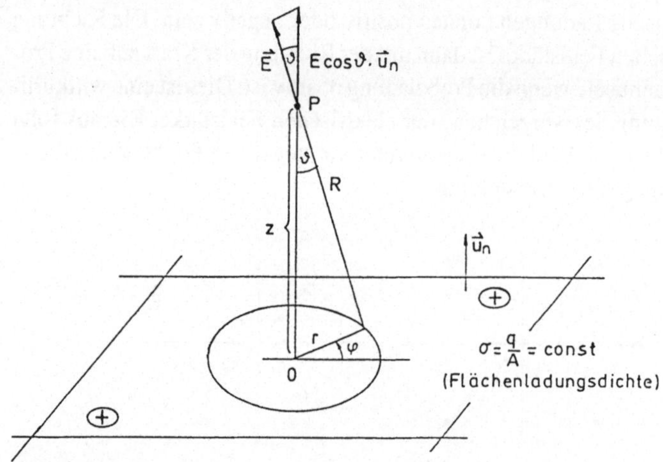

Bild 2.4 Zur Herleitung der Feldstärke einer unendlich ausgedehnten, ebenen Platte konstanter Flächenladungsdichte σ

Es soll die Feldstärke im Punkt P (Abstand z von der Platte) berechnet werden. Wir denken uns die Platte in konzentrische Kreisringe (Radius r, Breite $\mathrm{d}r$) um den Fußpunkt des Lotes von P auf die Platte (O = Koordinatenursprung des Zylinderkoordinatensystems r, φ, z) zerlegt. Wie im Beispiel 1, Abschn. 1.3, ist bei der Integration aller Feldstärkebeiträge der Punkte eines Kreisringes nur jeweils die Komponente in Richtung der Normalen (Einheitsvektor $\vec{u}_n$) von Bedeutung. Die anderen Komponenten fallen bei der Integration weg. Da die Komponenten in Richtung $\vec{u}_n$ für einen bestimmten Kreisring unabhängig von φ sind, läßt sich die Integration über einen Kreisring unmittelbar ausführen, und man erhält (Ladung eines Kreisringes: $2\pi r \cdot \mathrm{d}r \cdot \sigma$)

$$\mathrm{d}\vec{E}_{\text{Kreisr.}} = \frac{1}{4\pi\varepsilon_0} \frac{2\pi r \cdot \mathrm{d}r \cdot \sigma}{R^2} \cos\vartheta \cdot \vec{u}_n$$

Aus

$$R^2 = z^2 + r^2 \quad \text{folgt} \quad 2R \cdot dR = 2r \cdot dr$$

Ferner ist $\cos \vartheta = z/R$. Damit ist

$$\vec{E} = \int\limits_{r=0}^{r=\infty} d\vec{E}_{\text{Kreisr.}} = \frac{\sigma}{2\varepsilon_0} z \vec{u}_n \cdot \int\limits_{R=z}^{R=\infty} \frac{dR}{R^2}$$

$$= -\frac{\sigma}{2\varepsilon_0} z \frac{1}{R}\Bigg|_z^\infty \cdot \vec{u}_n = \frac{\sigma}{2\varepsilon_0} \vec{u}_n$$

Die durch eine unendlich ausgedehnte, ebene Platte mit konstanter Flächenladungsdichte bewirkte elektrische Feldstärke ist also nach Größe und Richtung konstant (= **homogenes Feld**). $\vec{u}_n$ ist der jeweils von der Platte weg gerichtete Einheitsvektor in Richtung der Normalen. Es gilt dann für die Feldstärke

$$\boxed{\vec{E} = \frac{\sigma}{2\varepsilon_0} \vec{u}_n} \tag{2.10}$$

2. Elektrische Feldstärke zwischen zwei parallelen, unendlich ausgedehnten, ebenen Platten mit entgegengesetzt gleicher Flächenladungsdichte (Bild 2.5).

Durch Superposition der Feldstärkenbeiträge der positiv und negativ geladene Platte ($+\sigma\varepsilon_0 \cdot \vec{u}_n/2$ und $-\sigma\varepsilon_0 \cdot (-\vec{u}_n)/2$) erhält man die homogene Feldstärke

$$\boxed{\vec{E} = \frac{\sigma}{\varepsilon_0} \vec{u}_n} \tag{2.11}$$

Hierin ist $\vec{u}_n$ der Einheitsvektor in Richtung der Normalen von der positiv geladenen Platte zur negativ geladenen Platte. Es sei darauf hingewiesen, daß die Größe der Feldstärke in Gl. (2.11) nur von der Flächenladungsdichte σ abhängt. Später wird gezeigt, wie σ bei vorgegebener „Potentialdifferenz" zwischen den Platten vom Plattenabstand d abhängt, so daß Gl. (2.11) für einen Parallelplattenkondensator (Metallplatten) die gewohnte Form $E = U/d$ (U = Spannung = Potentialdifferenz) annimmt.

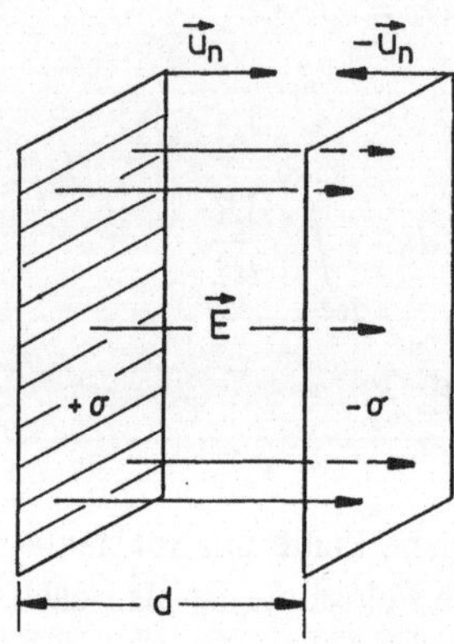

Bild 2.5
Homogenes elektrisches Feld zwischen zwei unendlich ausgedehnten, parallelen Platten (Flächenladungsdichten $+\sigma, -\sigma$)

3. Elektrisches Feld zweier Punktladungen.

a) Gleiche Punktladungen: $q_1 = +q$, $q_2 = +q$

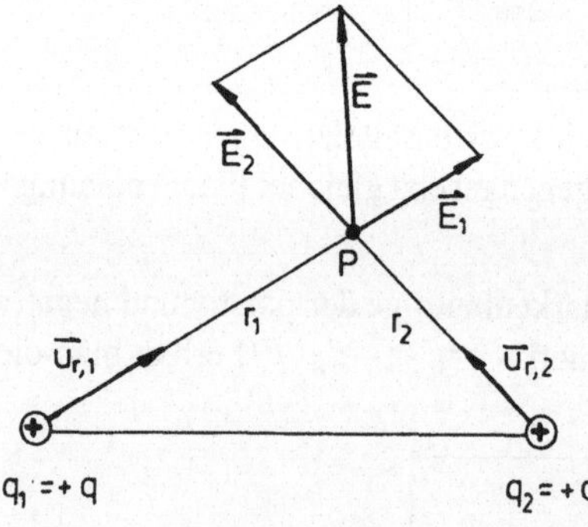

Bild 2.6
Gleiche Punktladungen

Nach Gl. (2.9) ist

$$\vec{E} = \vec{E}_1 + \vec{E}_2$$

$$\text{mit} \quad \vec{E}_1 = \frac{1}{4\pi\varepsilon_0}\frac{q}{r_1^2}\vec{u}_{r,1} \quad \text{und} \quad \vec{E}_2 = \frac{1}{4\pi\varepsilon_0}\frac{q}{r_2^2}\vec{u}_{r,2}$$

Falls die Ladungen q_1, q_2 nicht positiv, sondern negativ sind,
haben $\vec{E}_1, \vec{E}_2$ und entsprechend E entgegengesetzte Richtung.

b) Entgegengesetzt gleiche Punktladungen, $q_1 = +q, q_2 = -q$:

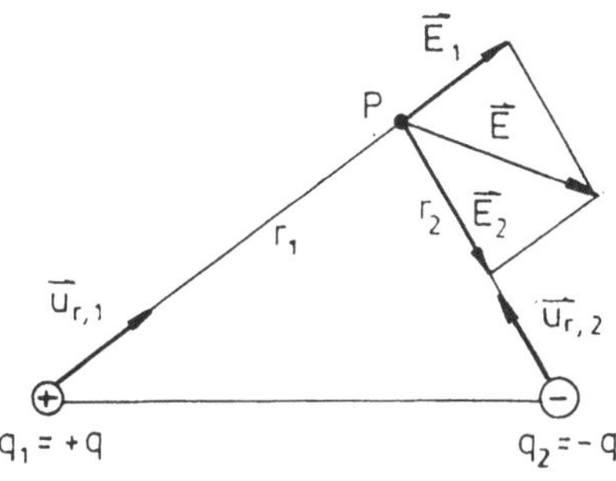

Bild 2.7
Entgegengesetzt gleiche Punktladungen

$$\vec{E} = \vec{E}_1 + \vec{E}_2$$

$$\text{mit}\quad \vec{E}_1 = \frac{1}{4\pi\varepsilon_0}\frac{q}{r_1^2}\vec{u}_{r,1} \quad \text{und}\quad \vec{E}_2 = \frac{1}{4\pi\varepsilon_0}\frac{q}{r_2^2}\vec{u}_{r,2}$$

Potentielle Energie und elektrisches Potential

Es sei zunächst an das Konzept der potentiellen Energie erinnert (s. Teil 1). Die Verschiebungsarbeit $W_{1,2}$, die gegen die jeweils herrschende Kraft aufgebracht werden muß, um ein Teilchen von einem Ort $\vec{r}_1$ zu einem anderen $\vec{r}_2$ mit konstanter Geschwindigkeit (konstante kinetische Energie) zu bewegen (= verschieben), ist auch im Fall der durch das Coulombsche Gesetz (Gl. (2.4)) gegebenen Kraft zwischen der als raumfest betrachteten Ladung q und der bewegten Probeladung q' unabhängig vom Wege zwischen $\vec{r}_1$ und $\vec{r}_2$. Dies ergibt sich aus dem Coulombschen Gesetz genau so wie im Fall der Gravitationskraft aus dem Gravitationsgesetz (s. Teil 1; vgl. auch Bild 2.8).

Die durch die Gl. (2.4) beschriebene Kraft zwischen zwei Punktladungen ist also − genauso wie die Gravitationskraft − eine **konservative** Kraft. Damit können wir als potentielle Energie zwischen q und q' ($\vec{r}$ =Ortsvektor von q nach q') einführen:

$$W_p(\vec{r}_2) - W_p(\vec{r}_1) = W_{1,2} = -\int\limits_{\vec{r}_1}^{\vec{r}_2} \vec{F}\cdot \mathrm{d}\vec{s}$$

$$= -\int_{r_1}^{r_2} F \cdot \mathrm{d}r = \frac{1}{4\pi\varepsilon_0} q'q \frac{1}{r}\Big|_{r_1}^{r_2}$$

$$= \frac{q'q}{4\pi\varepsilon_0}\left(\frac{1}{r_2} - \frac{1}{r_1}\right)$$

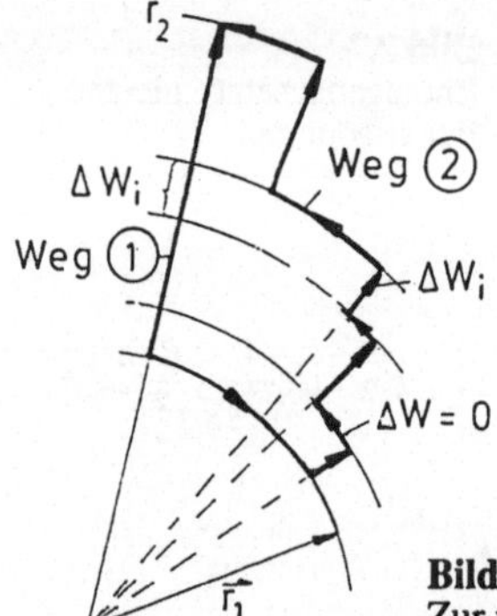

Bild 2.8
Zur potentiellen Energie im Feld einer Zentralkraft

Für eine **Zentralkraft** $\vec{F} = F(r)\vec{u}_r$ ist

$$\vec{F} \cdot \mathrm{d}\vec{s} = F\vec{u}_r \cdot \mathrm{d}\vec{s} = F \cdot \mathrm{d}r \quad \text{also} \quad \mathrm{d}W = -F \cdot \mathrm{d}r$$

und somit
$$\underbrace{-\int_{\vec{r_1}}^{\vec{r_2}} \vec{F} \cdot \mathrm{d}\vec{s}}_{\text{Weg}(1)} = \underbrace{-\oint_{\vec{r_1}}^{\vec{r_2}} \vec{F} \cdot \mathrm{d}\vec{s}}_{\text{Weg}(2)} = \underbrace{-\int_{\vec{r_1}}^{\vec{r_2}} F \cdot \mathrm{d}r}_{\text{unabh.vomWeg!}}$$

Im Fall einer Zentralkraft hängt die potentielle Energie nur vom **Betrag** des Ortsvektors ab. Es liegt nur die Differenz der potentiellen Energien fest. Wir setzen – wie im Fall der Gravitationskraft – willkürlich

$$W_p(r_2) = 0 \qquad \text{für} \qquad r_2 \Rightarrow \infty$$

Für die potentielle Energie zwischen q und q' im Abstand r erhält man dann also:

$$\boxed{W_p(r) = \frac{1}{4\pi\varepsilon_0}\frac{q'q}{r}} \qquad\qquad (2.12)$$

Entsprechend Gl. (1.7) führen wir ein elektrisches **Potential** φ der Punktladung q ein gemäß

$$W_p = q' \left(\frac{1}{4\pi\varepsilon_0} \frac{q}{r} \right) = q'\varphi$$

Das ergibt

$$\varphi = \frac{W_p}{q'} = \frac{1}{4\pi\varepsilon_0} \frac{q}{r} \tag{2.13}$$

Als Einheit des elektrischen Potentials φ ergibt sich nach Gl. (2.13)

$$[\varphi] = \frac{\mathrm{J}}{\mathrm{C}} = \frac{\mathrm{kg\ m^2}}{\mathrm{A\ s^3}} \tag{2.14}$$

Diese Einheit wird i.f. auch mit **Volt [V]** abgekürzt.

$$1\,\mathrm{V} = 1\,\frac{\mathrm{J}}{\mathrm{A\ s}} \tag{2.14a}$$

Mit der neu eingeführten Einheit *Volt* als Abkürzung für den Ausdruck (2.14a) wird also nach Gl. (2.8) und (2.14)

$$[E] = \frac{\mathrm{N}}{\mathrm{C}} = \frac{\mathrm{V}}{\mathrm{m}} \quad \text{und} \quad [\varphi] = \frac{\mathrm{J}}{\mathrm{C}} = \mathrm{V} \tag{2.15}$$

Das elektrische Potential wird hier mit dem Buchstaben φ statt, wie recht oft mit V, bezeichnet, um eine Verwechslung mit der Bezeichnung der Einheit *Volt* (V) auszuschließen.

Es sei noch darauf hingewiesen, daß das elektrische Potential einer positiven Ladung q nach Gl. (2.13) stets positiv ist. Die potentielle Energie zwischen zwei gleichnamigen Punktladungen ist – im Gegensatz zum Fall der Gravitationswechselwirkung zwischen zwei Punktmassen – stets positiv.

Entsprechend der allgemeingültigen Beziehung $\vec{F} = -\operatorname{grad} W_p$ (s. Gl. (1.4)) für konservative Kräfte erhält man auch zwischen der durch Gl. (2.7) definierten elektrischen Feldstärke und dem durch Gl. (2.13) definierten elektrischen Potential die Beziehung

$$\boxed{\vec{E} = -\operatorname{grad} \varphi} \qquad (2.16)$$

die sich im Fall des von einer Punktladung ausgehenden elektrischen Feldes vereinfacht zu

$$\boxed{\vec{E} = -\frac{\partial \varphi}{\partial r}\,\vec{u}_r} \qquad (2.16a)$$

Aus der Definition der potentiellen Energie $W_p = -\int_\infty^r F \cdot \mathrm{d}r$ und $W_p = q'\varphi$ folgt wegen der Additivität der von mehreren Punktladungen auf eine Probeladung ausgeübten Kräfte auch die entsprechende Additivität der potentiellen Energien, also das **Superpositionsprinzip** der elektrischen Potentiale:

Das durch die einzelnen Punktladungen $q_1, \ldots, q_n$ am Ort P hervorgerufene elektrische Potential φ ist die Summe der Einzelpotentiale (vgl. Gl. (2.9)):

$$\boxed{\varphi = \sum_{i=1}^{n} \varphi_i \quad \text{mit} \quad \varphi_i = \frac{1}{4\pi\varepsilon_0}\frac{q_i}{r_i}} \qquad (2.17)$$

Gesamtpotential Gl. (2.17) und Gesamtfeldstärke Gl. (2.9) sind ebenfalls durch die Beziehung Gl. (2.16) miteinander verknüpft. Im konkreten Fall des durch eine bestimmte Ladungsverteilung bewirkten elektrischen Feldes braucht also nur entweder das elektrische Potential oder die elektrische Feldstärke berechnet zu werden.

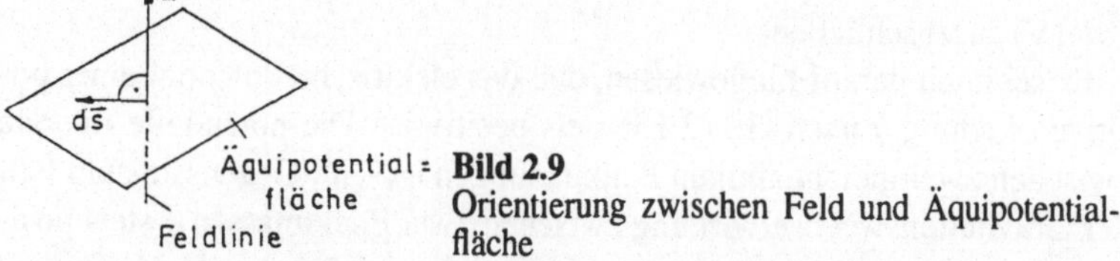

Bild 2.9
Orientierung zwischen Feld und Äquipotentialfläche

Ist $\mathrm{d}\vec{s}$ ein Wegelement in der Äquipotentialfläche ($\varphi = \text{const}$), dann ist längs $\mathrm{d}\vec{s}$ wegen $\varphi = \text{const}$

$$\mathrm{d}W_p = -\vec{F} \cdot \mathrm{d}\vec{s} = -q \cdot \vec{E} \cdot \mathrm{d}\vec{s} = 0$$

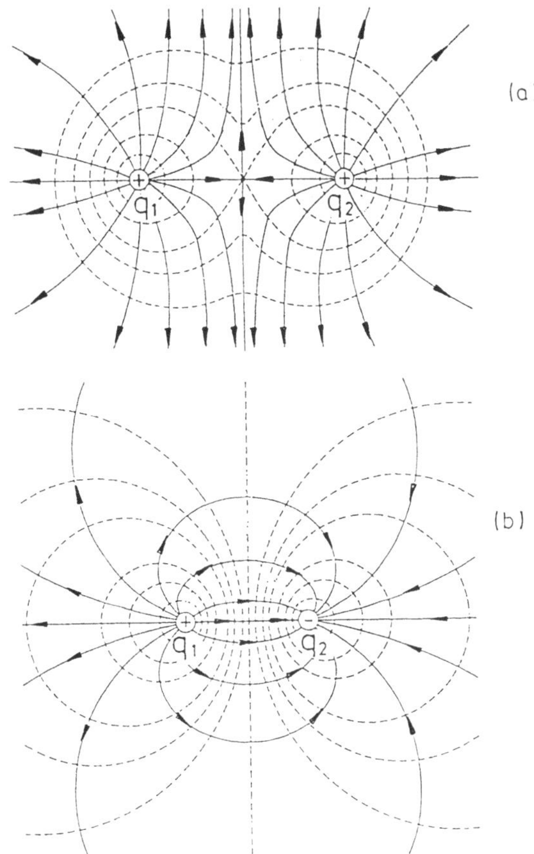

Bild 2.10 Elektrische Feldlinien und Äquipotentialflächen (dargestellt sind ihre Schnittlinien mit der Zeichenebene) zweier gleicher (a) bzw. entgegengesetzt gleicher (b) Punktladungen

also $\vec{E} \cdot d\vec{s} = 0$. Daraus folgt $\vec{E} \perp d\vec{s}$. Die im Fall des Gravitationsfeldes angestellte Betrachtung über „Feldlinien" und **Äquipotentialflächen** gilt für das elektrische Feld völlig analog. Insbesondere sei daran erinnert, daß Äquipotentialflächen und Feldlinien senkrecht zueinander stehen (s. Bild 2.10).:

Das elektrische Feld zwischen zwei unendlich ausgedehnten, parallen

Platten entgegengesetzt gleicher Flächenladungsdichte ist homogen. In einem homogenen Feld $\vec{E}$ =const gilt nach Gl. (2.16) auch (vgl. Bild 2.11):

$$\vec{E} = E\vec{u}_x = -\mathrm{grad}\ \varphi \quad \mathrm{mit} \quad E = \mathrm{const}$$

Per Definition ist

$$\mathrm{grad}\ \varphi = \frac{\partial\varphi}{\varphi x}\vec{u}_x + \frac{\partial\varphi}{\partial y}\vec{u}_y + \frac{\partial\varphi}{\partial z}\vec{u}_z$$

Also ist in diesem Fall

$$|\mathrm{grad}\ \varphi| = \frac{\partial\varphi}{\partial x} = -E = \mathrm{const}$$

woraus folgt

$$\varphi_2 - \varphi_1 \ = \ -\int_{x_1}^{x_2} E \cdot \mathrm{d}x = -E\int_{x_1}^{x_2} \mathrm{d}x = -E(x_2 - x_1)$$

$$\mathrm{oder} \quad E \ = \ \frac{\varphi_1 - \varphi_2}{x_2 - x_1}$$

Wir wählen speziell $\varphi_1 = 0$ für $x_1 = 0$. Dann erhält man mit $x_2 = x$:

$$\boxed{\varphi = -Ex \qquad \mathrm{für} \quad E = \mathrm{const}} \qquad (2.18)$$

Newtonsche Bewegungsgleichung und kinetische Energie für ein geladenes Teilchen im elektrischen Feld   Wir betrachten ein Teilchen (Masse m, Ladung q) im elektrischen Feld (Feldstärke $\vec{E}$). Es gilt dann die Newtonsche Bewegungsgleichung

$$m\vec{a} = q\vec{E} \quad \mathrm{oder} \quad \vec{a} = \frac{q}{m}\vec{E}$$

Aus der Kenntnis von $\vec{E}(\vec{r})$ kann also $\vec{a}(\vec{r})$ berechnet und damit bei Kenntnis der Anfangsbedingung die Bewegungsgleichung integriert werden. Für die Änderung der kinetischen Energie zwischen zwei Punkten P_1 und P_2 läßt sich ohne diese explizite Integration aus dem Energiesatz ableiten

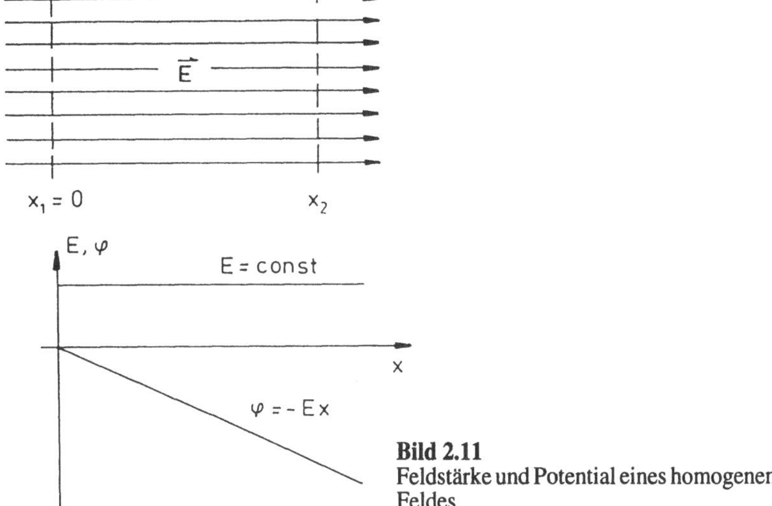

Bild 2.11
Feldstärke und Potential eines homogenen Feldes

$$
\begin{aligned}
W_{K,1} + W_{P,1} &= W_{K,2} + W_{P,2} \\
W_{K,2} - W_{K,1} &= W_{P,1} - W_{P,2} = q(\varphi_1 - \varphi_2) \\
&= -q(\varphi_2 - \varphi_1) \\
\text{oder} \quad \Delta W_K &= -q \cdot \Delta\varphi
\end{aligned}
\tag{2.19}
$$

Für eine positive Ladung wird die kinetische Energie des Teilchens also bei Durchlaufen einer negativen Potentialdifferenz, für eine negative Ladung bei Durchlaufen einer positiven Potentialdifferenz größer (vgl. Bild 2.11). Der Zuwachs der kinetischen Energie ist das Produkt aus Ladung und dem negativen Wert der durchlaufenen Potentialdifferenz. Gl. (2.19) legt nahe, daß man statt der Energieeinheit 1 J auch eine durch eine bestimmte Ladungsmenge q und eine bestimmte Potentialdifferenz (z.B. 1 V) gegebene Energieeinheit benutzt. In Abschn. 2.3 wird die sogenannte **Elementarladung** e (Ladung des Elektrons) als besonders ausgezeichnete Ladungsmenge eingeführt. Es ist

$$
e = 1.602 \cdot 10^{-19} \text{ C} = 1.602 \cdot 10^{19} \text{ A s}
$$

Nach Gl. (2.14a) gilt

$$\boxed{1\,\mathrm{J} = 1\,\mathrm{V\,A\,s}} \tag{2.20}$$

1 J ist also auch diejenige kinetische Energie, die ein Teilchen der Ladungsmenge 1 C = 1 A s bei Durchlaufen einer Potentialdifferenz von 1 V erhält. Entsprechend wird als Energieeinheit 1 eV (genannt „1 e-Volt") diejenige kinetische Einheit bezeichnet, die ein Elektron (Teilchen mit Elementarladung) bei Durchlaufen einer Potentialdifferenz von 1 V erhält:

$$\boxed{1\,\mathrm{eV} = 1.602 \cdot 10^{-19}\,\mathrm{J}} \tag{2.21}$$

1 eV ist die im atomaren und subatomaren Bereich gebräuchliche Einheit (keine SI-Einheit!).

Elektrischer Dipol

1. Potential und Feldstärke:
    Als Dipol bezeichnet man die Anordnung zweier entgegengesetzt gleicher Punktladungen. Derartige Anordnungen kommen in der Natur häufig vor. Zum Beispiel haben die meisten zweiatomigen Moleküle ein sogenanntes Dipolmoment. Im allgemeinen ist das elektrische Feld eines Dipols in einem Gebiet von Interesse, in dem der Abstand zum Zentrum des Dipols groß gegen den Abstand der beiden Punktladungen voneinander ist (vgl. Bild 2.12).

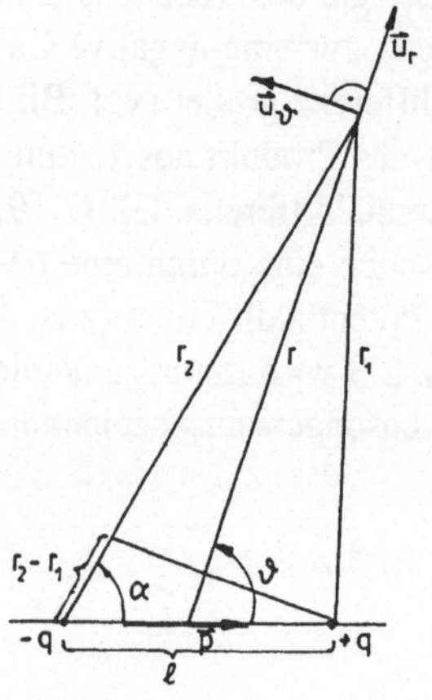

Bild 2.12
Zur Herleitung des Dipolfeldes

Nach Gl. (2.17) beträgt das Potential in einem Punkt mit den Abständen r_1 und r_2 von den beiden Ladungen

$$\varphi = \frac{q}{4\pi\varepsilon_0}\left(\frac{1}{r_1} - \frac{1}{r_2}\right) = \frac{q}{4\pi\varepsilon_0}\frac{r_2 - r_1}{r_1 r_2}$$

Für $r \gg \ell$ ist $\alpha \approx \vartheta$. Damit folgt

$$r_2 - r_1 \approx \ell\cos\vartheta \quad\text{und}\quad r_2 r_1 \approx r^2$$

In dieser Näherung ergibt sich also

$$\varphi = \frac{1}{4\pi\varepsilon_0}\frac{q\ell\cos\vartheta}{r^2}$$

Der Vektor $\vec{p}$ mit dem Betrag $q\ell$ ($\ell =$ Abstand der beiden Ladungen voneinander) und der Richtung von $-q$ nach $+q$ heißt **elektrisches Dipolmoment**. Also ist schließlich

$$\boxed{\varphi = \frac{1}{4\pi\varepsilon_0}\frac{p\cos\vartheta}{r^2}} \tag{2.22}$$

φ ist hier in Polarkoordinaten dargestellt, aber nur von r und dem Winkel ϑ abhängig (Rotationssymmetrie um die Verbindungslinie der beiden Punktladungen). In diesem Fall ist

$$\text{grad } \varphi = \frac{\partial\varphi}{\partial r}\vec{u}_r + \frac{1}{r}\frac{\partial\varphi}{\partial\vartheta}\vec{u}_\vartheta$$

Die Einheitsvektoren $\vec{u}_r$ und $\vec{u}_\vartheta$ ergeben sich aus Bild 2.12. Nach Gl. (2.16) erhalten wir also für die elektrische Feldstärke wegen

$$\frac{\partial\varphi}{\partial r} = \frac{1}{4\pi\varepsilon_0}\frac{2p\cos\vartheta}{r^3} \quad\text{und}\quad \frac{1}{r}\frac{\partial\varphi}{\partial\vartheta} = -\frac{1}{4\pi\varepsilon_0}\frac{p\sin\vartheta}{r^3}$$

$$\boxed{\begin{aligned} \vec{E} &= \vec{E}_r + \vec{E}_\vartheta \\ \vec{E}_r &= \frac{1}{4\pi\varepsilon_0}\frac{2p\cos\vartheta}{r^3}\vec{u}_r \\ \vec{E}_\vartheta &= \frac{1}{4\pi\varepsilon_0}\frac{p\sin\vartheta}{r^3}\vec{u}_\vartheta \end{aligned}} \tag{2.23}$$

Für den Betrag der elektrischen Feldstärke ergibt sich dann

$$E = \sqrt{E_r^2 + E_\vartheta^2}$$

also

$$E = \frac{1}{4\pi\varepsilon_0}\frac{p}{r^3}\sqrt{3\cos^2\vartheta + 1} \qquad (2.24)$$

2. Dipol im **homogenen** elektrischen Feld:

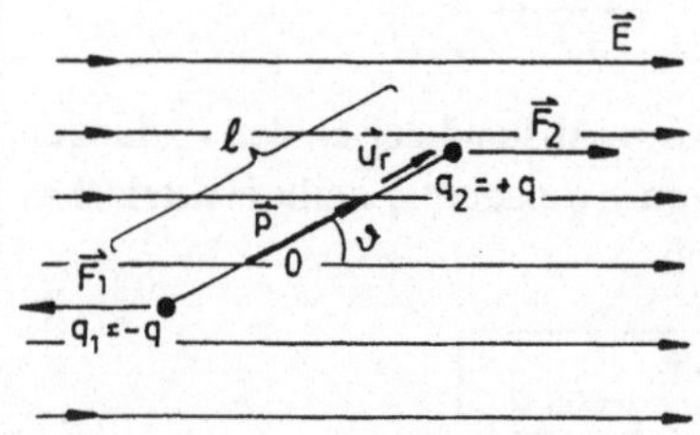

Bild 2.13
Drehmoment auf einen Dipol im elektrischen Feld

Auf die Punktladungen $q_1 = -q$ und $q_2 = +q$ wirken die Kräfte

$$\vec{F}_1 = q_1\vec{E} = -q\vec{E} \quad \text{und} \quad \vec{F}_2 = q_2\vec{E} = +q\vec{E}$$

Die resultierende Kraft auf den Dipol ist also gleich Null:

$$\vec{F}_1 + \vec{F}_2 = \vec{F} = -q\vec{E} + q\vec{E} = 0$$

Der Dipol führt daher keine translatorische Bewegung aus. Man erhält aber ein resultierendes Drehmoment (Bezeichnungen s. Bild 2.13) um Null, nämlich

$$\vec{M} = \frac{\ell}{2}\vec{u}_r \times \vec{F}_2 + \frac{\ell}{2}(-\vec{u}_r) \times \vec{F}_1 = \ell q\vec{u}_r \times \vec{E}$$

also

$$\vec{M} = \vec{p} \times \vec{E} \qquad (2.25)$$

Dipole richten sich also im elektrischen Feld in Feldrichtung aus.

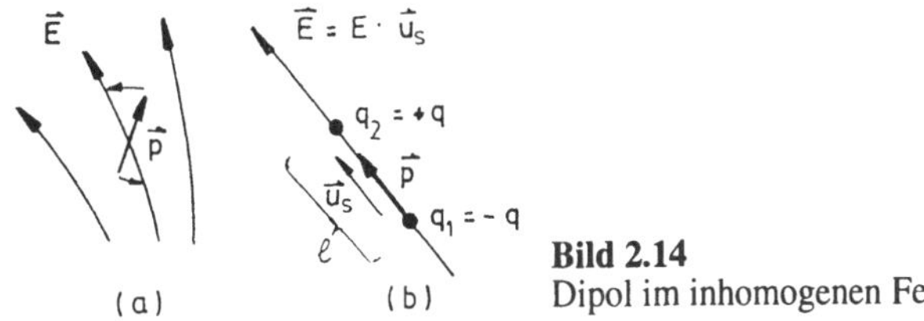

Bild 2.14
Dipol im inhomogenen Feld

3. Ausgerichteter Dipol im **inhomogenen** elektrischen Feld: Es ist

$$\vec{p} = \ell q \vec{u}_s$$

Der elektrische Dipol sei zunächst beliebig zur elektrischen Feldrichtung orientiert (Bild 2.14a). Dann wirkt ein Drehmoment auf ihn entsprechend der vorangehenden Ableitung. Er wird also in Feldrichtung ausgerichtet (Bild 2.14b). Im folgenden betrachten wir nur die Wirkung des elektrischen Feldes auf den in Feldrichtung **ausgerichteten** Dipol. Es gilt

$$\vec{F}_1 = q_1 \vec{E}(\vec{r}_1) = -qE_1\vec{u}_s$$
$$\vec{F}_2 = q_2 \vec{E}(\vec{r}_2) = +qE_2\vec{u}_s$$

Also folgt $\quad \vec{F} = \vec{F}_1 + \vec{F}_2 = q(E_2 - E_1)\vec{u}_s$

ℓ wird als hinreichend kleines Wegelement betrachtet. Dann ist

$$E_2 - E_1 = \Delta E = \frac{\Delta E}{\Delta s} \cdot \Delta s = \frac{\partial E}{\partial s} \cdot \Delta s$$

und mit $\Delta s = \ell$ also

$$E_2 - E_1 = \frac{\partial E}{\partial s}\ell$$

Für die Kraft erhält man somit

$$\vec{F} = q\ell\frac{\partial E}{\partial s}\vec{u}_s$$

Für diese in Richtung der Feldstärke (Richtung $\vec{u}_s$) wirkende Kraft gilt auch

$$\vec{F} = F_s\vec{u}_s$$

Mit $q\ell = p$ ist dann

$$F_s = p\frac{\partial E}{\partial s}$$

(2.26)

2.3 Ergänzung*: Potential einer Ladungswolke in Multipol-Darstellung

2.3.1 Mathematische Grundlagen

Jede beliebig oft differenzierbare Funktion $f(x)$ läßt sich in eine unendliche Reihe nach Potenzen von x entwickeln. Diese sogenannte MacLaurinsche Reihenentwicklung lautet:

$$\begin{aligned}
f(x) &= f(0) + \left(\frac{\mathrm{d}f}{\mathrm{d}x}\right)_{x=0} x + \frac{1}{2}\left(\frac{\mathrm{d}^2 f}{\mathrm{d}x^2}\right)_{x=0} x^2 + \cdots \\
&= f(0) + \sum_{m=1}^{\infty} \frac{1}{m!}\left(\frac{\mathrm{d}^m f}{\mathrm{d}x^m}\right)_{x=0} x^m
\end{aligned}$$

Ist die Funktion von drei Variablen x_1, x_2, x_3 abhängig, dann gilt in Erweiterung der obigen Formel:

$$\begin{aligned}
f(x_1, x_2, x_3) &= f_0 + \left(\frac{\partial f}{\partial x_1}\right)_0 x_1 + \left(\frac{\partial f}{\partial x_2}\right)_0 x_2 + \left(\frac{\partial f}{\partial x_3}\right)_0 x_3 \\
&+ \frac{1}{2}\Bigg\{ \left(\frac{\partial^2 f}{\partial x_1^2}\right)_0 x_1^2 + \left(\frac{\partial^2 f}{\partial x_1 \partial x_2}\right)_0 x_1 x_2 \\
&+ \left(\frac{\partial^2 f}{\partial x_1 \partial x_3}\right)_0 x_1 x_3 + \left(\frac{\partial^2 f}{\partial x_2 \partial x_1}\right)_0 x_2 x_1 \\
&+ \left(\frac{\partial^2 f}{\partial x^2}\right)_0 x_2^2 + \left(\frac{\partial^2 f}{\partial x_2 \partial x_3}\right)_0 x_2 x_3 \\
&+ \left(\frac{\partial^2 f}{\partial x_3 \partial x_1}\right)_0 x_3 x_1 + \left(\frac{\partial^2 f}{\partial x_3 \partial x_2}\right)_0 x_3 x_2
\end{aligned}$$

$$+ \left(\frac{\partial^2 f}{\partial x_3^2}\right)_0 x_3^2 \Bigg\} + \cdots = f_0 + \sum_{i=1}^{3}\left(\frac{\partial f}{\partial x_i}\right)_0 x_i$$

$$+ \frac{1}{2}\sum_{j,k}\left(\frac{\partial^2 f}{\partial x_j \partial x_k}\right)_0 x_j x_k + \cdots \tag{2.27}$$

Für die mit dem Index 0 bezeichneten Größen ist deren Wert an der Stelle $x_1 = x_2 = x_3 = 0$ einzusetzen. Die zweite Summe in (2.27) erstreckt sich über alle möglichen – hier also neun – (j, k)-Kombinationen mit $j = 1, 2, 3$ und $k = 1, 2, 3$. Die höheren Glieder der Reihenentwicklung werden im folgenden nicht weiter berücksichtigt.

Speziell betrachtet – weil nachfolgend von Interesse – werde die Funktion

$$\begin{aligned}
F(x_1, x_2, x_3) &= \frac{1}{\sqrt{(X_1 - x_1)^2 + (X_2 - x_2)^2 + (X_3 - x_3)^2}}\\
&= \left[(X_1 - x_1)^2 + (X_2 - x_2)^2 + (X_3 - x_3)^2\right]^{-1/2}
\end{aligned}$$
$$\tag{2.28}$$

An der Stelle $x_1 = x_2 = x_3 = 0$ hat sie den Wert

$$F_0 = (X_1^2 + X_2^2 + X_3^2)^{-1/2} \tag{2.29}$$

X_1, X_2 und X_3 sind dabei zunächst nicht näher spezifizierte und konstante Größen.

Für die einfachen Ableitungen von (2.28) folgt:

$$\begin{aligned}
\frac{\partial F}{\partial x_i} &= -\frac{1}{2}\left[(X_1 - x_1)^2 + (X_2 - x_2)^2 + (X_3 - x_3)^2\right]^{-1/2}\\
&\quad 2(X_i - x_i)(-1) = F^3(X_i - x_i)
\end{aligned} \tag{2.30}$$

Das ergibt:

$$\left(\frac{\partial F}{\partial x_i}\right)_0 = F_0^3 X_i \tag{2.31}$$

Für die zweifachen Ableitungen von (2.28) folgt mit (2.30) **für den Fall** $j \neq k$:

$$\frac{\partial^2 F}{\partial x_j \partial x_k} = \frac{\partial}{\partial x_j}\left(\frac{\partial F}{\partial x_k}\right) = \frac{\partial}{\partial x_j}\left[F^3(X_k - x_k)\right]$$

$$= 3F^2\frac{\partial F}{\partial x_j}(X_k - x_k)$$

$$= 3F^5(X_j - x_j)(X_k - x_k) \tag{2.32}$$

und **für den Fall** $j = k$:

$$\frac{\partial^2 F}{\partial x_j \partial x_k} = \frac{\partial}{\partial x_k}\left(\frac{\partial F}{\partial x_k}\right) = \frac{\partial}{\partial x_k}\left[F^3(X_k - x_k)\right]$$

$$= -F^3 + 3F^2\frac{\partial F}{\partial x_k}(X_k - x_k) = 3F^5(X_k - x_k)^2 - F^3$$

$$= F^5\left[3(X_k - x_k)^2 - F^{-2}\right] \tag{2.33}$$

Die Ergebnisse (2.32) und (2.33) lassen sich zusammengefaßt darstellen in der Form:

$$\frac{\partial^2 F}{\partial x_j \partial x_k} = F^5\left[3(X_j - x_j)(X_k - x_k) - \delta_{jk}F^{-2}\right] \tag{2.34}$$

Dabei ist δ_{jk} das sogenannte **Kronnecker-Symbol**. Es bedeutet:

$$\delta_{jk} = 0 \quad \text{für} \quad j \neq k$$
$$\delta_{jk} = 1 \quad \text{für} \quad j = k$$

Aus (2.34) folgt:

$$\left(\frac{\partial^2 F}{\partial x_j \partial x_k}\right)_0 = F_0^5(3X_j X_k - \delta_{jk}F_0^{-2}) \tag{2.35}$$

Einsetzen von (2.31) und (2.35) in (2.27) ergibt somit als Reihenentwicklung für die Funktion (2.28):

$$F(x_1, x_2, x_3) = F_0 + F_0^3 \sum_{i=1}^{3} X_i x_i + \frac{1}{2}F_0^5$$
$$\sum_{j,k}(3X_j X_k - \delta_{jk}F_0^{-2})x_j x_k + \cdots \tag{2.36}$$

2.3.2 Wolke aus Punktladungen

Vorgegeben ist eine Wolke aus insgesamt N Punktladungen $q_1, \ldots, q_N$ innerhalb eines (endlichen) Volumens V.

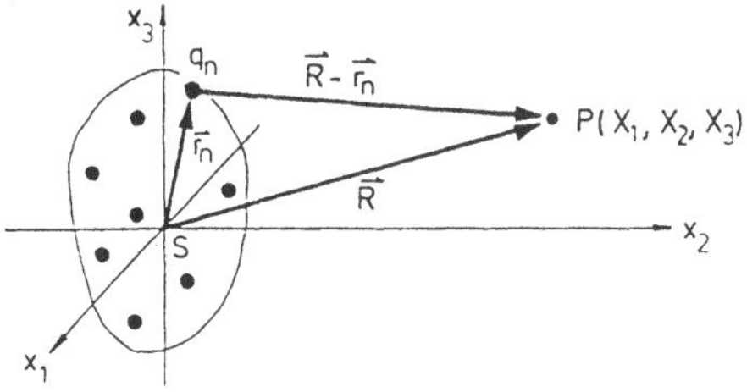

Zugrunde gelegt wird ein kartesisches (x_1, x_2, x_3)-Koordinatensystem, dessen Ursprung im „Schwerpunkt" S der Ladungs-**Beträge** $|q_n|$ des Punktladungs-Systems liegt, d.h. es soll gelten:

$$\sum_{n=1}^{N} |q_n| \vec{r}_n = 0 \tag{2.37}$$

$\vec{r}_n = x_{1n} \vec{u}_1 + x_{2n} \vec{u}_2 + x_{3n} \vec{u}_3$ ist der Ortsvektor der Ladung q_n. x_{1n}, x_{2n}, x_{3n} sind deren Koordinaten. $\vec{u}_1, \vec{u}_2, \vec{u}_3$ sind die Einheitsvektoren in x_1-, x_2-, x_3-Richtung.

Die Verabredung (2.37) hat natürlich keinerlei Einfluß in Bezug auf die Allgemeingültigkeit der gewonnenen physikalischen Aussagen. Ihr physikalischer Sinn wurde in Abschnitt 3. erläutert.

Die Ladung q_n erzeugt in einem Aufpunkt P mit den Koordinaten X_1, X_2, X_3, also mit dem Ortsvektor $\vec{R} = X_1 \vec{u}_1 + X_2 \vec{u}_2 + X_3 \vec{u}_3$ das (elektrostatische) Potential

$$\varphi_n = \frac{1}{4\pi\varepsilon_0} \frac{q_n}{|\vec{R} - \vec{r}_n|}$$

Zur Vereinfachung der Schreibweise wird im folgenden nicht das Potential φ_n selbst, sondern die ihm proportionale Hilfsgröße

$$\phi_n = 4\pi\varepsilon_0 \varphi_n = \frac{q_n}{|\vec{R} - \vec{r}_n|}$$

verwendet. Für die gesamte Ladungswolke ergibt sich dann nach dem Superpositionsprinzip:

$$\phi = \sum_{n=1}^{N} \phi_n = 4\pi\varepsilon_0 \sum_{n=1}^{N} \varphi_n = 4\pi\varepsilon_0\varphi = \sum_{n=1}^{N} \frac{q_n}{|\vec{R} - \vec{r}_n|} \qquad (2.38)$$

Gesucht wird für den Bereich außerhalb der Ladungswolke eine Darstellung des Potentials φ durch eine Summe von Beiträgen, die mit unterschiedlicher Potenz des Abstandes $R = |\vec{R}|$ zwischen dem Koordinatenursprung S und dem Aufpunkt P abfallen. Eine solche Darstellung gelingt mit Hilfe der im Abschnitt 1 behandelten mathematische Zusammenhänge durch eine Reihenentwicklung des Abstandes $|\vec{R}-\vec{r}_n|$ zwischen q_n und P, bzw. dessen reziproken Wertes $|\vec{R} - \vec{r}_n|^{-1}$. Für diesen Abstand folgt:

$$
\begin{aligned}
|\vec{R} - \vec{r}_n| &= |X_1\vec{u}_1 + X_2\vec{u}_2 + X_3\vec{u}_3 - x_{1n}\vec{u}_1 - x_{2n}\vec{u}_2 \\
&\quad - x_{3n}\vec{u}_3| \\
&= |(X_1 - x_{1n})\vec{u}_1 + (X_2 - x_{2n})\vec{u}_2 + (X_3 - x_{3n})\vec{u}_3| \\
&= \left[(X_1 - x_{1n})^2 + (X_2 - x_{2n})^2 + (X_3 - x_{3n})^2\right]^{1/2}
\end{aligned}
$$

Das ergibt:

$$\frac{1}{|\vec{R} - \vec{r}_n|} = \left[(X_1 - x_{1n})^2 + (X_2 - x_{2n})^2 + (X_3 - x_{3n})^2\right]^{-1/2} \qquad (2.39)$$

Dieser Ausdruck ist in der Form identisch mit der im Abschnitt 1 diskutierten Funktion F. An der Stelle $x_{1n} = x_{2n} = x_{3n} = 0$, also bei $\vec{r}_n = 0$, hat er den Wert

$$F_0 = \left(\frac{1}{|\vec{R} - \vec{r}_n|}\right)_0 = \frac{1}{|\vec{R}|} = \frac{1}{R}$$

Damit lautet die Reihenentwicklung (2.36) für (2.39):

$$
\begin{aligned}
\frac{1}{|\vec{R} - \vec{r}_n|} &= \frac{1}{R} + \frac{1}{R^3} \sum_{i=1}^{3} X_i x_{in} \\
&\quad + \frac{1}{2}\frac{1}{R^5} \sum_{j,k} (3X_j X_k - \delta_{jk} R^2) x_{jn} x_{kn} + \cdots
\end{aligned}
$$

Die erste Summe ist das Skalarprodukt aus den Ortsvektoren $\vec{R}$ und $\vec{r}_n$:

$$\sum_{i=1}^{3} X_i x_{in} = X_1 x_{1n} + X_2 x_{2n} + X_3 x_{3n} = \vec{R}\vec{r}_n$$

In der zweiten Summe ist der Klammerausdruck nur von $\vec{R}$, d.h. der Lage des Aufpunktes P abhängig. Die Verteilung der Ladungen innerhalb der Wolke steckt allein in den Produkten $x_{jn}x_{kn}$. Damit ergibt sich nach (2.38) für das Potential φ bzw. ϕ:

$$\phi = \sum_{n=1}^{N} \frac{q_n}{R} + \sum_{n=1}^{N} \left(\frac{q_n}{R^3} \vec{R}\vec{r}_n \right)$$
$$+ \frac{1}{2} \sum_{n=1}^{N} \left[\frac{q_n}{R^5} \sum_{j,k} (3X_j X_k - \delta_{jk} R^2) x_{jn} x_{kn} \right] + \cdots$$

Ausklammern aller nur von $\vec{R}$ abhängiger Faktoren führt auf

$$\phi = \frac{1}{R} \sum_{n=1}^{N} q_n + \frac{1}{R^3} \vec{R} \cdot \sum_{n=1}^{N} q_n \vec{r}_n$$
$$+ \frac{1}{2} \frac{1}{R^5} \sum_{j,k} \left[(3X_j X_k - \delta_{jk} R^2) \sum_{n=1}^{N} q_n x_{jn} x_{kn} \right] + \cdots$$
$$\tag{2.40}$$

Die Summe

$$q_0 = \sum_{n=1}^{N} q_n \tag{2.41}$$

des ersten Terms ist die **Gesamtladung** der Wolke. Sie wird im Zusammenhang mit der hier diskutierten Reihenentwicklung des Potentials auch das **Monopolmoment** der Ladungsverteilung genannt. q_0 ist ein **Skalar**. Die Summe

$$\vec{p} = \sum_{n=1}^{N} q_n \vec{r}_n \tag{2.42}$$

des zweiten Terms heißt das **Dipolmoment** der Wolke. $\vec{p}$ ist ein **Vektor**. Die **neun** Summen

$$Q_{jk} = \sum_{n=1}^{N} q_n x_{jn} x_{kn} \tag{2.43}$$

sind die Komponenten des sogenannten **Quadrupolmoments** der Wolke. Das Quadrupolmoment $\widetilde{Q}$ selbst ist aber nicht etwa ein neun-komponentiger Vektor, sondern hinsichtlich seines mathematischen Verhaltens ein sogenannter **Tensor**, in „Matrizen-Schreibweise" darstellbar in der Form

$$\widetilde{Q} = \begin{pmatrix} Q_{11} & Q_{12} & Q_{13} \\ Q_{21} & Q_{22} & Q_{23} \\ Q_{31} & Q_{32} & Q_{33} \end{pmatrix}$$

Eine kurze Erläuterung zum Begriff des Tensors folgt am Schluß.

Nach (2.43) ist $Q_{jk} = Q_{kj}$. Tensoren mit dieser Eigenschaft nennt man symmetrisch. Quadrupolmomente von Ladungsverteilungen sind also stets **symmetrische Tensoren**, d.h. es ist

$$\widetilde{Q} = \begin{pmatrix} Q_{11} & Q_{12} & Q_{13} \\ Q_{12} & Q_{22} & Q_{23} \\ Q_{13} & Q_{23} & Q_{33} \end{pmatrix}$$

Selbst im allgemeinsten Fall reichen also zur vollständigen Beschreibung des Quadrupolmoments sechs Größen oder Komponenten aus.

Mit den Abkürzungen bzw. Definitionen (2.41), (2.42) und (2.43) lautet dann die Reihenentwicklung (2.40):

$$\phi = \frac{q_0}{R} + \frac{\vec{p}\vec{R}}{R^3} + \frac{1}{2}\frac{1}{R^5} \sum_{j,k} \left[Q_{jk}(3X_j X_k - \delta_{jk} R^2) \right] + \cdots \tag{2.44}$$

Ausschreiben der Summe und Beachtung der Symmetrie-Eigenschaften von $\widetilde{Q}$ ergibt schließlich:

$$\begin{aligned} \phi &= \frac{q_0}{R} + \frac{\vec{p}\vec{R}}{R^3} + Q_{11}\frac{3X_1^2 - R^2}{2R^5} + Q_{22}\frac{3X_2^2 - R^2}{2R^5} \\ &+ Q_{33}\frac{3X_3^2 - R^2}{2R^5} + Q_{12}\frac{3X_1 X_2}{R^5} + Q_{13}\frac{3X_1 X_3}{R^5} \\ &+ Q_{23}\frac{3X_2 X_3}{R^5} + \cdots \end{aligned} \tag{2.45}$$

Damit ist das gesteckte Ziel erreicht. (2.44) ist die gesuchte Darstellung des Potentials durch eine Summe von Termen, die in ihrer Reihenfolge zunehmend steil mit R abfallen.

2.3.3 Ein einfaches Beispiel

Als Beispiel für die im Abschnitt 2 erläuterten Zusammenhänge wird eine Wolke aus insgesamt sechs Punktladungen q_1 bis q_6 betrachtet, die jeweils paarweise diametral zum Koordinatenursprung S in den Abständen a_1, a_2, a_3 von S auf den x_1-, x_2-, x_3-Koordinatenachsen liegen. Die Ladungen besetzen also die Endpunkte eines (unregelmäßigen) Oktaeders. Zusätzlich wird vorausgesetzt, daß alle Ladungs-**Beträge** gleich sind, d.h. es ist

$$|q_1| = |q_2| = \ldots = |q_6| = q$$

Damit ist dann auch die Verabredung (2.37) hinsichtlich der Lage des Koordinatenursprungs erfüllt.

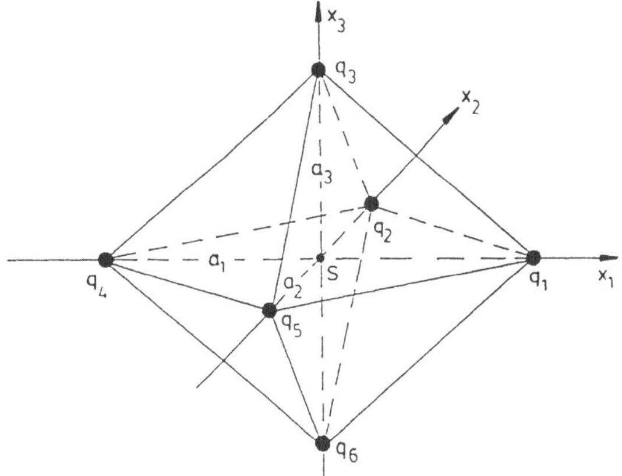

Bild 2.15 Beispiel für eine Ladungsverteilung

Bei der in Bild 2.15 festgelegten Numerierung der Ladungen ergeben sich dann für deren Koordinaten x_{jn} (erster Index: Koordinatenachse; zweiter Index: Ladungsnummer) und deren Ortsvektoren $\vec{r}_n$ die in der folgenden Tabelle aufgeführten Werte.

q_1	$x_{11} = a_1$	$x_{21} = 0$	$x_{31} = 0$	$\vec{r}_1 = a_1 \vec{u}_1$
q_2	$x_{12} = 0$	$x_{22} = a_2$	$x_{32} = 0$	$\vec{r}_2 = a_2 \vec{u}_2$
q_3	$x_{13} = 0$	$x_{23} = 0$	$x_{33} = a_3$	$\vec{r}_3 = a_3 \vec{u}_3$
q_4	$x_{14} = -a_1$	$x_{24} = 0$	$x_{34} = 0$	$\vec{r}_4 = -a_1 \vec{u}_1$
q_5	$x_{15} = 0$	$x_{25} = -a_2$	$x_{35} = 0$	$\vec{r}_5 = -a_2 \vec{u}_2$
q_6	$x_{16} = 0$	$x_{26} = 0$	$x_{36} = -a_3$	$\vec{r}_6 = -a_3 \vec{u}_3$

1. Fall: Alle sechs Ladungen sind positiv, d.h. es ist

$$q_1 = q_2 = \ldots = q_6 = q$$

Für die Momente (2.41), (2.42) und (2.43) ergeben sich dann – praktisch direkt aus den Tabellenwerten ablesbar –

Monopolmoment (Gesamtladung):

$$q_0 = \sum_{n=1}^{6} q_n = 6q$$

Dipolmoment:

$$\vec{p} = \sum_{n=1}^{6} q_n \vec{r}_n = q \sum_{n=1}^{6} \vec{r}_n = 0$$

Quadrupolmoment:

$$
\begin{aligned}
Q_{11} &= \sum_{n=1}^{6} q_n x_{1n} x_{1n} = q \sum_{n=1}^{6} x_{1n}^2 = 2qa_1^2 \\
Q_{22} &= 2qa_2^2 \\
Q_{33} &= 2qa_3^2 \\
Q_{12} &= Q_{13} = Q_{23} = 0
\end{aligned}
$$

Also ist:

$$\widetilde{Q} = \begin{pmatrix} 2qa_1^2 & 0 & 0 \\ 0 & 2qa_2^2 & 0 \\ 0 & 0 & 2qa_3^2 \end{pmatrix} = 2q \begin{pmatrix} a_1^2 & 0 & 0 \\ 0 & a_2^2 & 0 \\ 0 & 0 & a_3^2 \end{pmatrix}$$

Für das Potential folgt dann aus (2.45):

$$
\begin{aligned}
\phi &= \frac{6q}{R} + \frac{qa_1^2}{R^5}(3X_1^2 - R^2) + \frac{qa_2^2}{R^5}(3X_2^2 - R^2) \\
&\quad + \frac{qa_3^2}{R^5}(3X_3^2 - R^2) \\
&= \frac{6q}{R} - \frac{q}{R^3}(a_1^2 + a_2^2 + a_3^2) + \frac{3q}{R^5} \\
&\quad (a_1^2 X_1^2 + a_2^2 \cdot X_2^2 + a_3^2 \cdot X_3^2)
\end{aligned}
$$

Im Spezialfall **gleicher** Abstände ($a_1 = a_2 = a_3 = a$; regelmäßiger Oktaeder) ist

$$
\begin{aligned}
\phi_s &= \frac{6q}{R} - \frac{3qa^2}{R^3} + \frac{3qa^2}{R^5}(X_1^2 + X_2^2 + X_3^2) \\
&= \frac{6q}{R} - \frac{3qa^2}{R^3} + \frac{3qa^2}{R^5} \cdot R^2 = \frac{6q}{R}
\end{aligned}
$$

Die Wolke wirkt dann, von außen betrachtet, wie eine Punktladung der Größe $6q$ im Koordinatenursprung S.

2. Fall: Die Ladung q_1 ist positiv; alle anderen sind negativ, d.h. es ist

$$
q_1 = q \qquad \text{und} \qquad q_2 = q_3 = \ldots = q_6 = -q
$$

Monopolmoment:

$$
q_0 = q + \sum_{n=2}^{6} q_n = -4q
$$

Dipolmoment:

$$
\begin{aligned}
\vec{p} &= q\vec{r}_1 + \sum_{n=2}^{6} q_n \vec{r}_n = q\vec{r}_1 - q \sum_{n=2}^{6} \vec{r}_n = qa_1\vec{u}_1 - q(-a_1\vec{u}_1) \\
&= 2qa_1\vec{u}_1
\end{aligned}
$$

Das Dipolmoment weist also in die (positive) x_1-Richtung.

Quadrupolmoment:

$$
\begin{aligned}
Q_{11} &= qx_{11}^2 + \sum_{n=2}^{6} q_n x_{1n}^2 = qx_{11}^2 - q \sum_{n=2}^{6} x_{1n}^2 \\
&= qa_1^2 - q(-a_1)^2 = 0 \\
Q_{22} &= qx_{21}^2 + \sum_{n=2}^{6} q_n x_{2n}^2 = qx_{21}^2 - q \sum_{n=2}^{6} x_{2n}^2 = q0 - q2a_2^2 \\
&= -2qa_2^2 \\
Q_{33} &= -2qa_3^2 \\
Q_{12} &= Q_{13} = Q_{23} = 0
\end{aligned}
$$

Also ist:

$$\tilde{Q} = \begin{pmatrix} 0 & 0 & 0 \\ 0 & -2qa_2^2 & 0 \\ 0 & 0 & -2qa_3^2 \end{pmatrix} = -2q \begin{pmatrix} 0 & 0 & 0 \\ 0 & a_2^2 & 0 \\ 0 & 0 & a_3^2 \end{pmatrix}$$

Für das Potential folgt dann aus (2.45):

$$\phi = -\frac{4q}{R} + \frac{2qa_1}{R^3}\vec{u}_1\vec{R} - \frac{qa_2^2}{R^5}(3X_2^2 - R^2)$$
$$- \frac{qa_3^2}{R^5}(3X_3^2 - R^2)$$

Mit $\vec{u}_1 \cdot \vec{R} = \vec{u}_1(X_1\vec{u}_1 + X_2\vec{u}_2 + X_3\vec{u}_3) = X_1$ ergibt sich:

$$\phi = -\frac{4q}{R} + \frac{2qa_1}{R^3}X_1 + \frac{q}{R^3}(a_2^2 + a_3^2) - \frac{3q}{R^5}(a_2^2 X_2^2 + a_3^2 X_3^2)$$

Im Spezialfall $a_1 = a_2 = a_3 = a$ ist

$$\phi_s = -\frac{4q}{R} + \frac{2qa}{R^3}(X_1 + a) - \frac{3qa^2}{R^5}(X_2^2 + X_3^2)$$

3. Fall: Die Ladungen q_1, q_2, q_3 sind positiv, die restlichen drei negativ, d.h. es ist

$$q_1 = q_2 = q_3 = q \qquad \text{und} \qquad q_4 = q_5 = q_6 = -q$$

Monopolmoment:

$$q_0 = 3q - 3q = 0$$

Dipolmoment:

$$\vec{p} = \sum_{n=1}^{3} q\vec{r}_n + \sum_{n=4}^{6}(-q)\vec{r}_n$$
$$= q(a_1\vec{u}_1 + a_2\vec{u}_2 + a_3\vec{u}_3) - q(-a_1\vec{u}_1 - a_2\vec{u}_2 - a_3\vec{u}_3)$$
$$= 2q(a_1\vec{u}_1 + a_2\vec{u}_2 + a_3\vec{u}_3)$$

Das Dipolmoment weist also in die (positive) Richtung der Raumdiagonale des von den Vektoren $\vec{r}_1, \vec{r}_2, \vec{r}_3$ aufgespannten Quaders und hat den Betrag

$$p = |\vec{p}| = 2q(a_1^2 + a_2^2 + a_3^2)^{1/2}$$

Quadrupolmoment:

$$
\begin{aligned}
Q_{11} &= \sum_{n=1}^{3} q x_{1n}^2 + \sum_{n=4}^{6} (-q) x_{1n}^2 = q a_1^2 - q a_1^2 = 0 \\
Q_{22} &= Q_{33} = Q_{12} = Q_{13} = Q_{23} = 0
\end{aligned}
$$

Diese Ladungsverteilung hat also nur ein **Dipolmoment**. Für das Potential folgt damit aus (2.45)

$$
\begin{aligned}
\phi &= \frac{2q}{R^3}(a_1 \vec{u}_1 + a_2 \vec{u}_2 + a_3 \vec{u}_3)\vec{R} \\
&= \frac{2q}{R}(a_1 \vec{u}_1 + a_2 \vec{u}_2 + a_3 \vec{u}_3)(X_1 \vec{u}_1 + X_2 \vec{u}_2 + X_3 \vec{u}_3) \\
&= \frac{2q}{R}(a_1 X_1 + a_2 X_2 + a_3 X_3)
\end{aligned}
$$

Im Spezialfall $a_1 = a_2 = a_3 = a$ ist

$$\phi_s = \frac{2qa}{R^3}(X_1 + X_2 + X_3)$$

4. Fall: Die Ladung q_1 ist positiv, die Ladung q_4 negativ. Weitere Ladungen sind nicht vorhanden. Es ist also

$$q_1 = q, \; q_4 = -q \quad \text{und} \quad q_2 = q_3 = q_5 = q_6 = 0$$

Das **Monopolmoment** ist Null. Das **Dipolmoment** beträgt $\vec{p} = 2qa_1\vec{u}_1 = q\ell\vec{u}_1$. Das **Quadrupolmoment** ist Null.

Diese „Wolke" aus zwei ungleichnamigen und dem Betrage nach gleichen Ladungen ist die **einfachste** Punktladungs-Struktur für ein **Dipolmoment**. Für das Potential ergibt (2.45):

$$\phi = q\ell\frac{X_1}{R^3} = p\frac{X_1}{R^3}$$

5. Fall: Die Ladungen q_1 und q_4 sind positiv, die Ladungen q_3 und q_6 negativ. q_2 und q_5 fehlen. Es ist also

$$q_1 = q_4 = q, \; q_3 = q_6 = -q, \; q_2 = q_5 = 0$$

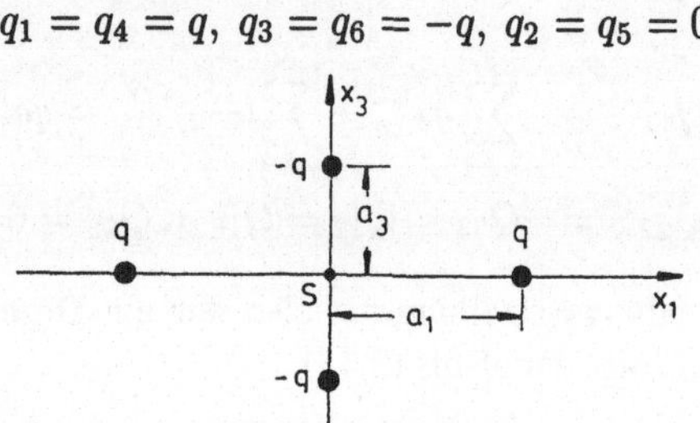

Das **Monopolmoment** ist Null. Das **Dipolmoment** ist Null. Für das **Quadrupolmoment** folgt:

$$Q_{11} = 2qa_1^2, \; Q_{22} = 0, \; Q_{33} = -2qa_3^2, \; Q_{12} = Q_{13} = Q_{23} = 0$$

also

$$\widetilde{Q} = \begin{pmatrix} 2qa_1^2 & 0 & 0 \\ 0 & 0 & 0 \\ 0 & 0 & -2qa_3^2 \end{pmatrix} = 2q \begin{pmatrix} a_1^2 & 0 & 0 \\ 0 & 0 & 0 \\ 0 & 0 & -a_3^2 \end{pmatrix}$$

Eine solche Verteilung von vier Ladungen ist die **einfachste** Punktladungs-Struktur für ein **Quadrupolmoment**. Sie läßt sich auch auffassen als eine Anordnung zweier **antiparalleler** Dipolmomente $\vec{p}_1$ und $\vec{p}_2$ gleichen Betrages p:

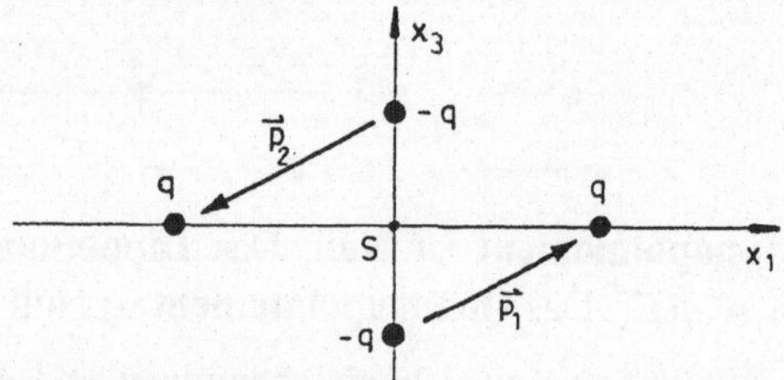

Diese Verteilung ist also sozusagen ein „Dipol aus zwei Dipolen" oder ein „Di-Dipol" $\equiv$ Quadrupol.

Eine noch weitergehende Vereinfachung erhält man für den Grenzfall $a_3 = 0$:

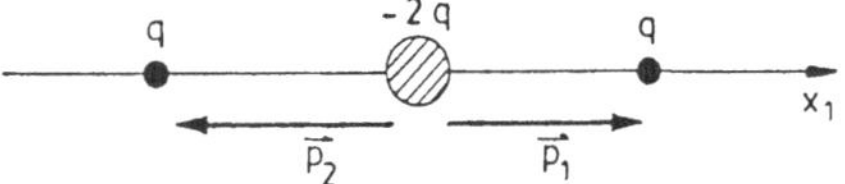

Das Quadrupolmoment hat dann nur eine Komponente, nämlich $Q_{11} = 2qa_1^2$. Diese Anordnung heißt auch „gestreckter" Quadrupol.

6. Fall: In allen bisher diskutierten Fällen ist die Verabredung (2.37) eingehalten worden: Der Koordinatenursprung lag stets im Schwerpunkt der Ladungs-**Beträge** des Systems. Gibt man diese Nebenbedingung auf, dann führt die kritiklose Anwendung des im Abschnitt 2 dargelegten und in den obigen Beispielen benutzten (mathematischen) Formalismus' auf **physikalisch** unsinnige Aussagen, wie das folgende Beispiel zeigt: Von den ursprünglich sechs Punktladungen der Wolke ist nur eine – etwa q_1 – von Null verschieden und positiv, d.h. es ist

$$q_1 = q \qquad \text{und} \qquad q_2 = q_3 = \ldots = q_6 = 0$$

S bleibt an der alten Stelle; die Nebenbedingung (2.37) ist also **nicht** erfüllt.

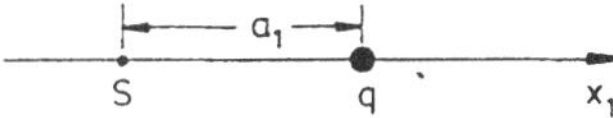

Die Berechnung der Momente nach den Beziehungen (2.41), (2.42) und (2.43) ergibt dann für das **Monopolmoment**: $q_0 = q$, das **Dipolmoment**: $\vec{p} = qa_1\vec{u}_1$, das **Quadrupolmoment**: $Q_{11} = qa_1^2$.

Physikalisch sinnvoll ist aber nur q_0. Das erzeugte Feld ist das einfache, um q radialsymmetrische elektrische Feld einer einzelnen Punktladung ohne irgendwelche Dipol- oder Quadrupol-Beimischungen. Verschiebung von S um a_1 in die Position von q, also Erfüllung der Verabredung (2.37), löst die Widersprüche auf.

2.3.4   Kontinuierliche Ladungswolke

Anstelle einer Wolke aus Punktladungen wird im folgenden eine Wolke mit dem (endlichen) Volumen V betrachtet, deren Ladungszustand durch eine ortsabhängige **Raumladungsdichte** ϱ beschrieben wird. Das zugrunde gelegte und weiterhin kartesische Koordinatensystem wird – anders als bisher und wie allgemein gebräuchlich – als (x, y, z)-Koordinatensystem bezeichnet. Dieses dient lediglich zur Vereinfachung der Schreibweise, da eine Numerierung von Ladungen und damit eine Verwendung von Indices nun nicht mehr nötig ist.

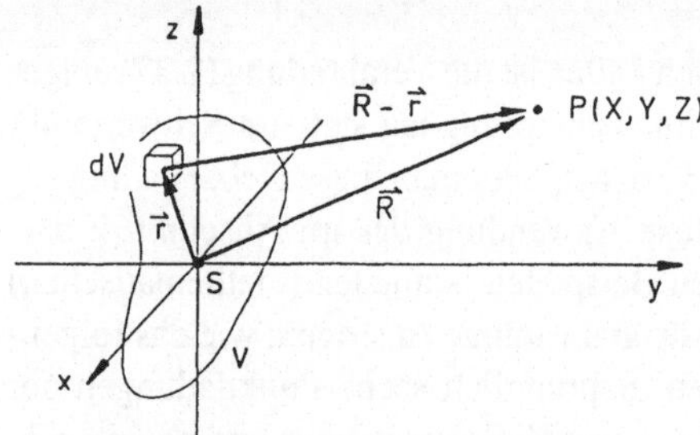

Bild 2.16
Kontinuierliche Ladungsverteilung

Ein differentielles Volumenelement dV von V mit den Koordinaten x, y, z und somit mit dem Ortsvektor $\vec{r} = x\vec{u}_x + y\vec{u}_y + z\vec{u}_z$, wobei $\vec{u}_x, \vec{u}_y, \vec{u}_z$ die Einheitsvektoren in x-, y-, z-Richtung bedeuten, enthält die Ladung

$$dq = \varrho(\vec{r})dV$$

Sie erzeugt in einem Aufpunkt P außerhalb der Wolke das Potential

$$d\varphi = \frac{1}{4\pi\varepsilon_0}\frac{dq}{|\vec{R}-\vec{r}|} = \frac{1}{4\pi\varepsilon_0}\frac{dV}{|\vec{R}-\vec{r}|}$$

$\vec{R} = X\vec{u}_x + Y\vec{u}_y + Z\vec{u}_z$ ist der Ortsvektor von P. Das von der gesamten Wolke verursachte Potential ist dann

$$\varphi = \frac{1}{4\pi\varepsilon_0}\int\limits_V \frac{\varrho \cdot dV}{|\vec{R}-\vec{r}|} \tag{2.46}$$

Die Definitionen (2.41), (2.42) und (2.43) für die Momente einer Punktladungs-Wolke lassen sich durch Übergang von der Summation zur Integration und durch Ersetzen von q_n durch $dq = \varrho \cdot dV$ direkt auf den Fall der kontinuierlichen Ladungswolke übertragen. Damit folgt für das **Monopolmoment** (Gesamtladung):

$$q_0 = \int\limits_V \varrho \cdot \mathrm{d}V$$

das **Dipolmoment**:

$$\vec{p} = \int\limits_V \varrho \vec{r} \mathrm{d}V \tag{2.47}$$

die Komponenten des **Quadrupolmoments**:

$$Q_{xx} = \int\limits_V \varrho x^2 \cdot \mathrm{d}V, \quad Q_{xy} = \int\limits_V \varrho xy \mathrm{d}V \qquad \text{u.s.w.} \tag{2.48}$$

Die Nebenbedingung (2.37) bezüglich der Lage des Koordinatenursprungs S bleibt weiterhin bestehen. Sie lautet hier:

$$\int\limits_V |\varrho| \vec{r} \cdot \mathrm{d}V = 0$$

Die Entwicklung der Funktion $|\vec{R} - \vec{r}|^{-1}$ in (2.46) nach dem vorangehend detailliert beschriebenen Muster ergibt – bis auf die geänderten Bezeichnungen der Koordinaten – die mit (2.45) formal identische Reihendarstellung für φ bzw. $\phi = 4\pi\varepsilon_0\varphi$, nämlich:

$$\begin{aligned}
\phi \;=\; & \frac{q_0}{R} + \frac{\vec{p}\vec{R}}{R^3} \\
& + Q_{xx}\frac{3X^2 - R^2}{2R^5} + Q_{yy}\frac{3Y^2 - R^2}{2R^5} + Q_{zz}\frac{3Z^2 - R^2}{2R^5} \\
& + Q_{xy}\frac{3XY}{R^5} + Q_{xz}\frac{3XZ}{R^5} + Q_{yz}\frac{3YZ}{R^5}
\end{aligned} \tag{2.49}$$

2.3.5 Axialsymmetrische Ladungswolke

Von besonderem physikalischen Interesse sind axialsymmetrische, d.h. um eine Achse rotationssymmetrische Ladungsverteilungen. Beispielsweise können Atome unter der Wirkung eines äußeren elektrischen Feldes so polarisiert werden, daß sich eine zur Feldrichtung axialsymmetrische Ladungsverteilung einstellt. Desweiteren können Atomkerne die Form von Rotations-Ellipsoiden annehmen und damit – da sie ja insgesamt positiv geladen sind – ebenfalls axialsymmetrische Ladungsverteilungen aufweisen.

Das einer solchen Symmetrie am besten angepaßte Koordinatensystem ist ein (z, a, α)-Zylinderkoordinatensystem, dessen z-Achse mit der Symmetrieachse der Wolke übereinstimmt. a ist der senkrechte Abstand des Volumenelements dV von der z-Achse, α der Azimutwinkel gegen die x-Achse. Den Übergang von einem kartesischen (x, y, z)- zu einem zylindrischen (z, a, α)-Koordinatensystem erläutert Bild 2.17.

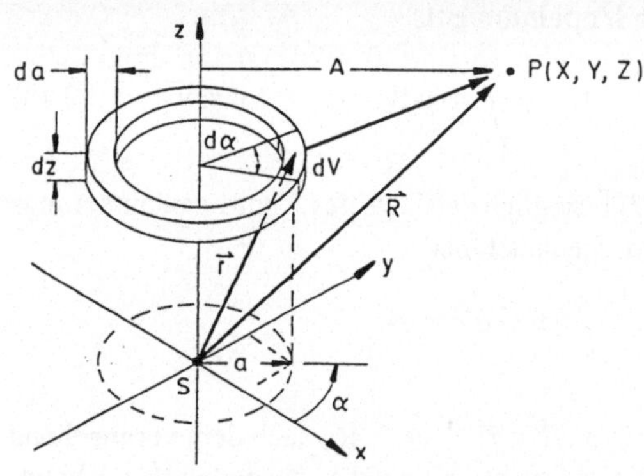

Bild 2.17
Zum Potential einer axialsymmetrischen Ladungs-
verteilung

Die Transformationsbeziehungen lauten:

$$x = a \cos \alpha, \; y = a \sin \alpha, \; z = z \tag{2.50}$$

Das differentielle Volumenelement beträgt:

$$dV = dz \cdot da \cdot a \cdot d\alpha \tag{2.51}$$

Axialsymmetrie bedeutet, daß die Raumladungsdichte ϱ der Wolke nur von a und z, nicht aber von α abhängt, d.h. es ist $\varrho = \varrho(z, a)$.
Mit

$$\vec{r} = x\vec{u}_x + y\vec{u}_y + z\vec{u}_z = a \cos \alpha \vec{u}_x + a \sin \alpha \vec{u}_y + z\vec{u}_z$$

folgt somit für das Dipolmoment (2.47):

$$\vec{p} = \int \varrho(a \cos \alpha \vec{u}_x + a \sin \alpha \vec{u}_y + z\vec{u}_z)dz \cdot da \cdot a \cdot d\alpha$$

$$= \vec{u}_x \int \varrho a^2 \cos \alpha \cdot dz \cdot da \cdot d\alpha$$

$$+ \vec{u}_y \int \varrho a^2 \sin \alpha \cdot dz \cdot da \cdot d\alpha + \vec{u}_z \int \varrho a z \cdot dz \cdot da \cdot d\alpha$$

Alle Integralzeichen stehen für Dreifach-Integrationen über z, a und α, wobei α von 0 bis 2π umläuft. Da ϱ nicht von α abhängt, kann die Integration über α allein explizit ausgeführt werden. Wegen

$$\int\limits_0^{2\pi} \cos\alpha \cdot d\alpha = \int\limits_0^{2\pi} \sin\alpha \cdot d\alpha = 0 \quad \text{und} \quad \int\limits_0^{2\pi} d\alpha = 2\pi \qquad (2.52)$$

verbleibt:

$$\vec{p} = \vec{u}_z 2\pi \int\limits_{z,a} \varrho a z \cdot dz \cdot da = p\vec{u}_z$$

Das Dipolmoment einer axialsymmetrischen Ladungswolke weist also stets in Richtung der Symmetrieachse, eine Aussage, die man auch ohne Rechnung direkt aus Symmetrie-Überlegungen hätte gewinnen können.

Für die Komponenten (2.48) des Quadrupolmoments ergibt sich mit (2.50) und (2.51):

$$
\begin{aligned}
Q_{xx} &= \int \varrho a^2 \cos^2\alpha \cdot dz \cdot da\, a \cdot d\alpha \\
&= \int\limits_{z,a} \varrho a^3 \cdot dz \cdot da \cdot \int\limits_0^{2\pi} \cos^2\alpha \cdot d\alpha \\
Q_{yy} &= \int \varrho a^2 sin^2\alpha \cdot dz \cdot da \cdot a \cdot d\alpha \\
&= \int\limits_{z,a} \varrho a^3 \cdot dz \cdot da \cdot \int\limits_0^{2\pi} \sin^2\alpha \cdot d\alpha \\
Q_{zz} &= \int \varrho z^2 \cdot dz \cdot da \cdot a \cdot d\alpha = \int\limits_{z,a} \varrho z^2 a \cdot dz \cdot da \cdot \int\limits_0^{2\pi} d\alpha \\
Q_{xy} &= \int \varrho a^2 \cos\alpha \sin\alpha \cdot dz \cdot da \cdot a \cdot d\alpha \\
&= \int\limits_{z,a} \varrho a^3 \cdot dz \cdot da \cdot \int\limits_0^{2\pi} \cos\alpha \sin\alpha \cdot d\alpha
\end{aligned}
$$

$$Q_{xz} \;=\; \int \varrho a \cos \alpha z \cdot dz \cdot da \cdot a \cdot d\alpha$$

$$=\; \int\limits_{z,a} \varrho z a^2 \cdot dz \cdot da \cdot \int\limits_{0}^{2\pi} \cos \alpha \cdot d\alpha$$

$$Q_{yz} \;=\; \int \varrho a \sin \alpha z \cdot dz \cdot da \cdot a \cdot d\alpha$$

$$=\; \int\limits_{z,a} \varrho z a^2 \cdot dz \cdot da \int\limits_{0}^{2\pi} \sin \alpha \cdot d\alpha$$

Die abgespaltenen Winkelintegrale haben die Werte

$$\int\limits_{0}^{2\pi} \cos^2 \alpha \cdot d\alpha = \int\limits_{0}^{2\pi} \sin^2 \alpha \cdot d\alpha = \pi, \quad \int\limits_{0}^{2\pi} \cos \alpha \sin \alpha \cdot d\alpha = 0$$

Die restlichen sind bereits unter (2.52) angegeben. Damit folgt:

$$Q_{xx} \;=\; Q_{yy} = \pi \int\limits_{z,a} \varrho a^3 \cdot dz \cdot da$$

$$Q_{zz} \;=\; 2\pi \int\limits_{z,a} \varrho z^2 a \cdot dz \cdot da, \qquad (2.53)$$

$$Q_{xy} \;=\; Q_{xz} = Q_{yz} = 0$$

Die Reihendarstellung (2.49) für das Potential lautet also:

$$\phi \;=\; \frac{q_0}{R} + \frac{p}{R^3} \vec{u}_z \vec{R} + \frac{Q_{xx}}{2R^5}\left[3(X^2 + Y^2) - 2R^2\right]$$

$$+\; \frac{Q_{zz}}{2R^5}(3Z^2 - R^2)$$

Eine axialsymmetrische Ladungswolke erzeugt natürlich auch eine axialsymmetrische Verteilung des Potentials. Ist A der senkrechte Abstand eines
Aufpunktes P von der z-Achse, sind also Z und A die beiden bei einer
solchen Symmetrie verbleibenden Zylinderkoordinaten von P, dann folgt
mit $X^2 + Y^2 = A^2 = R^2 - Z^2$:

$$\begin{aligned}
\phi &= \frac{q_0}{R} + \frac{p}{R^3}\vec{u}_z\vec{R} + \frac{Q_{xx}}{2R^5}(R^2 - 3Z^2) + \frac{Q_{zz}}{2R^5}(3Z^2 - R^2) \\
&= \frac{q_0}{R} + \frac{p}{R^3}\vec{u}_z\vec{R} + \frac{Q_{zz} - Q_{xx}}{2R^5}(3Z^2 - R^2)
\end{aligned} \qquad (2.54)$$

Das **gesamte** Quadrupolmoment einer axialsymmetrischen Wolke wird also durch **eine einzige** Größe festgelegt, nämlich durch

$$Q_{zz} - Q_{xx} \equiv Q$$

Der Tensor $\widetilde{Q}$ „degeneriert" hier also zu einem Skalar Q. Mit (2.53) ergibt sich:

$$Q = \int\limits_{z,a} \varrho\left(z^2 - \frac{a^2}{2}\right) 2\pi a \cdot \mathrm{d}z \cdot \mathrm{d}a$$

Rücktransformation auf ein Volumenintegral über das Volumen V der Wolke mittels

$$2\pi a \cdot \mathrm{d}z \cdot \mathrm{d}a = \int\limits_0^{2\pi} \mathrm{d}z \cdot \mathrm{d}a \cdot a \cdot \mathrm{d}\alpha = \int\limits_0^{2\pi} \mathrm{d}V$$

führt schließlich auf

$$Q = \frac{1}{2}\int\limits_V \varrho(2z^2 - a^2) \cdot \mathrm{d}V \qquad (2.55)$$

Ersetzt man a über den Zusammenhang $r^2 = a^2 + z^2$ durch den Betrag r des Ortsvektors von $\mathrm{d}V$, dann erhält man die geläufigere Darstellung

$$Q = \frac{1}{2}\int\limits_V \varrho(3z^2 - r^2) \cdot \mathrm{d}V$$

Bezeichnet ϑ den (Polar-)Winkel zwischen der z-Achse und dem Ortsvektor $\vec{r}$, dann ist $z = r\cos\vartheta$. Damit folgt als weiterer, oft verwendeter Ausdruck für das Quadrupolmoment:

$$Q = \frac{1}{2}\int\limits_V \varrho r^2(3\cos^2\vartheta - 1) \cdot \mathrm{d}V$$

Ersetzt man auch für den Aufpunkt P dessen z-Koordinate Z durch den Winkel Θ zwischen der z-Achse und dem Ortsvektor R, dann geht die Beziehung (2.54) wegen $\vec{u}_z \vec{R} = R \cos \Theta$ und $Z^2 = R^2 \cos^2 \Theta$ über in

$$\phi = \frac{q_0}{R} + \frac{p}{R^2} \cos \Theta + \frac{Q}{R^3} \left(\frac{3 \cos^2 \Theta - 1}{2} \right) \tag{2.56}$$

2.3.6 Ein Beispiel: Homogen geladenes Rotationsellipsoid

Ein homogen geladenes Rotationsellipsoid ist unter anderem insoweit ein physikalisch interessanter Sonderfall einer axialsymmetrischen Ladungswolke, als – wie bereits erwähnt – viele Atomkerne zu einem solchen Gebilde deformiert sein können. „Homogen geladen" heißt, daß die Raumladungsdichte überall innerhalb des Volumens V der Wolke den gleichen Wert hat, d.h. es ist $\varrho(z, a) = \varrho_0 = \text{const.}$

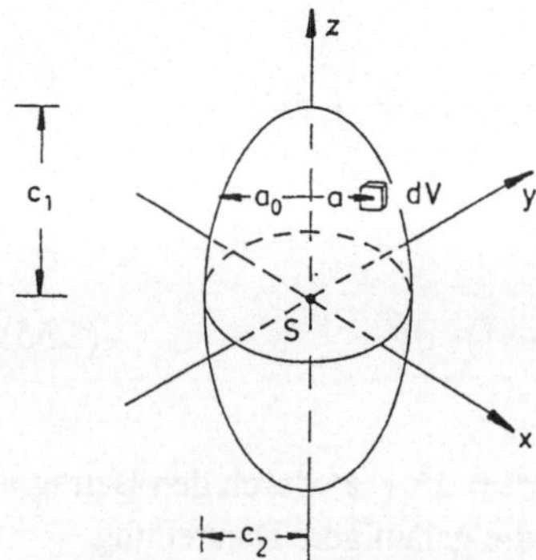

Bild 2.18
Homogen geladenes Rotationsellipsoid

Bezeichnen c_1 und c_2 die beiden Halbachsen des Ellipsoids, dann hat dessen Volumen die Größe:

$$V = \frac{4}{3} \pi c_1 c_2^2$$

Damit beträgt die Gesamtladung, also das **Monopolmoment**:

$$q_0 = \int_V \varrho \cdot dV = \varrho_0 \int_V dV = \varrho_0 V = \frac{4}{3} \pi \varrho_0 c_1 c_2^2 \tag{2.57}$$

Das **Dipolmoment** ist gleich Null, was wohl keines Beweises bedarf und z.B. bereits aus der Nebenbedingung (2.37) hervorgeht.

Das **Quadrupolmoment** läßt sich am bequemsten aus der Darstellung (2.55) berechnen. Aus ihr folgt in einem ersten Schritt:

$$
\begin{aligned}
Q &= \frac{\varrho_0}{2} \int\limits_z \int\limits_a \int\limits_\alpha (2z^2 - a^2) \cdot \mathrm{d}z \cdot \mathrm{d}a \cdot a \cdot \mathrm{d}\alpha \\
&= \pi\varrho_0 \int\limits_z \int\limits_a (2az^2 - a^3) \cdot \mathrm{d}z \cdot \mathrm{d}a
\end{aligned}
$$

Die Integration über a (bei festgehaltenem z) läuft von $a = 0$ (z-Achse) bis $a = a_0$ (Oberfläche des Ellipsoids). Sie ergibt:

$$
Q = \pi\varrho_0 \int\limits_z \left(a_0^2 z^2 - \frac{a_0^4}{4} \right) \cdot \mathrm{d}z \tag{2.58}
$$

Für die (Zylinder-)Koordinaten z und a_0 der **Oberfläche** gilt die bekannte Ellipsengleichung

$$
\frac{z^2}{c_1^2} + \frac{a_0^2}{c_2^2} = 1 \qquad \text{oder} \qquad a_0^2 = c_2^2 \left(1 - \frac{z^2}{c_1^2} \right)
$$

Einsetzen in (2.58) führt nach geeigneter Umformung des Integranden auf

$$
Q = \pi\varrho_0 c_1 c_2^2 \int\limits_z \left(\frac{z^2}{c_1} + \frac{c_2^2 z^2}{2c_1^3} - \frac{z^4}{c_1^3} - \frac{c_2^2 z^4}{4c_1^5} - \frac{c_2^2}{4c_1} \right) \cdot \mathrm{d}z
$$

Die Integration über z läuft von $z = -c_1$ (unterer Pol) bis $z = c_1$ (oberer Pol). Sie ergibt:

$$
\begin{aligned}
Q &= \pi\varrho_0 c_1 c_2^2 \left(\frac{2c_1^2}{3} + \frac{c_2^2}{3} - \frac{2c_1^2}{5} - \frac{c_2^2}{10} - \frac{c_2^2}{2} \right) \\
&= \frac{4}{15} \pi\varrho_0 c_1 c_2^2 (c_1^2 - c_2^2)
\end{aligned}
$$

Nach Einführung der Gesamtladung q_0 des Ellipsoids mittels (2.57) erhält man schließlich:

$$
Q = \frac{q_0}{5}(c_1^2 - c_2^2) \tag{2.59}
$$

Das Vorzeichen von Q wird durch das Achsenverhältnis bestimmt: Für $c_1 > c_2$ (gestrecktes oder „prolates" Ellipsoid) ist Q **positiv**. Für $c_1 < c_2$ (gestauchtes oder „oblates" Ellipsoid) ist Q **negativ**. Für $c_1 = c_2$ (Kugel) ist Q gleich **Null**.

Um die Abweichung des Ellipsoids von der Kugelform betont zum Ausdruck zu bringen, ist es üblich, über die Beziehungen

$$\overline{r_0} = \frac{c_1 + c_2}{2} \qquad \text{und} \qquad \delta = 2\frac{c_1 - c_2}{c_1 + c_2}$$

den **mittleren Radius** $\overline{r_0}$ der Ladungsverteilung und den sogenannten **Deformationsparameter** δ einzuführen. Dann lautet (2.59):

$$Q = \frac{2}{5} q_0 \delta \overline{r_0}^2$$

Für das Potential eines homogen geladenen Rotationsellipsoids folgt aus (2.56) mit (2.59) und $p = 0$:

$$\phi = q_0 \left[\frac{1}{R} + \frac{c_1^2 - c_2^2}{10R^3}(3\cos^2\Theta - 1) \right]$$

Schließlich sei angemerkt, daß man in der Kernphysik im allgemeinen nicht die Größe Q, sondern den Ausdruck $Q' = 2Q/e_0$, wobei e_0 die Elementarladung bedeutet, als (Kern)Quadrupolmoment bezeichnet.

2.3.7 Tensoren; Erinnerung an ein bekanntes Beispiel aus der Mechanik

Betrachtet wird ein **starrer** Körper, der in einem Punkt P unterstützt wird und mit der Winkelgeschwindigkeit $\vec{\omega}$ rotiert. Die Geschwindigkeit $\vec{v}$ eines Massenelements $\mathrm{d}m$ mit dem Ortsvektor $\vec{r}$ beträgt dann:

$$\vec{v} = \vec{\omega} \times \vec{r} \tag{2.60}$$

Der Beitrag $\mathrm{d}\vec{L}$ des Massenelements $\mathrm{d}m$ zum genannten Drehimpuls $\vec{L}$ des Körpers ist

$$\mathrm{d}\vec{L} = \vec{r} \times \vec{v} \cdot \mathrm{d}m$$

Die Integration über das gesamte Volumen V des Körpers ergibt unter Berücksichtigung von (2.60):

$$\vec{L} = \int\limits_{V} \vec{r} \times (\vec{\omega} \times \vec{r}) \cdot \mathrm{d}m \tag{2.61}$$

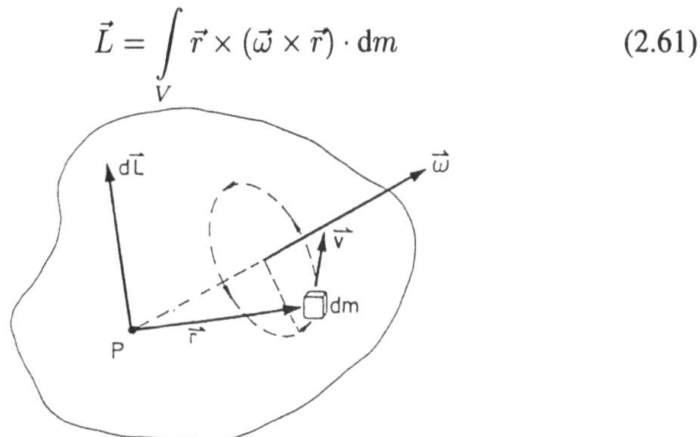

Die Vektorrechnung lehrt:

$$\vec{r} \times (\vec{\omega} \times \vec{r}) = r^2\vec{\omega} - (\vec{\omega} \cdot \vec{r})\vec{r}$$

Für die Komponenten dieses – abkürzend mit $\vec{a}$ bezeichneten – Vektors folgt mit $\vec{\omega} \cdot \vec{r} = \omega_x x + \omega_y y + \omega_z z$:

$$\begin{aligned}
a_x &= (r^2 - x^2)\omega_x - xy\omega_y - xz\omega_z \\
a_y &= -yx\omega_x + (r^2 - y^2)\omega_y - yz\omega_z \\
a_z &= -zx\omega_x - zy\omega_y + (r^2 - z^2)\omega_z
\end{aligned} \tag{2.62}$$

Diese drei (linearen) Gleichungen beschreiben den Übergang vom Vektor $\vec{\omega}$ zum Vektor $\vec{a}$. Hierfür sind also offensichtlich **neun** Größen a_{ik} erforderlich, nämlich

$$\begin{pmatrix} r^2 - x^2 & -xy & -xy \\ -yx & r^2 - y^2 & -yz \\ -zx & -zy & r^2 - y^2 \end{pmatrix} \equiv \begin{pmatrix} a_{11} & a_{12} & a_{13} \\ a_{21} & a_{22} & a_{23} \\ a_{31} & a_{32} & a_{33} \end{pmatrix} \equiv \widetilde{a}$$

Ein solches – hier in Matrizenschreibweise dargestelltes – neunkomponentiges „Gebilde", das einen Vektor eindeutig und unabhängig von der Wahl des zugrunde gelegten Koordinatensystems in einen anderen Vektor überführt, nennt man einen **Tensor**. Der obige Tensor $\widetilde{a}$ ist wegen $a_{ik} = a_{ki}$ zudem **symmetrisch**.

Gemäß (2.61) ergibt die Integration der drei Gleichungen (2.62) die drei Komponenten L_x, L_y, L_z des Drehimpulses $\vec{L}$. Da innerhalb eines **starren** Körpers die Winkelgeschwindigkeit $\vec{\omega}$ zu jedem Zeitpunkt überall **gleich groß** ist, können bei den neun insgesamt auftretenden Integralen die Komponenten $\omega_x, \omega_y, \omega_z$ von $\vec{\omega}$ jeweils vor die Integralzeichen gezogen werden. Mit den Abkürzungen

$$
\begin{pmatrix}
\int (r^2 - x^2)\cdot dm & -\int xy\cdot dm & -\int xz\cdot dm \\
-\int yx\cdot dm & \int (r^2 - y^2)\cdot dm & -\int yz\cdot dm \\
-\int zx\cdot dm & -\int zy\cdot dm & \int (r^2 - z^2)\cdot dm
\end{pmatrix}
$$

$$
= \begin{pmatrix}
\Theta_{11} & \Theta_{12} & \Theta_{13} \\
\Theta_{21} & \Theta_{22} & \Theta_{23} \\
\Theta_{31} & \Theta_{32} & \Theta_{33}
\end{pmatrix} = \widetilde{\Theta}
$$

lautet dann das integrierte Gleichungssystem (2.62):

$$
\begin{aligned}
L_x &= \Theta_{11}\omega_x + \Theta_{12}\omega_y + \Theta_{13}\omega_z \\
L_y &= \Theta_{21}\omega_x + \Theta_{22}\omega_y + \Theta_{23}\omega_z \\
L_z &= \Theta_{31}\omega_x + \Theta_{32}\omega_y + \Theta_{33}\omega_z
\end{aligned}
\tag{2.63}
$$

$\vec{\omega}$ und $\vec{L}$ sind **physikalische** Größen. Ihr Zusammenhang muß folglich **unabhängig** vom gewählten Koordinatensystem sein. Der Tensor $\widetilde{\Theta}$ heißt **Trägheitsmoment**. Es ist üblich, das Gleichungssystem (2.63) durch die Schreibweise

$$
\vec{L} = \widetilde{\Theta}\vec{\omega}
$$

abzukürzen:

Korollar 2.1 *Der Vektor $\vec{L}$ ist das Produkt aus dem Tensor $\widetilde{\Theta}$ und dem Vektor $\vec{\omega}$.*

Wiederum ist $\widetilde{\Theta}$ ein **symmetrischer** Tensor.

Wie die Mathematik lehrt, können durch eine geeignete Wahl des Koordinatensystems Tensoren dieser Art stets so umgeformt werden, daß alle Komponenten Θ_{ik} mit **gemischten** Indices verschwinden und nur noch die Diagonalkomponenten Θ_{ii} übrigbleiben:

$$
\begin{pmatrix}
\Theta_{11} & \Theta_{12} & \Theta_{13} \\
\Theta_{21} & \Theta_{22} & \Theta_{23} \\
\Theta_{31} & \Theta_{32} & \Theta_{33}
\end{pmatrix}
\quad \underline{\text{Transformation}} \quad
\begin{pmatrix}
\Theta'_{11} & 0 & 0 \\
0 & \Theta'_{22} & 0 \\
0 & 0 & \Theta'_{33}
\end{pmatrix}
$$

$$
\boxed{(x, y, z)\text{-Koord.-System}} \qquad \boxed{(x', y', z')\text{-Koord.-System}}
$$

Diese Prozedur heißt **Hauptachsentransformation**. Die neun Koordinatenachsen nennt man **Haupt-Trägheitsachsen**, die verbleibenden Komponenten $\Theta'_{11}, \Theta'_{22}, \Theta'_{33}$ **Haupt-Trägheitsmomente**. $\widetilde{\Theta}$ ist – in mathematisch exakterer Sprechweise – ein „Tensor zweiter Stufe".

Auf weitere Einzelheiten bezüglich der Eigenschaften von und des Rechnens mit Tensoren soll hier nicht weiter eingegangen werden. Sie gehören in die Lehrbücher der Mathematik.

2.4 Ergänzung*: Wechselwirkung zwischen Dipolen

2.4.1 Feld eines elektrischen Dipols

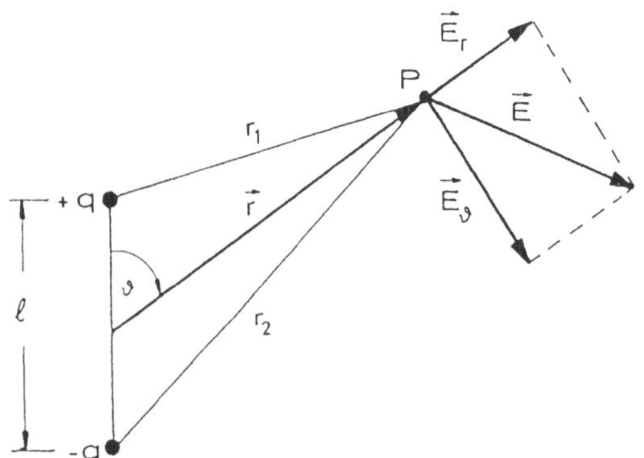

Bild 2.19
Zum Dipol-Feld

Potential im Aufpunkt P:

$$\varphi = \frac{q}{4\pi\varepsilon_0}\left[\frac{1}{r_1} - \frac{1}{r_2}\right] \tag{2.64}$$

Die Anwendung des Kosinus-Satzes liefert:

$$\begin{aligned}
r_1^2 &= r^2 + \frac{\ell^2}{4} - r\ell\cos\vartheta \\
r_2^2 &= r^2 + \frac{\ell^2}{4} - r\ell\cos(\pi - \vartheta) \\
&= r^2 + \frac{\ell^2}{4} + r\ell\cos\vartheta
\end{aligned}$$

Damit folgt:

$$\varphi = \frac{q}{4\pi\varepsilon_0}\left(\left[r^2 + \frac{\ell^2}{4} - r\ell\cos\vartheta\right]^{-1/2} - \left[r^2 + \frac{\ell^2}{4} + r\ell\cos\vartheta\right]^{-1/2}\right) \tag{2.65}$$

Das Feld ist rotationssymmetrisch zur Dipolachse. Die Feldstärke hat also keine Azimutalkomponente $(E_\varphi = 0)$. Damit ist

$$\vec{E} = \vec{E}_r + \vec{E}_\vartheta = E_r \vec{u}_r + E_\vartheta \vec{u}_\vartheta$$

und

$$\vec{E} = -\operatorname{grad} \varphi = -\frac{\partial \varphi}{\partial r} \vec{u}_r - \frac{1}{r} \frac{\partial \varphi}{\partial \vartheta} \vec{u}_\vartheta$$

Aus (2.65) folgt dann:

$$
\begin{aligned}
E_r \;=\; & -\frac{\partial \varphi}{\partial r} \\[2ex]
=\; & -\frac{q}{4\pi\varepsilon_0}\left\{ -\frac{1}{2}\left[r^2 + \frac{\ell^2}{4} - r\ell\cos\vartheta \right]^{-3/2} (2r - \ell\cos\vartheta) \right. \\[2ex]
& \left. + \;\frac{1}{2}\left[r^2 + \frac{\ell^2}{4} + r\ell\cos\vartheta \right]^{-3/2} (2r + \ell\cos\vartheta) \right\}
\end{aligned}
$$

oder

$$
\boxed{\;E_r = \frac{q}{8\pi\varepsilon_0}\left(\frac{2r - \ell\cos\vartheta}{\left[r^2 + \dfrac{\ell^2}{4} - r\ell\cos\vartheta \right]^{3/2}} - \frac{2r + \ell\cos\vartheta}{\left[r^2 + \dfrac{\ell^2}{4} + r\ell\cos\vartheta \right]^{3/2}} \right)\;}
$$

und:

$$
\begin{aligned}
E_\vartheta \;=\; & -\frac{1}{r}\frac{\partial \varphi}{\partial \vartheta} \\[2ex]
=\; & -\frac{q}{4\pi\varepsilon_0 r}\left\{ -\frac{1}{2}\left[r^2 + \frac{\ell^2}{4} - r\ell\cos\vartheta \right]^{-3/2} r\ell\sin\vartheta \right. \\[2ex]
& \left. + \;\frac{1}{2}\left[r^2 + \frac{\ell^2}{4} + r\ell\cos\vartheta \right]^{-3/2} (-r\ell\sin\vartheta) \right\}
\end{aligned}
$$

oder:

$$E_\vartheta = \frac{q\ell \sin \vartheta}{8\pi\varepsilon_0} \left(\frac{1}{\left[r^2 + \frac{\ell^2}{4} - r\ell \cos \vartheta \right]^{3/2}} + \frac{1}{\left[r^2 + \frac{\ell^2}{4} + r\ell \cos \vartheta \right]^{3/2}} \right)$$

Grenzfälle

1.) $\underline{\vartheta = 0^\circ}$ (Dipolachse oberhalb der Äquatorebene).

$$E_r = \frac{q}{8\pi\varepsilon_0} \left(\frac{2r - \ell}{\left[r^2 + \frac{\ell^2}{4} - r\ell \right]^{3/2}} - \frac{2r + \ell}{\left[r^2 + \frac{\ell^2}{4} + r\ell \right]^{3/2}} \right)$$

$$= \frac{q}{4\pi\varepsilon_0} \left(\frac{1}{\left[r - \frac{\ell}{2} \right]^2} - \frac{1}{\left[r + \frac{\ell}{2} \right]^2} \right)$$

$$E_\vartheta = 0.$$

2.) $\underline{\vartheta = 90^\circ}$ (Äquatorebene)

$$E_r = \frac{q}{8\pi\varepsilon_0} \left(\frac{2r}{\left[r^2 + \frac{\ell^2}{4} \right]^{3/2}} - \frac{2r}{\left[r^2 + \frac{\ell^2}{4} \right]^{3/2}} \right) = 0$$

$$E_\vartheta = \frac{q\ell}{8\pi\varepsilon_0} \left(\frac{1}{\left[r^2 + \frac{\ell^2}{4} \right]^{3/2}} + \frac{1}{\left[r^2 + \frac{\ell^2}{4} \right]^{3/2}} \right)$$

$$= \frac{q\ell}{4\pi\varepsilon_0} \frac{1}{\left[r^2 + \frac{\ell^2}{4} \right]^{3/2}}$$

Die Feldlinien durchqueren die Äquatorebene also senkrecht.

3.) $\underline{\vartheta = 180°}$ (Dipolachse unterhalb der Äquatorebene).

$$E_r = \frac{q}{8\pi\varepsilon_0}\left(\frac{2r+\ell}{\left[r^2+\dfrac{\ell^2}{4}+r\ell\right]^{3/2}} - \frac{2r-\ell}{\left[r^2+\dfrac{\ell^2}{4}-r\ell\right]^{3/2}}\right)$$

$$= \frac{q}{4\pi\varepsilon_0}\left(\frac{1}{\left[r+\dfrac{\ell}{2}\right]^2} - \frac{1}{\left[r-\dfrac{\ell}{2}\right]^2}\right)$$

$$E_\vartheta = 0.$$

2.4.2   Dipolfeld in großer Entfernung ($r \gg \ell$, Fernfeld)

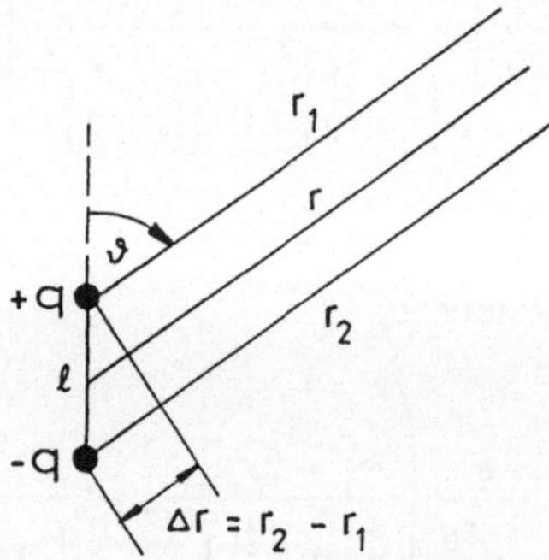

Aus (2.64) folgt:

$$\varphi = \frac{q}{4\pi\varepsilon_0}\left[\frac{r_2-r_1}{r_1\cdot r_2}\right]$$

Für $r \gg \ell$ ist

$$r_1 \approx r_2 \approx r \qquad \text{und} \qquad r_1 r_2 \approx r^2$$

Da zudem die Ortsvektoren $\vec{r}_1$ und $\vec{r}_2$ praktisch parallel zueinander verlaufen, gilt für deren Längendifferenz:

$$\Delta r = r_2 - r_1 \approx \ell \cos\vartheta$$

Damit ist:

$$\varphi = \frac{1}{4\pi\varepsilon_0}\frac{q\ell\cos\vartheta}{r^2}$$

Definition: Bezeichnet $\vec{\ell}$ den Ortsvektor von $-q$ nach $+q$, dann heißt das Produkt

$$\vec{p} = q\vec{\ell}$$

das **Dipolmoment**. Also lautet das Potential des Fernfeldes:

$$\varphi = \frac{1}{4\pi\varepsilon_0}\frac{p\cos\vartheta}{r^2}$$

Für die Feldstärke erhält man dann:

$$E_r = -\frac{\partial\varphi}{\partial r} = \frac{p}{4\pi\varepsilon_0}\frac{2\cos\vartheta}{r^3}$$

und

$$E_\vartheta = -\frac{1}{r}\frac{\partial\varphi}{\partial\vartheta} = \frac{p}{4\pi\varepsilon_0}\frac{\sin\vartheta}{r^3}$$

oder

$$\vec{E} = \frac{1}{4\pi\varepsilon_0}\frac{p}{r^3}(2\cos\vartheta\,\vec{u}_r + \sin\vartheta\,\vec{u}_\vartheta) \tag{2.66}$$

Andere Darstellungsformen:

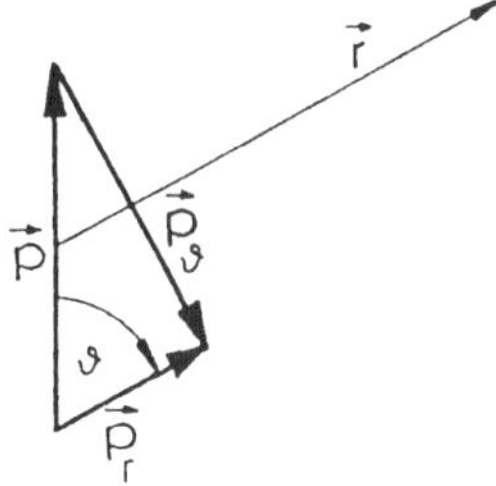

Es ist:

$$\vec{p} + \vec{p}_\vartheta = \vec{p}_r$$

oder

$$\vec{p}_\vartheta = \vec{p}_r - \vec{p}$$

oder

$$p \sin \vartheta \vec{u}_\vartheta = p \cos \vartheta \vec{u}_r - \vec{p}$$

Einsetzen in (2.66) ergibt:

$$\vec{E} = \frac{1}{4\pi\varepsilon_0} \frac{1}{r^3} (2p \cos \vartheta \vec{u}_r + p \cos \vartheta \vec{u}_r - \vec{p})$$

oder:

$$\vec{E} = \frac{1}{4\pi\varepsilon_0} \frac{1}{r^3} (3p \cos \vartheta \vec{u}_r - \vec{p})$$

Wegen $p \cos \vartheta = \vec{p}\vec{u}_r$ ist auch

$$\vec{E} = \frac{1}{4\pi\varepsilon_0} \frac{1}{r^3} \left[3(\vec{p}\vec{u}_r)\vec{u}_r - \vec{p} \right] \tag{2.67}$$

2.4.3 Dipol mit dem Moment $\vec{p}$ im Feld eines Dipols mit dem Moment $\vec{p}_0$

Die potentielle Energie eines (elektrischen) Dipols in einem elektrischen Feld beträgt:

$$W_p = -\vec{p} \cdot \vec{E}$$

Die auf ihn wirkende Kraft ist dann:

$$\vec{F} = -\operatorname{grad} W_p = \operatorname{grad} (\vec{p} \cdot \vec{E})$$

Zur Vereinfachung der Schreibweise wird im folgenden der Nabla-Operator $\vec{\nabla}$ verwendet. Damit ist

$$\vec{F} = \vec{\nabla}(\vec{p} \cdot \vec{E})$$

Für den Gradienten eines Produkts aus zwei Vektoren liefert die Vektoranalyse den Zusammenhang:

$$\vec{\nabla}(\vec{p} \cdot \vec{E}) = \vec{p} \times (\vec{\nabla} \times \vec{E}) + (\vec{E} \cdot \vec{\nabla}) \cdot \vec{p} + \vec{E} \times (\vec{\nabla} \times \vec{p}) + (\vec{p} \cdot \vec{\nabla}) \cdot \vec{E}$$

$\vec{E}$ ist ein Gradienten-Feld ($\vec{E} = -\operatorname{grad} \varphi$). Solche Felder sind rotationsfrei, d.h. es ist:

$$\operatorname{rot}\vec{E} = \vec{\nabla} \times \vec{E} = 0$$

$\vec{p}$ (und auch $\vec{p}_0$) sind konstante Vektoren. Ihre Richtungen und Beträge sind jeweils vorgegeben. Damit ist:

$$\vec{\nabla} \times \vec{p} = 0 \qquad \text{und} \qquad (\vec{E} \cdot \vec{\nabla}) \cdot p = 0$$

Also folgt für die Kraft auf einen Dipol:

$$\boxed{\vec{F} = (\vec{p} \cdot \vec{\nabla}) \cdot \vec{E}}$$

Durch Einsetzen von (2.67) erhält man dann mit $\vec{u}_r = \vec{r}/r$ und nach Ersetzen von $\vec{p}$ durch $\vec{p}_0$ als Kraft zwischen zwei Dipolen:

$$
\begin{aligned}
\vec{F} &= \frac{1}{4\pi\varepsilon_0}(\vec{p} \cdot \vec{\nabla}) \cdot \left[\frac{3(\vec{p}_0 \cdot \vec{r})\vec{r}}{r^5} - \frac{\vec{p}_0}{r^3}\right] \\
&= \frac{1}{4\pi\varepsilon_0}\left[3(\vec{p} \cdot \vec{\nabla}) \cdot \frac{(\vec{p}_0 \cdot \vec{r})\vec{r}}{r^5} - (\vec{p} \cdot \vec{\nabla}) \cdot \frac{\vec{p}_0}{r^3}\right]
\end{aligned}
\tag{2.68}
$$

Unter Beachtung der Rechenregeln für die Differentiation eines Produkts aus drei Faktoren, hier der drei Faktoren $1/r^5$, $\vec{r}$ und $(\vec{p}_0 \cdot \vec{r})$, erhält man für den ersten Term in der eckigen Klammer:

$$
\begin{aligned}
3(\vec{p} \cdot \vec{\nabla}) \cdot \frac{(\vec{p}_0 \cdot \vec{r})}{r^5} &= 3(\vec{p}_0 \cdot \vec{r})\vec{r} \cdot (\vec{p} \cdot \vec{\nabla})\frac{1}{r^5} + 3\frac{(\vec{p}_0 \cdot \vec{r})}{r^5} \cdot (\vec{p} \cdot \vec{\nabla}) \cdot \vec{r} \\
&\quad + 3\frac{\vec{r}}{r^5}(\vec{p} \cdot \vec{\nabla})(\vec{p}_0 \cdot \vec{r}) \\
&= 3(\vec{p}_0 \cdot \vec{r})\vec{r}\left[\vec{p} \cdot \vec{\nabla}\frac{1}{r^5}\right] + 3\frac{(\vec{p}_0 \cdot \vec{r})}{r^5}(\vec{p} \cdot \vec{\nabla}) \cdot \vec{r} \\
&\quad + 3\frac{\vec{r}}{r^5}\left[\vec{p} \cdot \vec{\nabla}(\vec{p}_0 \cdot \vec{r})\right]
\end{aligned}
\tag{2.69}
$$

Allgemein gilt:

$$\vec{\nabla} r^n = n r^{n-2} \vec{r} \tag{2.70}$$

Also ist:

$$\vec{\nabla}\frac{1}{r^5} = -\frac{5}{r^7}\vec{r}$$

Ferner ist:

$$(\vec{p} \cdot \vec{\nabla}) \cdot \vec{r} = \left[p_x \frac{\partial}{\partial x} + p_y \frac{\partial}{\partial y} + p_z \frac{\partial}{\partial z} \right] (x \cdot \vec{u}_x + y \cdot \vec{u}_y + z \cdot \vec{u}_z)$$

$$= p_x \vec{u}_x + p_y \vec{u}_y + p_z \vec{u}_z = \vec{p}$$

und wegen $\vec{p}_0 = \text{const}$:

$$\vec{\nabla}(\vec{p}_0 \cdot \vec{r}) = \vec{\nabla}(p_{0x} x + p_{0y} y + p_{0z} z) = p_{0x} \vec{\nabla} x + p_{0y} \vec{\nabla} y + p_{0z} \vec{\nabla} z$$

$$= p_{0x} \vec{u}_x + p_{0y} \vec{u}_y + p_{0z} \vec{u}_z = \vec{p}_0$$

Einsetzen dieser Zwischenergebnisse in (2.69) ergibt:

$$3(\vec{p} \cdot \vec{\nabla}) \cdot \frac{(\vec{p}_0 \cdot \vec{r})\vec{r}}{r^5} = -\frac{15}{r^7}(\vec{p}_0 \cdot \vec{r})(\vec{p} \cdot \vec{r})\vec{r} + \frac{3}{r^5}(\vec{p}_0 \cdot \vec{r})$$

$$+ \frac{3}{r^5}(\vec{p} \cdot \vec{p}_0)\vec{r}$$

$$= \frac{3}{r^5}\left\{ (\vec{p}_0 \cdot \vec{r})\vec{p} + (\vec{p} \cdot \vec{p}_0)\vec{r} \right.$$

$$\left. - \frac{5}{r^2}(\vec{p}_0 \cdot \vec{r})(\vec{p} \cdot \vec{r})\vec{r} \right\} \tag{2.71}$$

Für den zweiten Term in der eckigen Klammer von (2.68) folgt wegen $\vec{p}_0 = \text{const}$ und mit (2.70):

$$(\vec{p} \cdot \vec{\nabla}) \cdot \frac{\vec{p}_0}{r^3} = \vec{p}_0(\vec{p} \cdot \vec{\nabla})\frac{1}{r^3} = \vec{p}_0 \left[\vec{p} \cdot \vec{\nabla}\frac{1}{r^3} \right] = -\frac{3}{r^5}\vec{p}_0(\vec{p} \cdot \vec{r})$$

Zusammen mit (2.71) ergibt sich somit schließlich aus (2.68) als Dipol-Dipol-Kraft:

$$\vec{F} = \frac{3}{4\pi\varepsilon_0 r^5} \left[(\vec{p}_0 \cdot \vec{r})\vec{p} + (\vec{p} \cdot \vec{r}) \cdot \vec{p}_0 + (\vec{p} \cdot \vec{p}_0)\vec{r} - \frac{5}{r^2}(\vec{p}_0 \cdot \vec{r})(\vec{p} \cdot \vec{r})\vec{r} \right]$$

oder mit $\vec{r} = r\vec{u}_r$:

$$\vec{F} = \frac{3}{4\pi\varepsilon_0 r^4} \left[(\vec{p}_0 \cdot \vec{u}_r)\vec{p} + (\vec{p} \cdot \vec{u}_r)\vec{p}_0 + (\vec{p} \cdot \vec{p}_0)\vec{u}_r - 5(\vec{p}_0 \cdot \vec{u}_r)(\vec{p} \cdot \vec{u}_r)\vec{u}_r \right]$$

Führt man gemäß $\vec{p}_0 = p_0 \vec{u}_r$ und $\vec{p} = p\vec{u}$ die Einheitsvektoren für die Dipolrichtungen ein, dann erhält man:

$$\vec{F} = \frac{3}{4\pi\varepsilon_0}\frac{p_0 p}{r^4}\left\{ (\vec{u}_0\cdot\vec{u}_r)\vec{u} \;+\; (\vec{u}\cdot\vec{u}_r)\vec{u}_0 + (\vec{u}\cdot\vec{u}_0)\vec{u}_r \right.$$

$$\left. -\; 5(\vec{u}_0\cdot\vec{u}_r)(\vec{u}\cdot\vec{u}_r)\vec{u}_r \right\} \qquad (2.72)$$

Die Kraft fällt also mit der vierten Potenz des Dipolabstandes r ab und ist proportional zum Produkt der Beträge p_0 und p der beiden Dipolmomente. Von den vier Anteilen in der rechteckigen Klammer weisen in die ersten beiden in Richtung des Ortsvektors. Die Beiträge der einzelnen Anteile zur Gesamtkraft hängen von der Orientierung der beiden Dipole zueinander ab, denn es ist ja:

$$\begin{aligned}
(\vec{u}_0\cdot\vec{u}_r) &= \cos\left[\angle(\vec{p}_0,\vec{r})\right], \\
(\vec{u}\cdot\vec{u}_r) &= \cos\left[\angle(\vec{p},\vec{r})\right], \quad (\vec{u}\cdot\vec{u}_0) = \cos\left[\angle(\vec{p},\vec{p}_0)\right]^1
\end{aligned}$$

Außer einer Kraft wirkt auf einen Dipol in einem Feld bekanntlich auch ein Drehmoment der Größe

$$\vec{M} = \vec{p}\times\vec{E}$$

Mit (2.67) folgt daraus nach Ersetzen von $\vec{p}$ durch $\vec{p}_0$ für ein Dipolfeld:

$$\vec{M} = \frac{1}{4\pi\varepsilon_0 r^3}\left[3(\vec{p}_0\cdot\vec{u}_r)(\vec{p}\times\vec{u}_r) - (\vec{p}\times\vec{p}_0)\right]$$

oder

$$\vec{M} = \frac{1}{4\pi\varepsilon_0}\frac{p_0 p}{r^3}\left[3(\vec{u}_0\cdot\vec{u}_r)(\vec{u}\times\vec{u}_r) - (\vec{u}\times\vec{u}_0)\right] \qquad (2.73)$$

oder – ohne Einheitsvektoren ausgedrückt:

$$\boxed{\vec{M} = \frac{1}{4\pi\varepsilon_0}\left[\frac{3(\vec{p}_0\cdot\vec{r})(\vec{p}\times\vec{r})}{r^5} - \frac{(\vec{p}\times\vec{p}_0)}{r^3}\right]}$$

Das Drehmoment fällt mit der dritten Potenz von r ab und ist – wie die Kraft auch – proportional zu $p_0 p$ und von der gegenseitigen Dipol-Orientierung abhängig.

---

[1] $\angle$ bedeutet „Winkel zwischen ...“

Ausgewählte Fälle:

1. Parallele Dipole:

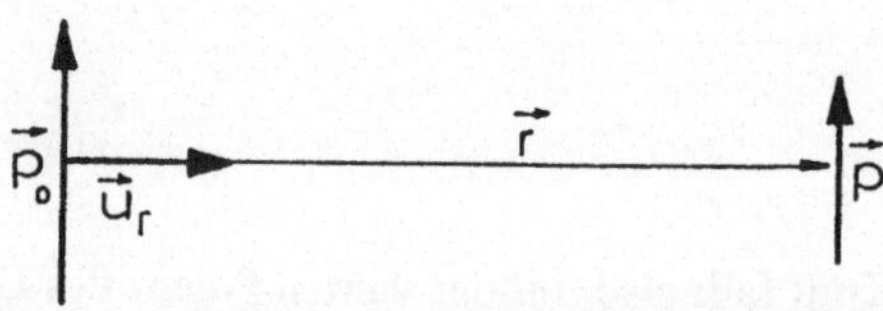

Hier ist $\vec{u}_0 = \vec{u}$, $\vec{u}_0 \perp \vec{u}_r$ und $\vec{u} \perp \vec{u}_r$ und somit $(\vec{u}_0 \cdot \vec{u}_r) = (\vec{u} \cdot \vec{u}_r) = (\vec{u} \times \vec{u}_0) = 0$ und $(\vec{u} \cdot \vec{u}_0) = 1$.
Also folgt gemäß (2.72) und (2.73):

$$\vec{F} = \frac{3}{4\pi\varepsilon_0} \frac{p_0 p}{r^4} \vec{u}_r$$

und $\vec{M} = 0$.
Die Kraft ist also **abstoßend**, und es tritt **kein** Drehmoment auf.

2. Antiparallele Dipole:

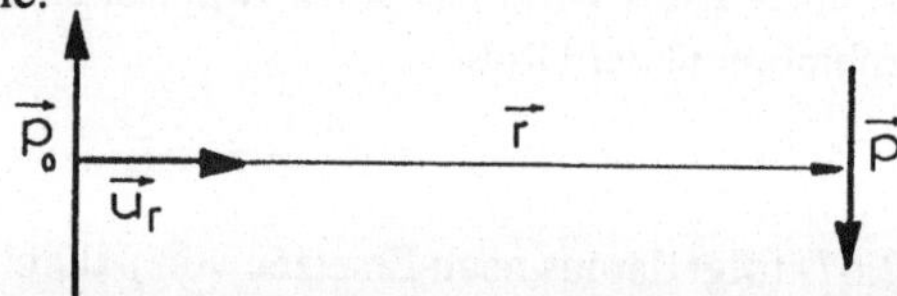

Hier ist $\vec{u}_0 = -\vec{u}$ und damit $(\vec{u} \cdot \vec{u}_0) = -1$. Alles andere ist wie im Fall 1. Das ergibt nach (2.72) und (2.73):

$$\vec{F} = -\frac{3}{4\pi\varepsilon_0} \frac{p_0 p}{r^4} \vec{u}_r$$

und $\vec{M} = 0$.
Die Kraft wirkt **anziehend**.

3. Gekreuzte Dipole:
Nun ist $\vec{u}_0 \perp \vec{u}$ und somit $(\vec{u} \cdot \vec{u}_0) = 0$ und $(\vec{u} \times \vec{u}_0) = -\vec{u}_r$. Weiterhin bleibt $(\vec{u}_0 \cdot \vec{u}_r) = (\vec{u} \cdot \vec{u}_r) = 0$. Aus (2.72) und (2.73) erhält man also $\vec{F} = 0$ und

$$\vec{M} = \frac{1}{4\pi\varepsilon_0} \frac{p_0 p}{r^3} \vec{u}_r$$

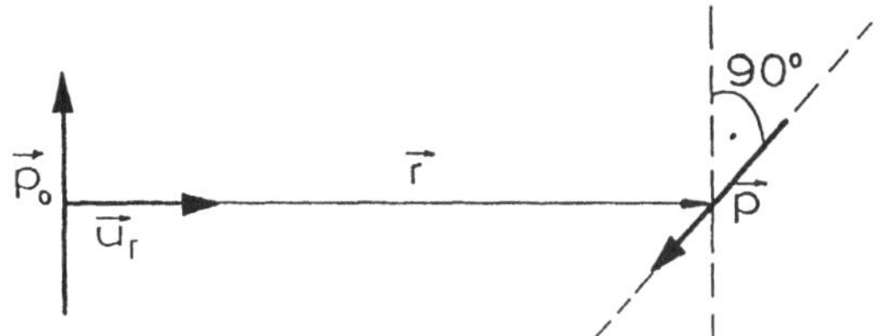

Von $\vec{p}_0$ auf $\vec{p}$ blickend, wirkt hier bei der skizzierten Orientierung das Drehmoment **rechtsdrehend**.

4. Gleichgerichtete Dipole in Reihe:

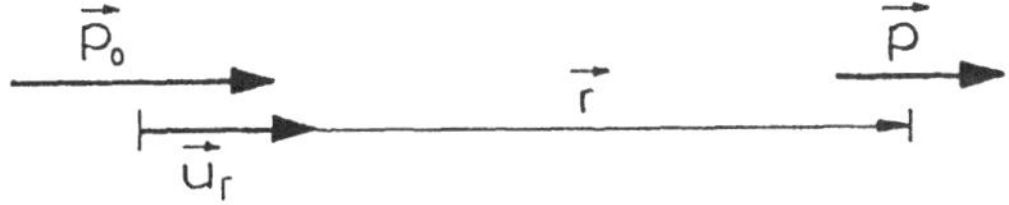

Jetzt ist $\vec{u}_0 = \vec{u} = \vec{u}_r$ und damit $(\vec{u}_0 \cdot \vec{u}_r) = (\vec{u} \cdot \vec{u}_r) = (\vec{u} \cdot \vec{u}_0) = 1$ und $(\vec{u} \times \vec{u}_r) = (\vec{u} \times \vec{u}_0) = 0$. Also ergeben (2.72) und (2.73):

$$\vec{F} = -\frac{6}{4\pi\varepsilon_0} \frac{p_0 p}{r^4} \vec{u}_r$$

und $\vec{M} = 0$. Die Kraft wirkt **anziehend**.

5. Entgegengesetzt gerichtete Dipole in Reihe:

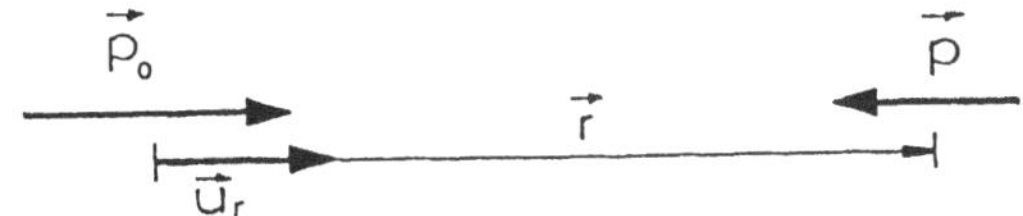

Hier ist $\vec{u}_0 = \vec{u}_r = -\vec{u}$ und folglich $(\vec{u}_0 \cdot \vec{u}_r) = 1$ und $(\vec{u} \cdot \vec{u}_r) = (\vec{u} \cdot \vec{u}_0) = -1$. Weiterhin bleibt $(\vec{u} \times \vec{u}_r) = (\vec{u} \times \vec{u}_0) = 0$. Damit liefern (2.72) und (2.73):

$$\vec{F} = \frac{6}{4\pi\varepsilon_0} \frac{p_0 p}{r^4} \vec{u}_r$$

und $\vec{M} = 0$. Die Kraft wirkt **abstoßend**.

6. Senkrecht zueinander stehende Dipole in Reihe (Fall a.):

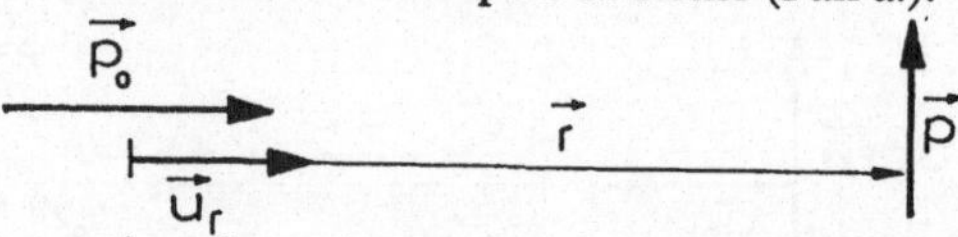

Nun ist $\vec{u}_0 = \vec{u}_r$, $\vec{u} \perp \vec{u}_r$ und $\vec{u} \perp \vec{u}_0$ und damit $(\vec{u}_0 \cdot \vec{u}_r) = 1$, $(\vec{u} \cdot \vec{u}_r) = (\vec{u} \cdot \vec{u}_0) = 0$ und $(\vec{u} \times \vec{u}_r) = (\vec{u} \times \vec{u}_0) = \vec{u}_\vartheta$, wobei $\vec{u}_\vartheta$ der in die Zeichenebene weisende Einheitsvektor ist. Also erhält man aus (2.72) und (2.73):

$$\vec{F} = \frac{3}{4\pi\varepsilon_0}\frac{p_0 p}{r^4}\vec{u}$$

und

$$\vec{M} = \frac{2}{4\pi\varepsilon_0}\frac{p_0 p}{r^3}\cdot\vec{u}_\vartheta$$

Die Kraft wirkt in **Richtung von** $\vec{p}$, d.h. quer zur Richtung von $\vec{p}_0$. Auf die Zeichenebene schauend wirkt bei der hier skizzierten Orientierung das Drehmoment **rechtsdrehend**.

7. Senkrecht zueinander stehende Dipole in Reihe (Fall b.):

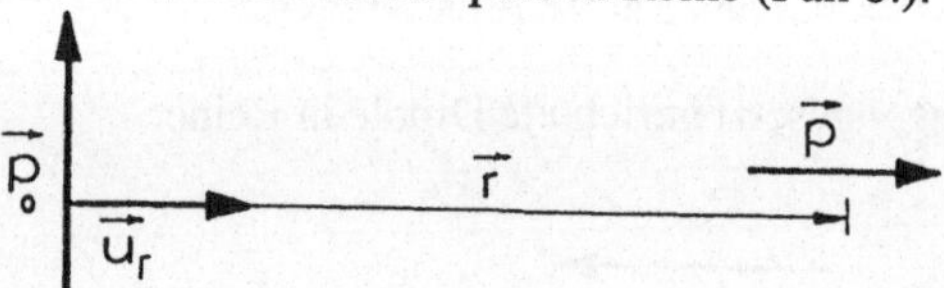

Hier ist $\vec{u} = \vec{u}_r$, $\vec{u}_0 \perp \vec{u}_r$ und $\vec{u} \perp \vec{u}_0$ und somit $(\vec{u}_0 \cdot \vec{u}_r) = (\vec{u} \cdot \vec{u}_0) = 0$,
$(\vec{u} \cdot \vec{u}_r) = 1$, $(\vec{u} \times \vec{u}_r) = 0$ und $(\vec{u} \times \vec{u}_0) = -\vec{u}_\vartheta$. Damit ergibt sich aus (2.72) und (2.73):

$$\vec{F} = \frac{3}{4\pi\varepsilon_0}\frac{p_0 p}{r^4}\vec{u}_0$$

und

$$\vec{M} = \frac{1}{4\pi\varepsilon_0}\frac{p_0 p}{r^3}\vec{u}_\vartheta$$

Die Kraft wirkt in **Richtung von** $\vec{p}_0$, d.h. quer zur Richtung von $\vec{p}$. Wie im vorangehenden Fall wirkt das Drehmoment auch hier **rechtsdrehend**.

2.5 Quantelung der Ladung, Ladungserhaltung, atomarer Aufbau der Materie

Bisher ist wiederholt auf die Analogie zwischen Masse und Ladung hingewiesen worden. Die Gravitationswechselwirkung wird bis auf das Vorzeichen durch dieselbe Feldstruktur ($\sim m\vec{u}_r/r^2$) beschrieben wie die elektrische Wechselwirkung ($\sim q\vec{u}_r/r^2$).

Unter gewissen, in der makroskopischen Physik realisierten Bedingungen bleibt die Gesamtmasse eines isolierten Systems erhalten. Dieses **Gesetz von der Massenerhaltung** gilt nur eingeschränkt. Die Relativitätstheorie begründet eine Äquivalenz von Masse und Energie, nämlich

$$mc^2 = W$$

welche heute gesicherte physikalische Erfahrung ist. Ein hervorragendes Beispiel ist etwa die Energiegewinnung bei der Kernspaltung. Der Energiesatz gilt dann uneingeschränkt in der Form

$$\sum_i (W_i + m_i c^2) = \text{const}$$

wobei wieder über alle Teilchen (Index i) eines isolierten Systems summiert wird. W_i ist die Gesamtenergie des Teilchens i, wobei m_i seine **Ruhemasse** ist.

Ladungserhaltung Sehr viel einfacher läßt sich das uneingeschränkt gültige **Gesetz von der Ladungserhaltung** formulieren. Die Gesamtladung eines isolierten Systems bleibt erhalten:

$$Q = \sum_{i=1}^{n} q_i = \text{const} \tag{2.74}$$

Ein isoliertes System soll dabei ein bestimmtes räumliches Gebiet sein mit der Bedingung, daß Ladung weder hinaus- noch hineintransportiert wird. Dies ist i.a. im makroskopischen Bereich nur unvollkommen realisierbar.

Quantelung der Ladung   Im Gegensatz zur Masse – viele verschiedene „Elementarteilchen" unterschiedlicher Masse sind bekannt – gibt es eine einzige kleinste Ladungseinheit, die sogenannte **Elementarladung** e. Mißt man also die Ladung eines isolierten Systems, so findet man stets, daß sie ein ganzzahliges Vielfaches von e ist. Aus Messungen erhält man:

$$\boxed{e = 1.602 \cdot 10^{-19} \text{ C}}$$

Erstmalig wurde die Elementarladung durch MILLIKAN (~ 1911) mit einem Meßverfahren bestimmt, das im folgenden kurz beschrieben sei (Öltropfen-Verfahren): Mit einem Zerstäuber werden Öltröpfchen in einen Parallelplattenkondensator (Plattenabstand d) geblasen. Durch die Reibung an der Zerstäuberdüse erhalten sie eine unbekannte Ladung q. Die Stärke $\vec{E}$ des homogenen Feldes zwischen den Platten kann aus der angelegten Spannung U gemäß $E = U/d$ bestimmt werden. Seine Richtung wird antiparallel zur Fallbeschleunigung $\vec{g}$ gewählt (s. Bild 2.20).Aufgrund der Oberflächenspannung sind die Tröpfchen kugelförmig. Ihre Dichte ϱ ist bekannt, ihr Radius r unbekannt.

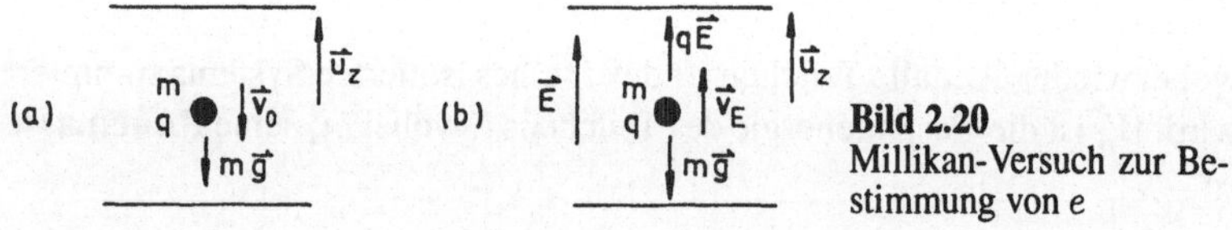

Bild 2.20
Millikan-Versuch zur Bestimmung von e

Man beobachtet mit einem Mikroskop einen individuellen Tropfen zunächst bei ausgeschalteter Spannung ($\vec{E} = 0$, Bild 2.20a). Die Newtonsche Bewegungsgleichung lautet:

$$m\vec{a} = (m - m_L)\vec{g} - 6\pi\eta r\vec{v}$$

worin $(m - m_L)\vec{g}$ die durch Auftrieb verminderte Gravitationskraft und $6\pi\eta r\vec{v}$ die Reibungskraft (s. Teil 1) beschreibt (η = Viskositätskonstante der Luft). Man mißt die konstante Sinkgeschwindigkeit, die aus $\vec{a} = 0$ berechenbar ist. Es wird:

$$v_0 = \frac{(m - m_L)g}{6\pi\eta r} = \frac{\frac{4}{3}\pi r^3(\varrho - \varrho_L)g}{6\pi\eta r} = \frac{2}{9}\frac{r^2(\varrho - \varrho_L)g}{\eta}$$

Hierin sind $\varrho = \varrho_{\text{Öl}}, \varrho_L = \varrho_{\text{Luft}}, \eta$ und g bekannt, v_0 wird gemessen. Also kann der Radius r berechnet werden. Wird derselbe Öltropfen bei Einschalten des Feldes $\vec{E}$ beobachtet, so gilt

$$m\vec{a} = q\vec{E} + (m - m_L)\vec{g} - 6\pi\eta r\vec{v}$$

Also ergibt sich die konstante Geschwindigkeit v_E aus $\vec{a} = 0$ nach Bild 2.20b zu

$$v_E = \frac{qE - (m - m_L)g}{6\pi\eta r} = \frac{qE}{6\pi\eta r} - v_0$$

$$q = \frac{1}{E}6\pi\eta r(v_0 + v_E)$$

r ist aus v_0 bekannt (s.o.). Aus der Messung von v_0 und v_E kann also ($E = U/d$ gemessen, η bekannt) q bestimmt werden. Die Bestimmung von q für viele verschiedene Tröpfchen bzw. für ein Tröpfchen mit verschiedener Ladung (Umladung mit ionisierender Strahlung) führt zu

$$q = ne \qquad (n \text{ ganzzahlig})$$

und es kann e aus derartigen Meßserien bestimmt werden.

Elementarteilchen und Ladung Freie Ladung existiert nicht. Ladung ist stets an Teilchen bestimmter Masse gebunden. Die kleinsten Teilchen der Materie, die Elementarteilchen, sind also solche Teilchen, die u.a. durch eine bestimmte charakteristische Masse (m) und Ladung $(q = +e, -e$ oder $0)$ gekennzeichnet sind.

Die Hauptbausteine der Materie sind:

Elektron	e^-	$m_e = 9.1091 \cdot 10^{-31}$ kg	$q_e = -e$
Proton	p	$m_p = 1.6725 \cdot 10^{-27}$ kg	$q_p = +e$
Neutron	n	$m_n = 1.6748 \cdot 10^{-27}$ kg	$q_n = 0$

Protonen und Neutronen werden gemeinsam auch als **Nukleonen** bezeichnet. Aus ihnen ist der Atomkern aufgebaut. Es gilt (s.o.)

$$m_p \approx m_n \quad \text{und} \quad \frac{m_p}{m_e} \approx 1840$$

Atomarer Aufbau der Materie   Die elektrische Wechselwirkung spielt
für den Aufbau der Materie aus Atomen/Molekülen die entscheidende Rol-
le. Atome bestehen aus einem positiv geladenen Atomkern und der negativ
geladenen Elektronenhülle. Im Atomkern ist praktisch die Gesamtmasse
des Atoms konzentriert (= Gesamtmasse der den Kern aufbauenden Nukleonen). Für den Radius der Atomkerne ergibt sich empirisch

$$R \simeq 1.2 \cdot 10^{-15}\, A^{1/3} \text{m}$$

wobei A die Nukleonenzahl (Zahl der Neutronen + Zahl der Protonen) im
betrachteten Kern ist. Für den Radius des Protons hat man gefunden:

$$R_p \simeq 1 \cdot 10^{-15}\ \text{m} = 1\ \text{fm} \quad (\text{femtometer} = \text{fermi})$$

Die o.a. Beziehung für den Kernradius bedeutet, daß alle Kerne etwa konstante Dichte haben und (Vergleich von R mit R_p) daß die Nukleonen im
Kern in dichtester Kugelpackung vorliegen. Die hierzu notwendigen Bindungskräfte sind **nicht elektrischer** Natur, da die Protonen sich aufgrund
ihrer Ladung gegenseitig abstoßen. Vielmehr wird die Bindung der Nukleonen im Kern durch die **starke Wechselwirkung** (Kernwechselwirkung)
zwischen den Nukleonen ermöglicht.

Atome sind i.a. insgesamt elektrisch neutral. Ist Z die Zahl der im Kern
vorhandenen Protonen (Ladung des Kerns $q_{\text{Kern}} = Ze = $ **Kernladungszahl = Ordnungszahl**), so gibt es in der den Kern umgebenden Elektronenhülle entsprechend Z Elektronen (Ladung der Hülle $q_{\text{Hülle}} = -Ze$).
Die Atomhülle hat einen wesentlich größeren Radius als der Kern, nämlich

$$R_{\text{Hülle}} \simeq 1 - 3 \cdot 10^{-10} \text{m}$$

Es ist also $R_{\text{Hülle}}/R_{\text{Kern}} \simeq 10^5$. Im einfachsten **Bohrschen Atommodell**
wird angenommen, daß die Elektronen der Hülle auf stabilen diskreten
Kreisbahnen um den Kern umlaufen, wobei die hierzu jeweils benötigte
Radialkraft durch die elektrische Wechselwirkungskraft zwischen dem jeweiligen Elektron und der Ladung des Kerns ($q = +Ze$) gegeben ist (Bild
2.21).

Ein Atom ist zwar nach außen ein elektrisch neutrales Gebilde, so daß
das elektrische Feld im Außenraum bei völlig sphärischer, symmetrischer
Ladungsverteilung gleich Null ist. Im Innern ist dagegen aufgrund der positiven Kernladung und der negativen Ladungen der Hüllenelektronen ein
starkes elektrisches Feld vorhanden. In Bild 2.22 ist angenommen, daß die
Gesamtladung der Hülle homogen auf das kugelförmig angenommene Atom

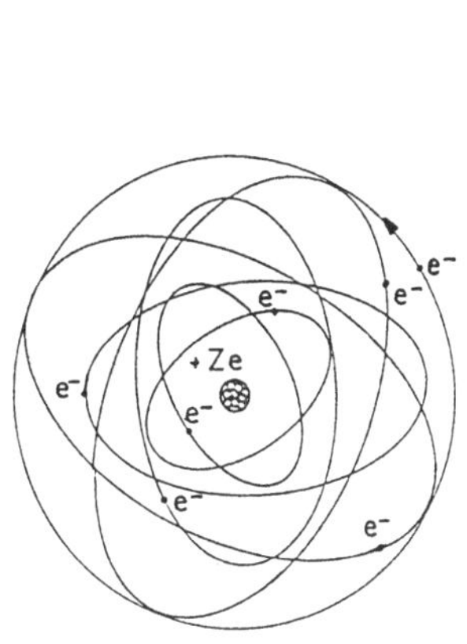
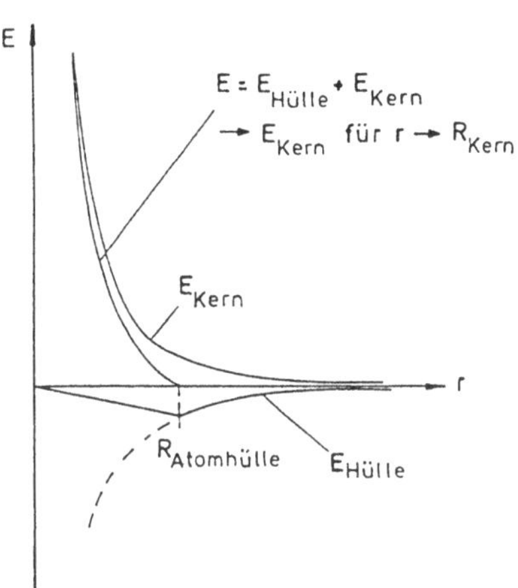

Bild 2.21
Modellvorstellungen
des Atoms

Bild 2.22
Elektrisches Feld im Atom mit homogener
Ladungsverteilung der Hülle

verteilt ist. Insbesondere in der Nähe des Atomkerns ist das von ihm bewirkte elektrische Feld durch das Vorhandensein der Hülle kaum geschwächt, dagegen ist am Atomrand die „Abschirmung" durch die Elektronenhülle am stärksten.

Hochenergetische geladene Teilchen werden bei Beschuß dünner Folien im wesentlichen durch das elektrische Feld des Atomkerns abgelenkt (**Rutherford-Streuung**). Auf diese Weise wird der Kernradius meßbar.

In freien Atomen ist der Schwerpunkt der Ladungsverteilung in der Elektronenhülle identisch mit dem Kern. Daher ist das elektrische Dipolmoment p freier Atome gleich Null (vgl. Definition). Unter dem Einfluß eines äußeren elektrischen Feldes kann die Ladungsverteilung polarisiert werden, und man erhält ein elektrisches Dipomoment $\vec{p}$ ungleich Null (Bild 2.23).

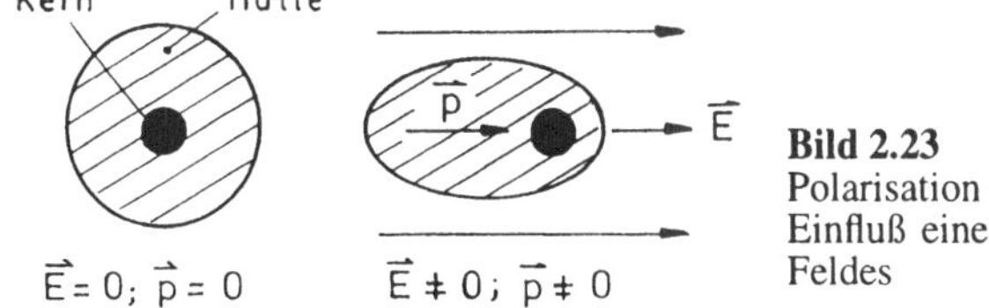

Bild 2.23
Polarisation eines Atoms unter dem
Einfluß eines äußeren elektrischen
Feldes

Moleküle können ein **permanentes elektrisches Dipolmoment** haben.

Im HCl-Molekül ist beispielsweise die Aufenthaltswahrscheinlichkeit für das Hüllenelektron des H-Atoms in der Nähe des Cl-Kerns größer als in der Nähe des Protons. Ein HCl-Molekül ist also permanent polarisiert: H^+Cl^-.

Ein vorzügliches Beispiel der elektrischen Wechselwirkung beim Aufbau makroskopischer fester Körper bieten die Ionenkristalle (Beispiel: NaCl, Bild 2.24). Hierin sind die einzelnen Atome regelmäßig in Form eines Gitters (Kristallgitter) angeordnet, wobei der energetisch günstigste Zustand (geringste potentielle Energie der Wechselwirkung zwischen allen Atomen) dann gegeben ist, wenn die Atome wechselweise positiv (Na^+) und negativ (Cl^-) geladen sind.

In den hier behandelten Beispielen – und dies gilt allgemein für den Aufbau der Materie aus Atomen – ist die wesentliche Wechselwirkungskraft, die die Bindung von Atomen zu Molekülen oder den Zusammenhalt von Atomen/Molekülen im festen oder flüssigen Körper bewirkt, die durch das Coulombsche Gesetz beschriebene elektrische Wechselwirkung. Die Methode, mit der die jeweiligen energetischen Beziehungen (z.B. die Bindungsenergie eines Moleküls) berechnet werden können, wird durch die Quantentheorie geliefert.

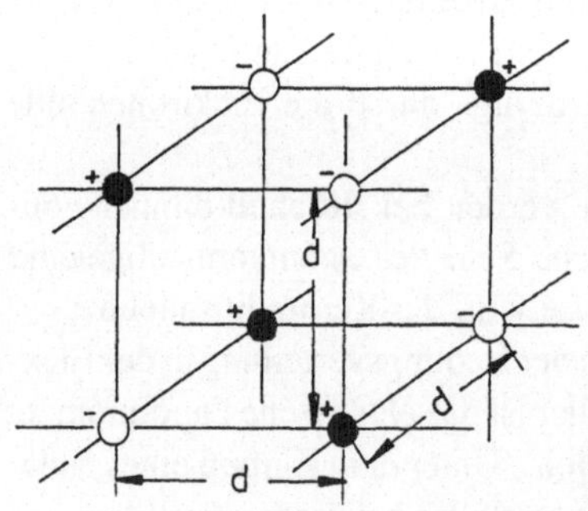

Bild 2.24
NaCl-Kristallgitter (d = Gitterkonstante)

Zahlenbeispiel: $d = 2.7 \cdot 10^{-10}$ m, $R_{Na^+} = 0.9 \cdot 10^{-10}$ m, $R_{Cl^-} = 1.8 \cdot 10^{-10}$ m, also $d \simeq R_{Na^+} + R_{Cl^-}$.

Nachtrag: Beispiele zur Ladungserhaltung

1. Paarerzeugung:
   Bei der Anwendung des Satzes von der Ladungserhaltung muß natürlich das Vorzeichen der Ladung beachtet werden. Beispielsweise

ist die Gesamtladung eines H-Atoms gleich Null ($q = q_p + q_{e^-} = +e + (-e) = 0$). Bei der Reibungselektrizität werden nur Ladungen entgegengesetzten Vorzeichens voneinander getrennt. Die Gesamtladung (geriebener Stab und Tuch) bleibt erhalten. Die Paarerzeugung bei der Absorption von γ-Strahlung bietet ein vorzügliches Beispiel für die paarweise Erzeugung von Ladungen:
Hierbei werden ein Elektron und ein Positron ($e^+, m_{e^+} = m_{e^-}, q_{e^+} = +e$) gleichzeitig erzeugt. Die Gesamtladung bleibt dabei konstant, da $q_{e^+} + q_{e^-} = +e + (-e) = 0$.

2. β^--Zerfall:

Freie Neutronen sind nicht stabil, sie zerfallen mit einer bestimmten Wahrscheinlichkeit pro Zeiteinheit in Protonen, Elektronen und Neutrinos (Neutrino ν = bisher nicht genanntes Elementarteilchen sehr geringer Masse, $q_\nu = 0$). Wir bezeichnen diesen Prozeß wie auch den entsprechenden bestimmter instabiler Atomkerne als β^--Zerfall. Der β^--Zerfalls des Neutrons läßt sich schreiben:

$$n \quad \rightarrow \quad p + \nu + e^-$$
$$q = 0 \quad = \quad +e + 0 + (-e) = 0$$

3. α-Zerfall:

Bestimmte Atomkerne zerfallen unter Emission von α-Teilchen. Sie sind He-Kerne und bestehen aus 2 Neutronen und 2 Protonen. Beispiel: ^{238}U $\rightarrow ^{234}$Th $+\alpha$. Für die Kernladungen gilt:

$$q = 92e = 90e + 2e$$

4. Kernreaktionen:

Bei allen Kernreaktionen gilt Ladungserhaltung, Beispiel:

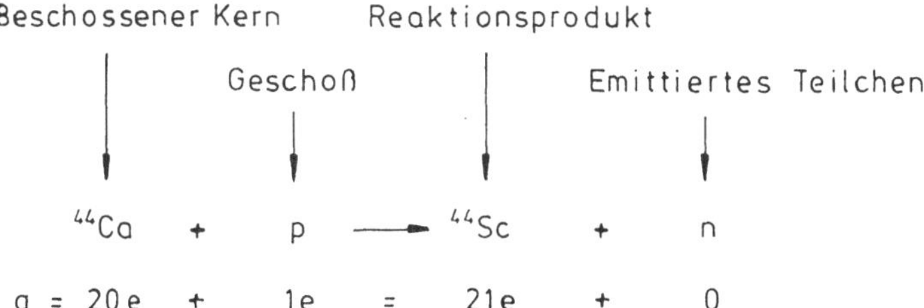

3 Magnetische Wechselwirkung

Bestimmte Körper, z.B. Stücke des Eisenerzes „Magneteisenstein", üben Anziehungskräfte auf Eisen aus. Derartige Körper heißen „natürliche Magnete", die von ihnen ausgeübten Kräfte „magnetische Kräfte". Neben natürlichen gibt es künstliche Permanentmagnete (Dauermagnete), z.B. entsprechend in einem Magnetfeld magnetisierte Stahlstücke (s. später: Materie im Magnetfeld). Jeder Magnet hat zwei „Pole", Bereiche an den jeweiligen Enden des Magneten, an denen die magnetische Kraft am stärksten ist. Entsprechende Experimente mit drehbar aufgehängten Dauermagneten führen auf folgenden Sachverhalt: Jeder Magnet hat zwei **verschiedene** Pole, und es gilt:

Korollar 3.1 *Gleichnamige Pole stoßen sich ab, ungleichnamige ziehen sich an.*

Aus der Kraftwirkung auf drehbar aufgehängte Magnete (Magnetnadel, magnetischer Kompaß) schließt man: Offensichtlich ist auch die Erde selbst ein Magnet, wobei der eine Pol in der Nähe des geographischen Nordpols, der andere in der Nähe des geographischen Südpols liegt. Der nach Norden zeigende Pol eines drehbar aufgehängten Magneten heißt **magnetischer Nordpol**, der nach Süden zeigende **magnetischer Südpol**. Aus dieser historischen Bezeichnungsweise ergibt sich: Der im Norden liegende Magnetpol der Erde ist der magnetische Südpol. Im Süden liegt der magnetische Nordpol.

Durch die Kraftwirkung auf Eisenfeilspäne lassen sich magnetische Kraftlinienbilder ebenso demonstrieren, wie dies bei der elektrischen Wechselwirkung durch Gipskristalle möglich ist. Beispiel für solch ein Kraftlinienbild (später als Feldlinien des Magnetfeldes interpretiert) findet man in Bild 3.1.

Die Ähnlichkeiten mit dem elektrischen Feld sind evident. Es ergibt sich aber gegenüber der elektrischen Wechselwirkung sofort ein entscheidender Unterschied:

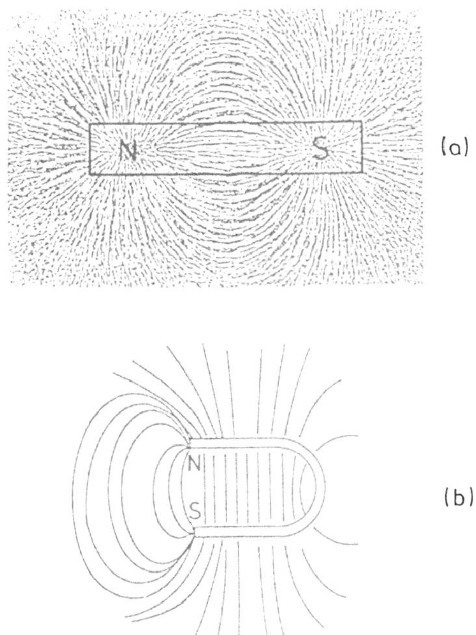

Bild 3.1 (a) Demonstration des Magnetfeldes eines Permanent-Stabmagneten mit Eisenfeilspänen. (b) Magnetfeld eines Hufeisenmagneten (Prinzip-Skizze). Zwischen den Schenkeln herrscht ein nahezu homogenes Feld.

Korollar 3.2 *Es gibt keine magnetischen Monopole. Alle natürlichen Magnete sind Dipole.*

Durch Zerteilen eines Permanentmagneten erhält man also wieder zwei Dipole (s. Bild 3.2).

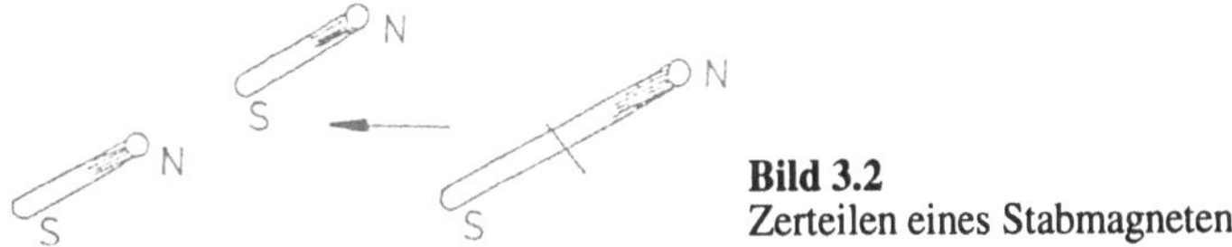

Bild 3.2
Zerteilen eines Stabmagneten

Es wird sich herausstellen, daß magnetische und elektrische Wechselwirkung sehr wohl miteinander verwandt sind und daß ein Magnetfeld tatsächlich durch die Bewegung elektrischer Ladung verursacht wird. Es brauchen also keine neuen Größen, etwa eine „magnetische Ladung", eingeführt zu werden. Elektrische und magnetische Wechselwirkung werden später unter der allgemeinen Bezeichnung **elektromagnetische Wechselwirkung** zusammengefaßt. Wegen dieses Zusammenhangs zwischen elektrischer und magnetischer Wechselwirkung wird der Begriff des Magnetfeldes i.f. auch in Analogie zu Gl. (2.7) durch die Kraftwirkung auf eine (bewegte) Ladung eingeführt und nicht aus der Kraftwirkung von Magneten aufeinander abgeleitet. Letztgenanntes Verfahren wäre auch mit der oben erwähnten Schwierigkeit verbunden, daß es das Analogon zu elektrischen Punktladungen, also magnetische Monopole, nicht gibt.

3.1 Magnetische Kraftwirkung auf bewegte elektrische Ladungen

Definition der magnetischen Induktion $\vec{B}$ und Lorentz-Kraft

Wie im elektrischen Feld (linke Seite der Gl. (2.7) $\vec{E} = \vec{F}/q$) wollen wir die magnetische Kraftwirkung auf eine Testladung q zur Definition einer für das Magnetfeld charakteristischen Größe benutzen. Man stellt fest, daß nur dann eine magnetische Kraft auf das geladene Teilchen ausgeübt wird, wenn es sich bewegt ($v \neq 0$), und es gilt an einem Punkt des Magnetfeldes:

$$\vec{F} \perp \vec{v}, \quad F \sim q, \quad F \sim v$$

Quantitativ wird dieser Sachverhalt durch Einführung einer für jeden Punkt des Magnetfeldes charakteristischen vektoriellen Größe $\vec{B}$, der sogenannten **magnetischen Induktion**, in folgender Weise beschrieben:

$$\boxed{\vec{F} = q\vec{v} \times \vec{B}} \tag{3.1}$$

Der Name „Magnetfeldstärke" ist aus historischen Gründen für eine andere mit dem Magnetfeld zusammenhängende Größe reserviert. Nach Gl. (3.1) erhält man für die Einheit der magnetischen Induktion

$$\boxed{[B] = \frac{\text{N s}}{\text{C m}} = \frac{\text{kg}}{\text{C s}} = \text{T (Tesla)}} \tag{3.2}$$

In Bild 3.3 ist der vektorielle Zusammenhang zwischen magnetischer Induktion $\vec{B}$, Geschwindigkeit des geladenen Teilchens $\vec{v}$ und magnetischer Kraft auf das geladene Teilchen $\vec{F}$ nochmals dargestellt.

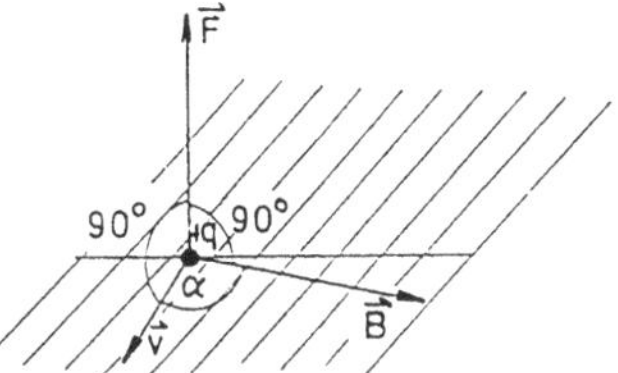

Bild 3.3
Magnetische Kraft auf eine bewegte Ladung q
(im Beispiel positiv)

Für den Betrag von $\vec{F}$ ergibt sich nach Gl. (3.1):

$$|\vec{F}| = qvB \sin \alpha$$

also

$$|\vec{F}| = \begin{cases} 0 & \text{für } \alpha = 0, \quad \text{d.h. für } \vec{v} \parallel \vec{b} \\ qvB & \text{für } \alpha = 90°, \text{ d.h. für } \vec{v} \perp \vec{B} \end{cases}$$

Bei gleichzeitiger Wirkung eines elektrischen und magnetischen Feldes auf die bewegte Ladung q ergibt sich nach Gl. (2.7) und Gl. (3.1) als gesamte Kraft die sogenannte **Lorentz-Kraft**:

$$\boxed{\vec{F} = q(\vec{E} + \vec{v} \times \vec{B})} \tag{3.3}$$

Auf folgende Konsequenz aus Gl. (3.1) sei noch hingewiesen: Aus $\vec{F} \perp \vec{v}$ folgt durch Anwendung der Newtonschen Bewegungsgleichung auch $\vec{a} \perp \vec{v}$. Die Beschleunigung ist in jedem Punkt der Bewegung senkrecht zur Geschwindigkeit, und daher ist $|\vec{v}| = v = \text{const}$ und also auch $W_K = mv^2/2 = \text{const}$. Bei ausschließlicher Wirkung einer magnetischen Kraft wird also die kinetische Energie eines geladenen Teilchens nicht geändert (Energieerhaltung im Magnetfeld). Die potentielle Energie des Teilchens wird somit bei der Bewegung im Magnetfeld ebenfalls nicht geändert. Der magnetischen Induktion kann also nicht in derselben Weise wie der Gravitationsfeldstärke oder der elektrischen Feldstärke ein skalares Potential zugeordnet werden. Später wird gezeigt, daß $\vec{B}$ mit einem „Vektorpotential" verknüpft werden kann.

Bewegung eines geladenen Teilchens im homogenen Magnetfeld Es
sei $\vec{B} = $ const (homogenes Magnetfeld). Wir betrachten ein Teilchen (Ladung q), das sich mit beliebiger Geschwindigkeitsrichtung zu $\vec{B}$ bewegt.
Die auf q wirkende Kraft ist nach Gl. (3.1) $\perp \vec{B}$. Wir zerlegen daher die Geschwindigkeit $\vec{v}$ in eine Komponente parallel zu $\vec{B}(v_{\parallel})$ und eine senkrecht
zu $\vec{B}(v_{\perp})$ (vgl. Bild 3.4).

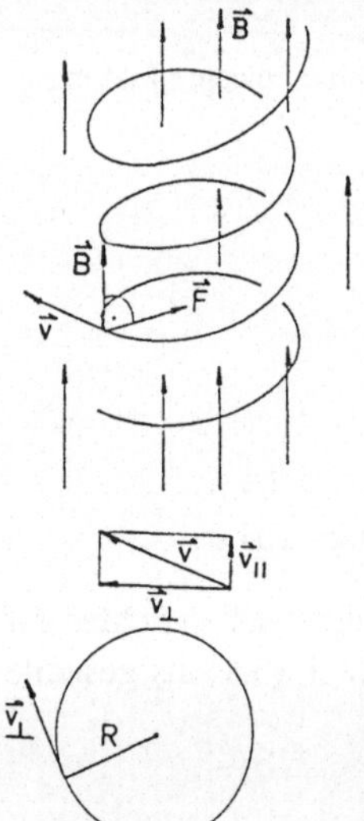

Bild 3.4
Schraubenbahn eines geladenen Teilchens im homogenen
Magnetfeld

Dann wird

$$\vec{F} = m\vec{a} = q\vec{v} \times \vec{B} = q(\vec{v}_{\parallel} + \vec{v}_{\perp}) \times \vec{B} = q\vec{v}_{\perp} \times \vec{B}$$

Mit

$$\vec{a} = \vec{a}_{\parallel} + \vec{a}_{\perp} \quad \text{folgt} \quad \vec{a}_{\parallel} = 0 \quad \text{und} \quad \vec{a}_{\perp} = \frac{q}{m}\vec{v}_{\perp} \times \vec{B}$$

Also ist

$$\vec{a}_{\perp} \perp \vec{v}_{\perp} \quad \text{und} \quad |\vec{a}_{\perp}| = \frac{q}{m}v_{\perp}B \quad \text{und somit} v_{\parallel} = \text{const}$$

$\vec{a}_{\perp}$ ist die Normalbeschleunigung. Also folgt

$$\frac{v_{\perp}^2}{R} = \frac{q}{m}v_{\perp}B$$

oder

$$R = \frac{mv_\perp}{qB}$$

Da

$$W_K = \frac{m}{2}v^2 = \frac{m}{2}(v_\parallel^2 + v_\perp^2) = \text{const}$$

und $v_\parallel = \text{const}$, folgt $v_\perp = \text{const}$. Somit ergibt sich, daß die Projektion der Teilchenbahn auf die Ebene $\perp \vec{B}$ eine Kreisbahn mit dem Radius R ist, und es gilt (s. Bild 3.4)

$$R = \frac{mv_\perp}{qB} \tag{3.4}$$

Da $\vec{v}_\parallel = \text{const}$, bewegt sich das geladene Teilchen insgesamt auf einer in Bild 3.4 skizzierten Schraubenbahn.

Beispiel: e/m-Bestimmung für Elektronen (Bild 3.5) In einem Hochvakuumkolben werden durch Heizung aus einer „Glühkathode" Elektronen emittiert und unter dem Einfluß des elektrischen Feldes zwischen der Glühkathode und einer Beschleunigungselektrode auf konstante Geschwindigkeit $\vec{v}$ beschleunigt. Durch passende Wahl der Geometrie des elektrischen Beschleunigungsfeldes erhält man eine fokussierende Wirkung (elektrische Linse) und kann dadurch einen fadenförmigen Elektronenstrahl erzeugen, der durch Anregung der Restgasmoleküle schwach sichtbar wird.

Im Kolben kann ein homogenes Magnetfeld meßbarer magnetischer Induktion $\vec{B} \perp \vec{v}$ erzeugt werden (s. Abschn. 3.2). Dann ist nach Gl. (2.19).

$$W_K = \frac{m}{2}v^2 = -q \cdot \Delta\varphi = eU$$

und nach Gl. (3.4)

$$R = \frac{mv}{eB}$$

Daraus folgt:

$$R^2 = 2\frac{m}{e}\frac{U}{B^2}$$

Der Elektronenstrahl beschreibt also eine Kreisbahn. Die Messung des Kreisradius R, der benutzten Beschleunigungsspannung U und der magnetischen Induktion $\vec{B}$ ermöglicht die Bestimmung e/m.

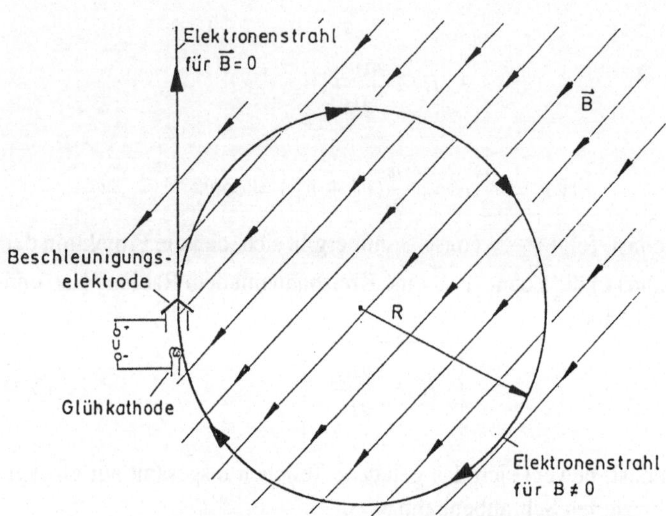

Bild 3.5   Zur Bestimmung von e/m ($\vec{B} \perp$ Zeichenebene)

Magnetische Kraft auf stromdurchflossenen Leiter   Einen Strom elektrischer Ladungen, der im Vakuum (z.B. Elektronenstrahl) oder in einem Medium aufrechterhalten wird, bezeichnen wir als elektrischen Strom. Strom ist also Ladungstransport. Wir betrachten zunächst einen Leiter, also dasjenige Gebiet, in dem die Ladung transportiert wird mit konstantem Querschnitt A und konstanter Richtung $\vec{u}_t$. $\vec{v} = v\vec{u}_t$ sei die als konstant angenommene Geschwindigkeit der Ladungsträger (z.B. Elektronen, allgemein Teilchen der Ladung q).

Bild 3.6
Zur Herleitung von Strom I und
Stromdichte $\vec{j}$

Q sei die im Zeitintervall Δt durch den Leiterquerschnitt hindurch transportierte Ladung. Dann wird die **Stromstärke** I (skalare Größe) definiert durch

$$I = \frac{\Delta Q}{\Delta t} \qquad (3.5)$$

Der Satz von der Ladungserhaltung besagt nach Gl. (3.5), daß im Leiter überall $I =$const gelten muß. Will man die Stromstärke mit der Bewegung der einzelnen Ladungsträger verknüpfen, so benutzt man die **Dichte der Ladungsträger** $n = \mathrm{d}N/\mathrm{d}V$. Hierbei ist $\mathrm{d}N$ gleich der Anzahl der im Volumenelement $\mathrm{d}V$ vorhandenen Ladungsträger. In dem hier behandelten Fall ist n überall konstant. Die Ladungsträger legen im Zeitintervall Δt eine Strecke $\Delta\ell = v \cdot \Delta t$ zurück. Es werden also in Δt alle im Volumenelement $A \cdot \Delta\ell$ vorhandenen Ladungen durch den Querschnitt der Leiters transportiert. Damit wird

$$I = \frac{\Delta Q}{\Delta t} = q\frac{nA \cdot \Delta\ell}{\Delta t} = \frac{nvA \cdot \Delta t}{\Delta t}q$$

also

$$I = nvAq$$

Die hergeleitete Beziehung zwischen n, v, q, A und I legt die Definition einer neuen vom Leiterquerschnitt unabhängigen Größe nahe. Wir definieren als **Stromdichte** $\vec{j}$ (vektorielle Größe)

$$\vec{j} = nq\vec{v} \qquad (3.6)$$

Bislang war die Querschnittsfläche $A \perp \vec{v}$ angenommen worden. Auch wenn A schief zu $\vec{v}$ gewählt wird, sind I und $\vec{j}$ sehr einfach miteinander zu verknüpfen (Bild 3.7).
Es ist

$$A_\perp = A\cos\alpha = A\vec{u}_n\vec{u}_t = \vec{A}\vec{u}_t$$

$\vec{u}_n$ sei der Einheitsvektor der Normalen auf A. Dann führen wir ein

$$\vec{A} = A\vec{u}_n$$

Offenbar ist somit (Bild 3.7)

$$A_\perp = \vec{A}\vec{u}_t$$

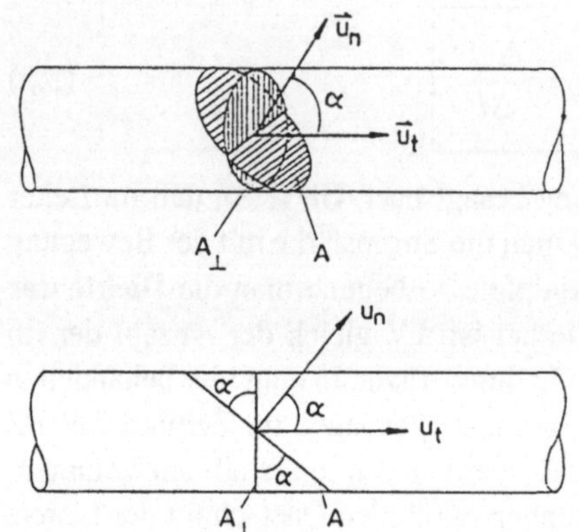

Bild 3.7
Zur Einführung des Vektors $\vec{A}$

Damit können wir allgemein die Beziehung formulieren

$$\boxed{I = \vec{j}\,\vec{A}} \tag{3.7}$$

Wir können uns jeden beliebigen Leiter (krummlinig, nicht konstanter Querschnitt) aus differentiellen Elementen nach Art des Bildes 3.6 zusammengesetzt denken, so daß die Gln. (3.5) bis (3.7) auch in einem derartigen allgemeinen Fall gelten. Für die Gültigkeit von Gl. (3.7) ist nur vorausgesetzt, daß A eine ebene Fläche ist und daß $\vec{j}$ für alle Punkte von A denselben Wert hat. Dies trifft für drahtförmige Leiter unter normalen Bedingungen zu. Für alle anderen Fälle läßt sich Gl. (3.7) verallgemeinern dadurch, daß $\vec{j}\,\vec{A}$ durch das Integral über den Querschnitt

$$I = \int \vec{j} \cdot \mathrm{d}\vec{A}$$

ersetzt wird.

Die magnetische Kraft auf ein bestimmtes Volumenelement $\mathrm{d}V$ im Magnetfeld der Induktion $\vec{B}$ ergibt sich wegen $\mathrm{d}Q$ (Ladung in $\mathrm{d}V$) $= nq \cdot \mathrm{d}V$ nach Gl. (3.1) und (3.6) allgemein zu:

$$
\begin{aligned}
\mathrm{d}\vec{F} &= nq\vec{v} \times \vec{B} \cdot \mathrm{d}V \\
\text{also} \quad \mathrm{d}\vec{F} &= \vec{j} \times \vec{B} \cdot \mathrm{d}V
\end{aligned}
$$

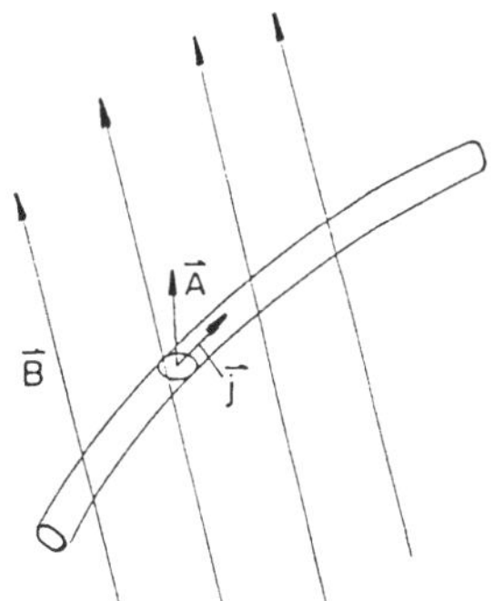

Bild 3.8
Zur Herleitung der magnetischen Kraft auf einen stromdurchflossenen Leiter

Mit $\vec{f} = \mathrm{d}\vec{F}/\mathrm{d}V$ folgt dann

$$\vec{f} = nq\vec{v} \times \vec{B} = \vec{j} \times \vec{B}$$

Die insgesamt auf den stromdurchflossenen Leiter ausgeübte Kraft ergibt sich durch Integration über sein Volumen

$$\vec{F} = \int_V \vec{j} \times \vec{B} \cdot \mathrm{d}V \tag{3.8}$$

Für Leiter mit kleinem konstanten Querschnitt (klein soll heißen, an jeder Stelle innerhalb des Querschnitts sind $\vec{j}$ und $\vec{B}$ konstant) erhält man mit $\vec{j} = j\vec{u}_t$, $j = \mathrm{const}$, $\mathrm{d}V = A_\perp\,\mathrm{d}\ell$ und $I = jA_\perp = \mathrm{const}$

$$\vec{F} = I \int_{\text{Länge}} \vec{u}_t \times \vec{B} \cdot \mathrm{d}\ell \tag{3.8a}$$

Für einen geradlinigen Leiter ($\vec{u}_t = \mathrm{const}$) der Länge L im Magnetfeld ergibt sich schließlich

$$\vec{F} = IL\vec{u}_t \times \vec{B} \tag{3.8b}$$

Eine derartige Kraft auf einen stromdurchflossenen Leiter läßt sich leicht demonstrieren (s. Bild 3.9):

Die Stromzuführungen bestehen aus Drähten parallel zu $\vec{B}$, d.h. auf sie wird keine Kraft ausgeübt. Man erhält

$$|\vec{F}| = ILB\sin\vartheta$$

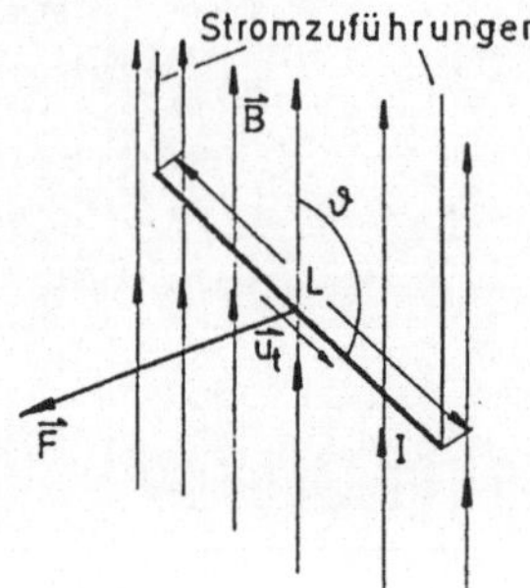

Bild 3.9
Zur Demonstration der magnetischen Kraft auf
einen stromdurchflossenen Leiter im homogenen
Magnetfeld

$$|\vec{F}| = ILB \sin\vartheta$$

Drehmoment auf eine stromdurchflossene Spule und magnetisches Dipolmoment Wir betrachten zunächst den Spezialfall einer rechteckförmigen Spule einer Windung (Stromschlaufe) im Magnetfeld. Über die gesamte Fläche der Spule sei $\vec{B}$ = const (entweder homogenes Feld oder Spule hinreichend klein). Ferner sei die Orientierung der Spule speziell so gewählt, daß für zwei gegenüberliegende Seiten des Rechtecks $\vec{u}_t \perp \vec{B}$ ist. Im Beispiel des Bildes 3.10 sind das die Seiten (2) und (4). Die anderen beiden Seiten der Rechteckspule mögen einen beliebigen Winkel mit B bilden: Seiten (1) und (3) Winkel $(\vec{u}_t, \vec{B}) = 180 - \alpha$ bzw. α.

Wir berechnen die Kraftwirkung auf die einzelnen geradlinigen Leiterstücke getrennt jeweils mit Gl. (3.8b). Es ist

$$\begin{aligned}
\vec{F}_1 &= Ia\vec{u}_{t,1} \times \vec{B} \\
\vec{F}_2 &= Ib\vec{u}_{t,2} \times \vec{B} \\
\vec{F}_3 &= Ia\vec{u}_{t,3} \times \vec{B} \\
\vec{F}_4 &= Ib\vec{u}_{t,4} \times \vec{B}
\end{aligned}$$

Aus

$$\vec{u}_{t,1} = -\vec{u}_{t,3} \quad \text{und} \quad \vec{u}_{t,2} = -\vec{u}_{t,4}$$

folgt

$$\vec{F}_1 = -\vec{F}_3 \quad \text{und} \quad \vec{F}_2 = -\vec{F}_4$$

also für die resultierende Gesamtkraft

$$\vec{F} = \vec{F}_1 + \vec{F}_2 + \vec{F}_3 + \vec{F}_4 = 0$$

Es wird aber ein resultierendes Drehmoment ausgeübt. Zur Berechnung legen wir den Koordinatenursprung in den Mittelpunkt des Rechtecks. Dann gilt

$$\vec{r}_1 \parallel \vec{F}_1, \ \vec{r}_3 \parallel \vec{F}_3 \quad \text{und} \quad \vec{r}_1 \times \vec{F}_1 = 0, \ \vec{r}_3 \times \vec{F}_3 = 0$$

und (s. Bild 3.10).

$$\vec{r}_2 \times \vec{F}_2 = r_2 F_2 \sin(90° - \alpha)\vec{u}_z$$
$$\vec{r}_2 \times \vec{F}_4 = r_4 F_4 \sin(90° - \alpha)\vec{u}_z$$

Wegen $\vec{u}_{t,2} \perp \vec{B}$ und $\vec{u}_{t,4} \perp \vec{B}$ ist

$$F_2 = F_4 = IbB$$

Mit $r_2 = r_4 = a/2$ wird daher

$$\vec{M} = \vec{r}_2 \times \vec{F}_2 + \vec{r}_4 \times \vec{F}_4 = abI \cdot B \sin(90° - \alpha)\vec{u}_z$$

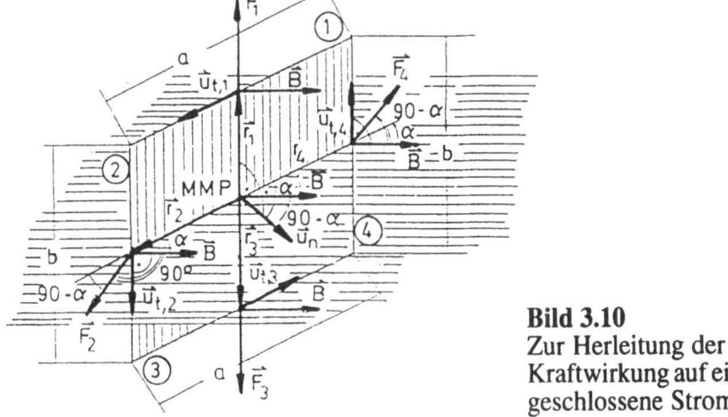

Bild 3.10
Zur Herleitung der magnetischen Kraftwirkung auf eine rechteckige, geschlossene Stromschlaufe

Nun läßt sich die orientierte Fläche der Rechteckspule wieder durch den Betrag $A = ab$ und den Einheitsvektor der Normalen $\vec{u}_n$ beschreiben. Da $(\vec{u}_n, \vec{B}) = 90° - \alpha$ und $\vec{u}_n \times \vec{B} \parallel \vec{u}_z$ ist, können wir die für $\vec{M}$ hergeleitete Beziehung mit

$$\vec{A} = A\vec{u}_n \qquad (A = ab)$$

auch schreiben

$$\vec{M} = I\vec{A} \times \vec{B}$$

Es läßt sich zeigen, daß diese Formel auch im allgemeinen Fall einer beliebig geformten ebenen Stromschleife gültig ist. Falls die Spule nicht nur eine, wie bisher angenommen, sondern allgemein n Windungen enthält, ist der für $\vec{M}$ gewonnene Ausdruck mit n zu multiplizieren.

Schließlich definieren wir als **magnetisches Dipolmoment** einer stromdurchflossenen Spule (n Windungen, Stromstärke I, Querschnittsfläche A):

$$\boxed{\vec{m} = nI\vec{A} = nIA\vec{u}_n} \tag{3.9}$$

Die Richtung von $\vec{m}$ ergibt sich entsprechend Bild 3.10 aus Bild 3.11. Der Stromdichtevektor $\vec{j}$ und der Vektor $\vec{m}$ des magnetischen Moments bilden eine Rechtsschraube.

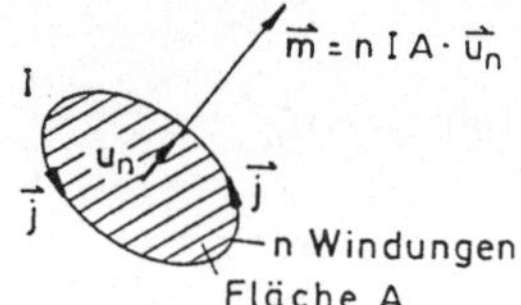

Bild 3.11
Zur Definition des magnetischen Dipolmoments einer stromdurchflossenen Spule

Damit läßt sich das vom Magnetfeld auf die Spule ausgeübte Drehmoment schreiben (s. Gl. (3.9))

$$\boxed{\vec{M} = \vec{m} \times \vec{B}} \tag{3.10}$$

Es sei hier ausdrücklich auf die Analogie zum Drehmoment auf einen elektrischen Dipol im elektrischen Feld $\vec{M} = \vec{p} \times \vec{E}$ (Gl. (2.25)) hingewiesen. Diese Analogie rechtfertigt zunächst die Bezeichnung „magnetisches Dipolmoment" (weiter siehe Abschn. 3.2).

Potentielle Energie eines Dipols im Feld   Es war gezeigt worden, daß die kinetische Energie eines geladenen Teilchens im Magnetfeld konstant ist. Da die magnetische Kraft in jedem Punkt der Bewegung senkrecht zur Geschwindigkeit gerichtet ist, läßt sich eine potentielle Energie des geladenen Teilchens im Magnetfeld nicht definieren. Die Verschiebungsarbeit ist gleich Null. Dagegen läßt sich aber eine potentielle Energie für eine stromdurchflossene Spule im Magnetfeld angeben. Bevor hierauf eingegangen wird, soll die Berechnung der entsprechenden potentiellen Energie eines elektrischen Dipols im elektrischen Feld nachgeholt werden.

Potentielle Energie des elektrischen Dipols im elektrischen Feld   Die im Magnetfeld vorhandene Schwierigkeit existiert hier nicht und wir können die gesamte potentielle Energie als Summe der potentiellen Energie für die beiden Punktladungen berechnen (vgl. Bild 3.12).

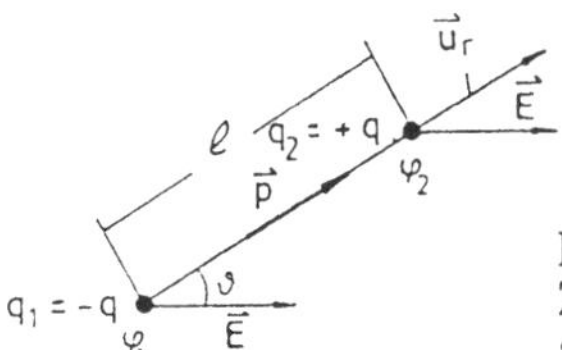

Bild 3.12
Zur Ableitung der potentiellen Energie eines elektrischen Dipols im elektrischen Feld

Demnach ist

$$
\begin{aligned}
W_p &= q_1\varphi_1 + q_2\varphi_2 = -q\varphi_1 + q\varphi_2 \\
&= -q\ell\left(-\frac{\Delta\varphi}{\Delta s}\right)
\end{aligned}
$$

mit $\Delta\varphi = \varphi_2 - \varphi_1$ und $\Delta s = |\vec{r}_2 - \vec{r}_1|$.
Es gilt $\vec{E} = -\,\mathrm{grad}\varphi$ und daher nach Definition des Operators „grad" für die Komponente von $\vec{E}$ in Richtung $\vec{u}_r$

$$
\vec{E}\vec{u}_r = -\frac{\partial\varphi}{\partial s} = -\frac{\Delta\varphi}{\Delta s}
$$

Für einen Dipol wird $\Delta s = \ell$ stets als sehr klein gegen solche Punktabstände vorausgesetzt, in denen sich $\vec{E}$ merklich verändert. Daher gilt die obige Beziehung exakt und es wird

$$
W_p = -q\ell\vec{u}_r\vec{E}
$$

also wegen $q\ell\vec{u}_r = \vec{p}$

$$
\boxed{W_p = -\vec{p}\vec{E}} \tag{3.11}
$$

Potentielle Energie eines geschlossenen Stroms im magnetischen Feld
Die Ableitung der der Gl. (3.11) entsprechenden Beziehung wird für den
Spezialfall der Rechteckspule mit einer Windung (Orientierung im Feld wie
in Bild 3.10) durchgeführt (s. Bild 3.13).

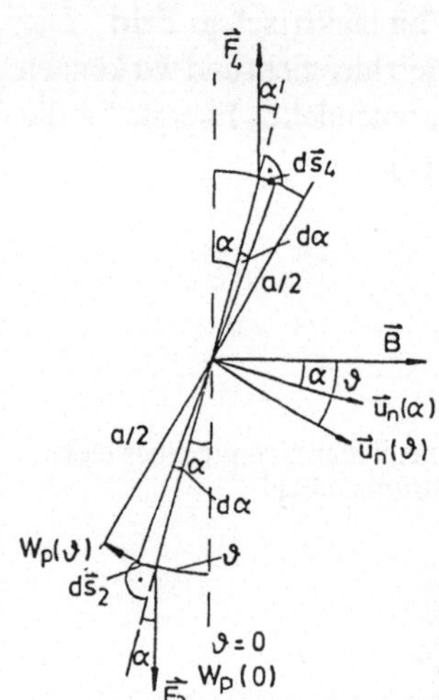

Bild 3.13
Zur Ableitung der potentiellen Energie einer stromdurchflossenen Rechteckspule im Magnetfeld (Bezeichnungen wie in Bild 3.10)

Unter der Wirkung des Magnetfeldes dreht sich die Spule so, daß $\vec{m} \parallel \vec{B}$
ist. Dann ist nach Gl. (3.10) $\vec{M} = 0$. Wir berechnen diejenige Arbeit $W_{0\vartheta}$,
die gegen die Kräfte $\vec{F_2}, \vec{F_4}$ zu leisten ist, um die Spule aus $\alpha = 0$ nach
$\alpha = \vartheta$ zu drehen. Sie beträgt

$$W_{0\vartheta} = \int\limits_0^\vartheta (-\vec{F_2} \cdot d\vec{s_2}) + \int\limits_0^\vartheta (-\vec{F_4} \cdot d\vec{s_4})$$

Aus Bild 3.13 ergibt sich

$$\vec{F_2} \cdot d\vec{s_2} = F_2 \cdot ds_2 \cos(90° + \alpha) = -F_2 \frac{a}{2} \sin\alpha \cdot d\alpha$$

$$\text{und} \quad \vec{F_4} \cdot d\vec{s_4} = -F_4 \frac{a}{2} \sin\alpha \cdot d\alpha$$

Es ist

$$F_2 = F_4 = IbB$$

also

$$W_{0\vartheta} \;=\; \int_0^\vartheta abIB \sin\alpha \cdot \mathrm{d}\alpha = abIB \int_0^\vartheta \sin\alpha \cdot \mathrm{d}\alpha$$

$$= \; -abIB\cos\alpha \Big|_0^\vartheta = -abIB\cos\vartheta + abIB$$

Die potentielle Energie ist bis auf eine willkürliche additive Konstante gleich der Verschiebungsarbeit $W_{0\vartheta}$. Wir setzen

$$W_p(0) = -abIB$$

Das ergibt

$$W_p(\vartheta) = -abIB\cos\vartheta$$

Mit $abI = m$ lautet dann das auch allgemeingültige Ergebnis

$$\boxed{W_p = -\vec{m}\vec{B}} \tag{3.12}$$

Dieses Resultat ist wiederum analog zur Gl. (3.11) im elektrischen Feld.

3.2 Ergänzung*: Potential für das Magnetfeld

3.2.1 Mathematischer Rückblick

Die Vektoranalysis lehrt: Ist $\vec{a}(\vec{r})$ ein beliebiges Vektorfeld und $b(\vec{r})$ ein beliebiges Skalarfeld, dann gilt:

$$1.) \qquad \mathrm{rot}(\mathrm{grad}\, b) = 0 \tag{3.13}$$

$$2.) \qquad \mathrm{div}(\mathrm{grad}\, b) = \Delta b \tag{3.14}$$

$$3.) \qquad \mathrm{div}(\mathrm{rot}\,\vec{a}) = 0 \tag{3.15}$$

$$4.) \qquad \mathrm{rot}(\mathrm{rot}\,\vec{a}) = \mathrm{grad}(\mathrm{div}\,\vec{a}) - \Delta\vec{a} \tag{3.16}$$

$$5.) \qquad \mathrm{rot}\,(b\vec{a}) = b\cdot\mathrm{rot}\,\vec{a} - \vec{a}\times\mathrm{grad}\, b \tag{3.17}$$

6.) Aus Quellen und Wirbeln ist ein Vektorfeld $\vec{a}(\vec{r})$ erst dann **eindeutig** bestimmbar, wenn div $\vec{a}$ **und** rot $\vec{a}$ vorgegeben sind.

$$(3.18)$$

3.2.2 Rückblick auf die Elektrostatik

Elektrostatische Felder sind **wirbelfrei**. Für deren Feldstärke $\vec{E}$ gilt stets:

$$\text{rot } \vec{E} = 0 \qquad (3.19)$$

Die **Quellen** von $\vec{E}$ werden durch die Ladungsdichte ϱ festgelegt. Quantitativ gilt der Gaußsche Satz der Elektrostatik:

$$\text{div } \vec{E} = \frac{\varrho}{\varepsilon_0} \qquad (3.20)$$

Die Wirbelfreiheit ermöglicht es, die Feldstärke $\vec{E}$ durch Gradientenbildung aus einer skalaren Funktion $\varphi(\vec{r})$, dem sogenannten elektrostatischen Potential, abzuleiten:

$$\vec{E} = -\text{grad } \varphi \qquad (3.21)$$

Wegen (3.13) ist die Wirbelfreiheit (3.19) stets garantiert. Aus (3.20) und (3.21) folgt unter Anwendung von (3.14):

$$\text{div } \vec{E} = \text{div}(-\text{grad } \varphi) = -\Delta\varphi = \frac{\varrho}{\varepsilon_0}$$

Die allgemeine Lösung der Differentialgleichung

$$\Delta\varphi = \frac{\partial^2\varphi}{\partial x^2} + \frac{\partial^2\varphi}{\partial y^2} + \frac{\partial^2\varphi}{\partial z^2} = -\frac{\varrho}{\varepsilon_0} \qquad (3.22)$$

lautet:

$$\varphi = \frac{1}{4\pi\varepsilon_0} \int\limits_V \frac{\varrho \cdot dV}{r} \qquad (3.23)$$

Der Vorteil in der Verwendung eines Potentials besteht darin, daß es in vielen Fällen bei einer vorgegebenen Ladungsverteilung einfacher ist, zuerst das Potential zu bestimmen und dann daraus gemäß (3.21) die Feldstärke auszurechnen als auf direktem Wege die Feldstärke zu berechnen.

3.2.3 Magnetisches Feld

Magnetische Felder sind **quellenfrei**. Für deren Feldstärke $\vec{B}$ gilt stets:

$$\operatorname{div} \vec{B} = 0 \tag{3.24}$$

(**Anmerkung**: Historisch bedingt heißt $\vec{B}$ nicht magnetische „Feldstärke", sondern magnetische „Induktion".)

Die **Wirbel** von $\vec{B}$ werden durch die Stromdichte $\vec{j}$ festgelegt. Quantitativ gilt der Amperesche Satz:

$$\operatorname{rot} \vec{B} = \mu_0 \vec{j} \tag{3.25}$$

Eine Ableitung der magnetischen Induktion $\vec{B}$ durch Gradientenbildung aus einem skalaren Potential in Analogie zum elektrischen Fall ist hier also z.B. wegen (3.13) nicht möglich. Die möglichen Vorteile, die in der Verwendung eines Potentials für die Berechnung von Magnetfeldern liegen können, lassen sich jedoch durch Einführung eines vektoriellen Potentials oder **Vektorpotentials** $\vec{A}$ ausnutzen, aus welchem $\vec{B}$ durch Rotationsbildung gemäß

$$\vec{B} = \operatorname{rot} \vec{A} \tag{3.26}$$

gewonnen werden kann. Wegen (3.15) ist damit die Quellenfreiheit (3.24) stets garantiert.

Wegen der Aussage (3.18) ist $\vec{A}$ durch (3.26) noch nicht eindeutig festgelegt. Hierfür sind zusätzlich Angaben über die Divergenz von $\vec{A}$ nötig. Da diese im Zusammenhang mit den hier angestellten Betrachtungen keinerlei Bedingungen unterworfen ist, kann div $\vec{A}$ willkürlich vorgegeben werden. Zweckmäßigerweise wählt man:

$$\operatorname{div} \vec{A} = 0 \tag{3.27}$$

Aus (3.25) und (3.26) folgt unter Anwendung von (3.16):

$$\operatorname{rot} \vec{B} = \operatorname{rot}(\operatorname{rot} \vec{A}) = \operatorname{grad}(\operatorname{div} \vec{A}) - \Delta \vec{A} = \mu_0 \vec{j}$$

und mit (3.27):

$$\Delta \vec{A} = -\mu_0 \vec{j} \tag{3.28}$$

In der Form stimmt diese Gleichung mit (3.22) überein. Im Gegensatz zu
(3.22) ist (3.28) jedoch eine Vektorgleichung , die drei Skalargleichungen
für die jeweils drei Komponenten von $\vec{A}$ und $\vec{j}$ repräsentiert. Für die x-
Komponente beispielsweise lautet (3.28):

$$\Delta A_x = \frac{\partial^2 A_x}{\partial x^2} + \frac{\partial^2 A_x}{\partial y^2} + \frac{\partial^2 A_x}{\partial z^2} = -\mu_0 j_x$$

Die allgemeine Lösung von (3.28) lautet in Analogie zu (3.23):

$$\vec{A} = \frac{\mu_0}{4\pi} \int\limits_V \frac{\vec{j} \cdot \mathrm{d}V}{r} \tag{3.29}$$

3.2.4 Allgemeines Beispiel

Vorgegeben: Vom Strom I durchflossener Draht mit konstantem Querschnitt F und von endlicher Länge.

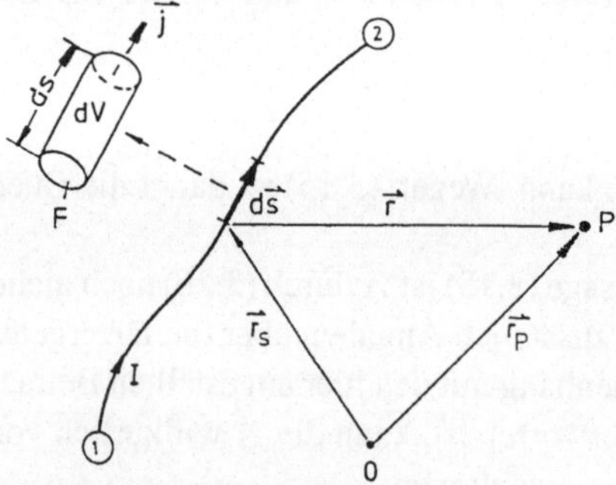

Ziel: Berechnung von $\vec{A}$ und $\vec{B}$ im Aufpunkt P.

     $\vec{r}_P$:   Ortsvektor von P.

     $\vec{r}_s$:   Orstvektor des Wegelements $\mathrm{d}\vec{s}$.

$\vec{r} = \vec{r}_P - \vec{r}_s$:   Ortsvektor vom Wegelement $\mathrm{d}\vec{s}$ zum Aufpunkt P.
Komponenten von r:

$$(x_P - x_s),\ (y_P - y_s),\ (z_P - z_s)$$

Betrag von $\vec{r}$:

$$r = \sqrt{(x_P - x_s)^2 + (y_P - y_s)^2 + (z_P - z_s)^2} \tag{3.30}$$

Mit

$$\vec{j} \cdot \mathrm{d}V = \vec{j}F \cdot \mathrm{d}s = jF \cdot \mathrm{d}\vec{s} = I \cdot \mathrm{d}\vec{s}$$

lautet (3.29):

$$\vec{A} = \frac{\mu_0}{4\pi} I \int_1^2 \frac{\mathrm{d}\vec{s}}{r} \tag{3.31}$$

Für die magnetische Induktion folgt aus (3.26):

$$\vec{B} = \frac{\mu_0}{4\pi} I \cdot \mathrm{rot}\left(\int_1^2 \frac{\mathrm{d}\vec{s}}{r}\right) = \frac{\mu_0}{4\pi} I \int_1^2 \mathrm{rot}\left(\frac{\mathrm{d}\vec{s}}{r}\right) \tag{3.32}$$

Die Anwendung von (3.17) auf den Integranden ergibt:

$$\mathrm{rot}\left(\frac{\mathrm{d}\vec{s}}{r}\right) = \frac{1}{r}\mathrm{rot}(\mathrm{d}\vec{s}) - \mathrm{d}\vec{s} \times \mathrm{grad}\,\frac{1}{r} \tag{3.33}$$

Die Differentialoperationen „rot" und „grad" beziehen sich auf den Aufpunkt P, d.h. auf seine Koordinaten x_P, y_P, z_P, also **nicht** auf das Wegelement $\mathrm{d}s$ bzw. auf dessen Koordinaten x_s, y_s, z_s. Damit ist rot $(\mathrm{d}\vec{s}) = 0$. Für die x-Komponente von grad $(1/r)$ folgt dann mit (3.27):

$$\begin{aligned}
\left(\mathrm{grad}\,\frac{1}{r}\right)_x &= \frac{\partial}{\partial x_P}\left(\frac{1}{r}\right) = \frac{\mathrm{d}}{\mathrm{d}r}\left(\frac{1}{r}\right)\frac{\partial r}{\partial x_P} \\
&= -\frac{1}{r^2}\frac{1}{2r}2(x_P - x_s) = -\frac{x_P - x_s}{r^3}
\end{aligned}$$

Entsprechendes ergibt sich für die y- und z-Komponente. Also ist:

$$\mathrm{grad}\,\frac{1}{r} = -\frac{1}{r^3}\left[(x_P - x_s)\vec{u}_x + (y_P - y_s)\vec{u}_y + (z_P - z_s)\vec{u}_z\right] = -\frac{\vec{r}}{r^3}$$

Damit folgt aus (3.32):

$$\mathrm{rot}\left(\frac{\mathrm{d}\vec{s}}{r}\right) = \frac{\mathrm{d}\vec{s} \times \vec{r}}{r^3}$$

Die magnetische Induktion beträgt somit gemäß (3.31):

$$\vec{B} = \frac{\mu_0}{4\pi} I \int_1^2 \frac{\mathrm{d}\vec{s} \times \vec{r}}{r^3}$$

Dieses Ergebnis ist das bekannte **Biot-Savartsche Gesetz**.

3.2.5　Konkretes Beispiel und lehrreicher Sonderfall

Vorgegeben: Vom Strom I durchflossener, gerader und unendlich langer Draht in z-Richtung mit konstantem Querschnitt F.

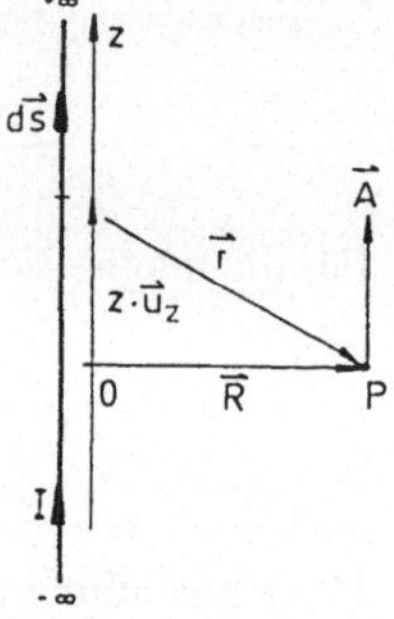

Ziel: Berechnung von $\vec{A}$ im Aufpunkt P mit dem senkrechten Abstand R vom Draht. Es ist:

$$\mathrm{d}\vec{s} = \mathrm{d}z \cdot \vec{u}_z \qquad \text{und} \qquad r = \sqrt{z^2 + R^2}$$

Damit folgt aus (3.30):

$$\vec{A} = \frac{\mu_0}{4\pi} I \vec{u}_z \int\limits_{-\infty}^{+\infty} \frac{\mathrm{d}z}{\sqrt{z^2 + R^2}}$$

Daraus folgt bereits, daß $\vec{A}$ überall im Raum in z-Richtung, also in Drahtrichtung weist. Mit $u = z/R$ ergibt die Integration

$$\int\limits_{-\infty}^{+\infty} \frac{\mathrm{d}z}{\sqrt{z^2 + R^2}} = \int\limits_{-\infty}^{+\infty} \frac{\mathrm{d}u}{\sqrt{u^2 + 1}}$$

$$= \left[\ln\left(u + \sqrt{u^2 + 1} \right) \right]_{-\infty}^{+\infty}$$

Der Ausdruck nimmt an den Integrationsgrenzen ebenfalls die Werte $\pm\infty$ an.

Das Integral liefert also keinen definierten und endlichen Wert. Er **divergiert**. Dieses einfache Beispiel ist also insofern ein Sonderfall, als sich hierfür das Vektorpotential nicht direkt aus der allgemeinen Lösung (3.28)

berechnen läßt. $\vec{A}$ läßt sich dann allenfalls unter Rückgriff auf das ange-
strebte Endergebnis für $\vec{B}$ zurückrechnen.

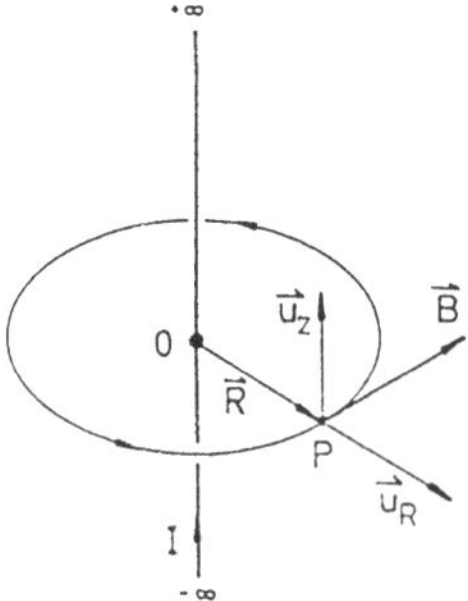

Die Feldlinien des Magnetfeldes außerhalb eines unendlich langen und
geraden Drahtes, der von einem Strom I durchflossen wird, sind konzentrische Kreise um den Draht. Die magnetische Induktion $\vec{B}$ im Aufpunkt P
ist nur von dessen senkrechtem Abstand R zum Draht abhängig, und zwar
gilt:

$$\vec{B} = \frac{\mu_0}{2\pi} I \left(\vec{u}_z \times \frac{\vec{u}_R}{R} \right)$$

Die Umformung

$$\frac{\vec{u}_R}{R} = \vec{u}_R \frac{\mathrm{d}}{\mathrm{d}R}(\ln R) = \mathrm{grad}(\ln R)$$

ergibt:

$$\vec{B} = \frac{\mu_0}{2\pi} I \left[\vec{u}_z \times \mathrm{grad}(\ln R) \right]$$

Mit (3.17) folgt:

$$\vec{u}_z \times \mathrm{grad}(\ln R) = \ln R \cdot \mathrm{rot}\, \vec{u}_z - \mathrm{rot}(\vec{u}_z \ln R)$$

Wegen $\mathrm{rot}\, \vec{u}_z = 0$ ist dann:

$$\vec{B} = \frac{\mu_0}{2\pi} I \cdot \mathrm{rot}(-\vec{u}_z \ln R) = \mathrm{rot}\left(-\vec{u}_z \frac{\mu_0}{2\pi} I \ln R \right)$$

Der Vergleich mit (3.26) liefert:

$$\vec{A} = -\vec{u}_z \frac{\mu_0}{2\pi} I \ln R \tag{3.34}$$

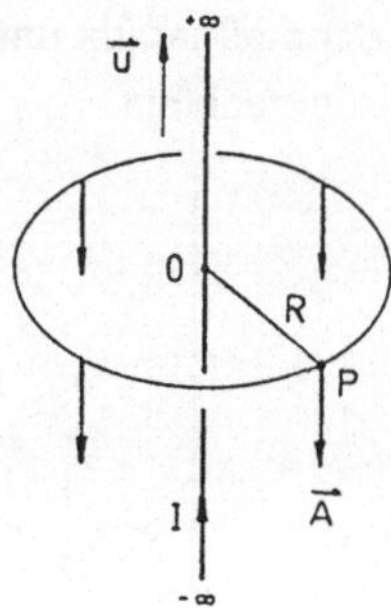

Das Vektorpotential weist also in die negative z-Richtung und ist bei vorgegebenem I nur vom senkrechten Abstand R zum Draht abhängig. Die Äquipotentialflächen sind demnach Zylindermantel-Flächen, die den Draht konzentrisch umschließen. (3.33) hat einen „Schönheitsfehler": Im Argument der ln-Funktion steht eine **Länge**, d.h. eine Größe mit einer **Dimension**. Die ln-Funktion ist aber nur für **Zahlen**, also dimensionslose Größen definiert. Dem ist leicht dadurch abzuhelfen, daß man zu (3.33) den konstanten und damit **divergenzfreien** Vektor

$$\vec{u}_z \frac{\mu_0}{2\pi} I \ln a$$

addiert, wobei a eine willkürlich vorgebbare, endliche Länge bedeutet. Nach den Erläuterungen im Zusammenhang mit (3.27) und (3.28) ändert das nichts an der physikalischen Aussage von (3.26). Also ist schließlich

$$\vec{A} = -\vec{u}_z \frac{\mu_0}{2\pi} I \ln \frac{R}{a}$$

3.3 Das Magnetfeld bewegter Ladungen (nicht-relativistisch)

In Abschn. 3.1 war gezeigt worden, daß sich eine geschlossene stromdurchflossene Leiterschleife in einem Magnetfeld genauso ausrichtet wie ein Permanentmagnet. Diese Analogie führte zur Einführung des magnetischen Dipolmoments. Es liegt also der Schluß nahe, daß jeder elektrische Strom ein Magnetfeld erzeugt. Dies ist im einfachen Fall des geradlinigen Leiters in Bild 3.14 demonstriert.

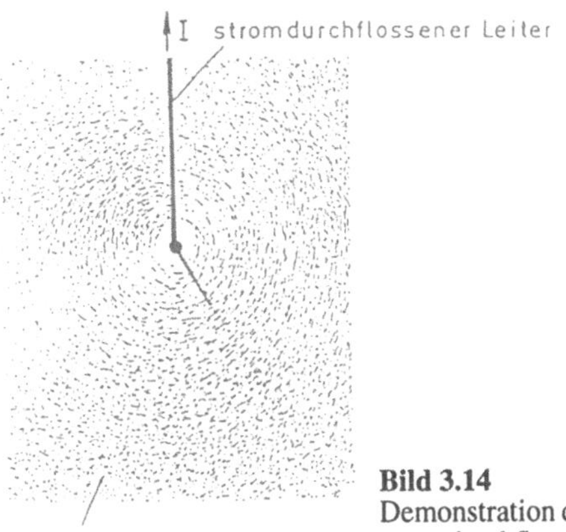

Bild 3.14
Demonstration des Magnetfeldes eines geradlinigen stromdurchflossenen Leiters mit Eisenfeilspänen

Die allgemeine Verknüpfung des elektrischen Stroms mit dem durch ihn bewirkten Magnetfeld läßt sich in verschiedener Form einführen. In Analogie zur Darstellung des durch eine Punktladung bewirkten Feldes wählen wir die differentielle Form des Zusammenhangs zwischen $\vec{B}$ und I (Biot-Savartsches Gesetz, vgl. Bild 3.15). Hierin wird der durch ein differentielles Längenelement des drahtförmigen Leiters (Länge $\mathrm{d}s$, Richtung der Stromdichte $\vec{u}_t$, Stromstärke I, konstanter Querschnitt A) bewirkte Beitrag $\mathrm{d}\vec{B}$ zur insgesamt erzeugten Induktion $\vec{B}$ in einem beliebigen Punkt P im Abstand r von $\mathrm{d}s$ angegeben. Es gilt mit den Bezeichnungen des Bildes 3.15

$$\mathrm{d}\vec{B} = K_m \frac{I \cdot \mathrm{d}s}{r^2} \vec{u}_t \times \vec{u}_r = K_m \frac{I \cdot \mathrm{d}s \sin\vartheta}{r^2} \vec{u}_\vartheta \tag{3.35}$$

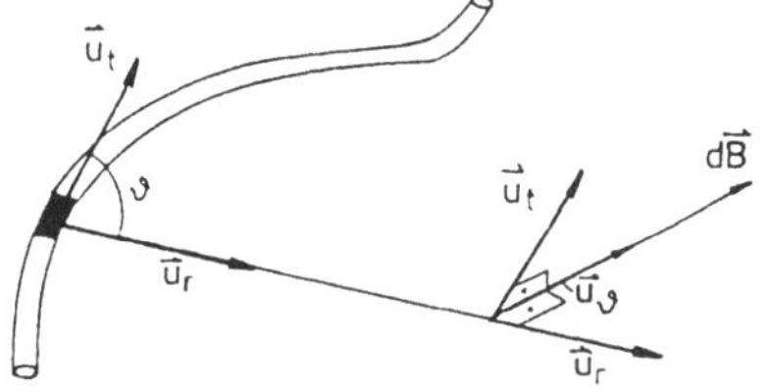

Bild 3.15
Zur Formulierung des Biot-Savartschen Gesetzes

Hierin ist $\vec{u}_\vartheta$ der senkrecht zur Ebene $\vec{u}_t, \vec{u}_r$ gerichtete Einheitsvektor ($\vec{u}_t, \vec{u}_r, \vec{u}_\vartheta$: Rechtssystem). Das Biot-Savartsche Gesetz kann experimentell direkt nicht nachgeprüft werden, da es nur den differentiellen Beitrag $\mathrm{d}\vec{B}$ eines Längenelements $\mathrm{d}s$ beschreibt. Es wird aber dadurch bestätigt, daß alle sich hieraus ergebenden Folgerungen (Integration über einen Leiter endlicher Länge) als richtig erweisen werden. Bei der Formulierung von Gl. (3.35) sei auf die Ähnlichkeit zum elektrischen Feld einer Punktladung verwiesen (Gln. (2.2) und (2.7)). Dort war

$$\vec{E} = K_e \frac{q}{r^2} \vec{u}_r$$

Wir waren bisher so vorgegangen, daß durch Festlegung der Konstanten K_e die Einheit 1 C = 1 A s, also auch die Stromeinheit 1 A bestimmt wurde. Die Einheit von $\vec{B}$ ist aus der Kraft auf eine bewegte Ladung (Gln. (3.1), (3.2)) bestimmt. Es ist also K_m in Gl. (3.35) eine experimentell zu bestimmende Konstante. Man erhält

$$K_m = 10^{-7} \frac{\mathrm{mkg}}{(\mathrm{A\ s})^2} \tag{3.36}$$

Es ist üblich, K_m durch die magnetische Feldkonstante μ_0 zu ersetzen:

$$K_m = \frac{\mu_0}{4\pi} \qquad \left(\text{vgl. } K_e = \frac{1}{4\pi\varepsilon_0}\right)$$

E ist

$$\mu_0 = 4\pi \cdot 10^{-7} \frac{\mathrm{mkg}}{(\mathrm{A\ s})^2} = 1.3566 \cdot 10^{-6} \frac{\mathrm{m\ kg}}{(\mathrm{A\ s})^2} \tag{3.37}$$

Damit erhält das Biot-Savartsche Gesetz die Form

$$\mathrm{d}\vec{B} = \frac{\mu_0}{4\pi} \frac{I \cdot \mathrm{d}s}{r^2} \vec{u}_t \times \vec{u}_r \tag{3.35a}$$

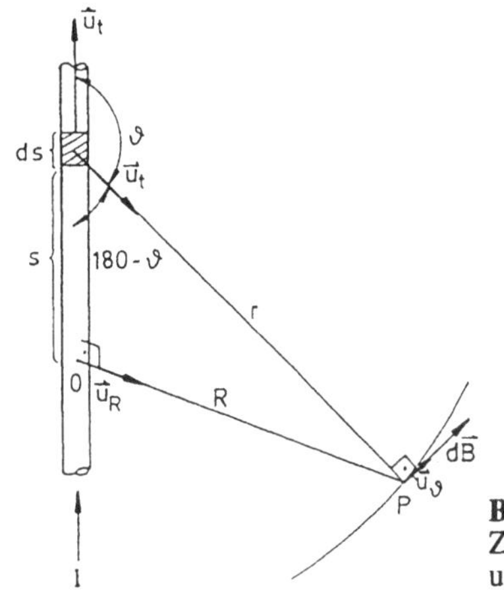

Bild 3.16
Zum Magnetfeld um einen langen geraden
und stromführenden Draht

Anwendungen des Biot-Savartschen Gesetzes

1. Magnetfeld eines ∞ ausgedehnten geradlinigen Leiters.

Es sei O der Fußpunkt des Lotes von P auf den Leiter, der Einheitsvektor in Richtung $O\vec{P}$ werde mit $\vec{u}_R$ bezeichnet. Dann gilt

$$
\begin{aligned}
\vec{u}_\vartheta &= \vec{u}_t \times \vec{u}_R, \\
\vec{u}_t \times \vec{u}_r &= \sin\vartheta\,\vec{u}_\vartheta, \\
\sin\vartheta &= \sin(180 - \vartheta) = \frac{R}{r}, \\
r &= \sqrt{R^2 + s^2}
\end{aligned}
$$

also nach Gl. (3.35a)

$$
d\vec{B} = \frac{\mu_0}{4\pi} I R \vec{u}_\vartheta \frac{ds}{(R^2 + s^2)^{3/2}}
$$

Insgesamt erhält man in P die magnetische Induktion

$$
\vec{B} = \int\limits_{s=-\infty}^{s=+\infty} d\vec{B} = \frac{\mu_0}{4\pi} I R \vec{u}_\vartheta \int\limits_{-\infty}^{+\infty} \frac{ds}{(R^2 + s^2)^{3/2}}
$$

Es gilt

$$\int\limits_{-\infty}^{+\infty} \frac{\mathrm{d}s}{(R^2 + s^2)^{3/2}} = \frac{1}{R^2}\frac{s}{(R^2 + s^2)^{1/2}}\bigg|_{-\infty}^{+\infty} = \frac{2}{R^2}$$

Damit erhalten wir für die im Abstand R von einem geradlinigen Leiter erzeugte Induktion

$$\boxed{\vec{B} = \frac{\mu_0}{2\pi}\frac{I}{R}\vec{u}_\vartheta} \tag{3.38}$$

Man rechnet leicht nach, daß man durch entsprechende Integration von Gl. (2.7) für die durch einen ∞ ausgedehnten geradlinigen Stab homogener Ladungsverteilung $\mathrm{d}q/\mathrm{d}s = \lambda$ erzeugte elektrische Feldstärke erhält:

$$\vec{E} = \frac{1}{2\pi\varepsilon_0}\frac{\lambda}{R}\vec{u}_R$$

Die durch Gl. (3.38) beschriebene Induktion ist also rotationssymmetrisch ($\vec{u}_\vartheta$ = Richtung der Tangenten zum Kreis mit Radius R) um den Leiter (vgl. Demonstration Bild 3.14).

2. Magnetfeld einer kreisförmigen geschlossenen Stromschleife.

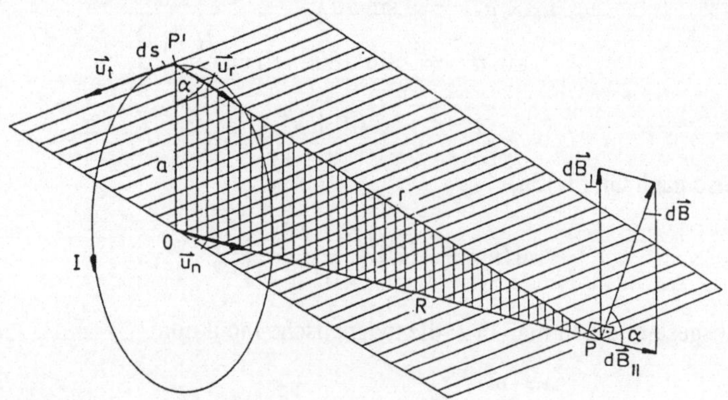

Bild 3.17 Zum Magnetfeld einer Leiterschleife

Der Kreisradius sei a, der Mittelpunkt O. Wir berechnen die magnetische Induktion längs der durch die Normale zur Kreisebene ($\vec{u}_n$) und den Kreismittelpunkt bestimmten Achse. P sei ein beliebiger Punkt auf dieser Achse. Wir zerlegen $\mathrm{d}\vec{B}$ in eine Komponente parallel zu $\vec{u}_n$ und eine solche senkrecht zu $\vec{u}_n$ (parallel zum Radiusvektor $\mathrm{O}\vec{P}$):

$$\mathrm{d}\vec{B} = \mathrm{d}\vec{B}_\| + \mathrm{d}\vec{B}_\perp$$

Für den Betrag von $\mathrm{d}\vec{B}$ gilt nach Gl. (3.35a) wegen $\vec{u}_t \perp \vec{u}_r$

$$\mathrm{d}B = \frac{\mu_0}{4\pi}\frac{I \cdot \mathrm{d}s}{r^2} = \mathrm{const}$$

für alle P' auf dem Kreis.

Damit ist auch $\mathrm{d}B_\perp = \mathrm{d}B \sin\alpha$ unabhängig von P' auf dem Kreisumfang. Da die Richtung von $\mathrm{d}B_\perp$ parallel zum jeweiligen Radiusvektor $\mathrm{O}\vec{P}'$ ist und sich diese für jeweils diametral gegenüberliegende Punkte P' aufheben, ergibt die Integration von $\mathrm{d}\vec{B}_\perp$ über den gesamten Kreis

$$\oint \mathrm{d}\vec{B}_\perp = 0$$

Für die Komponente parallel zu $\vec{u}_n$ gilt:

$$\begin{aligned}
\mathrm{d}B_\| &= \mathrm{d}B \cdot \cos\alpha \\
&= \frac{\mu_0}{4\pi}\frac{I \cdot \mathrm{d}s}{r^2}\cos\alpha
\end{aligned}$$

Es ist $\cos\alpha = a/r$ und $r = \sqrt{R^2 + a^2}$ konstant für alle Punkte P' auf dem Kreisumfang. Daher wird

$$\begin{aligned}
\vec{B} &= \oint \mathrm{d}\vec{B} = \oint \mathrm{d}\vec{B}_\| \\
&= \frac{\mu_0}{4\pi}\frac{Ia}{(R^2 + a^2)^{3/2}}\oint \mathrm{d}s\,\vec{u}_n
\end{aligned}$$

Das verbleibende Integral liefert den Kreisumfang $2\pi a$. Für die Punkte P auf der Achse gilt also:

$$\boxed{\vec{B} = \frac{\mu_0}{4\pi}\frac{2\pi a^2 I}{(R^2 + a^2)^{3/2}}\vec{u}_n = \frac{\mu_0}{4\pi}\frac{2\vec{m}}{(R^2 + a^2)^{3/2}}} \tag{3.39}$$

Hierin ist $\vec{m}$ das mit Gl. (3.9) eingeführte Dipolmoment. Wir sehen also, daß das magnetische Dipolmoment einer Stromschleife direkt mit dem durch diese Stromschleife erzeugten Magnetfeld (magnetische Induktion) verknüpft ist. Das gesamte Feld eines derartigen Dipols, nicht nur für Punkte auf der Achse, ist in der Demonstration Bild 3.18 dargestellt. Es ist natürlich auch für beliebige Punkte nach dem Biot-Savartschen Gesetz ausrechenbar. Außer ein wenig mehr Mathematik bietet die Rechnung aber physikalisch nichts Neues.

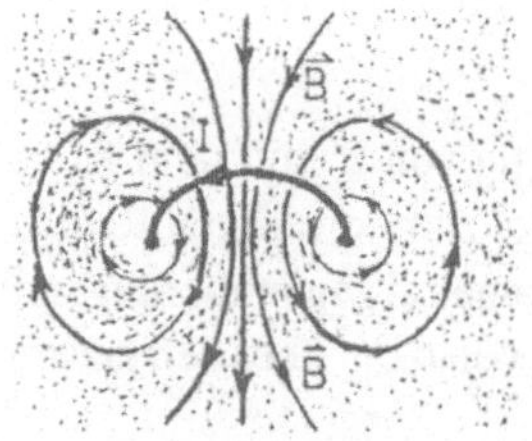

Bild 3.18
Demonstration der Feldlinien der magnetischen Induktion einer stromdurchflossenen Drahtschleife

Analogie zum elektrischen Dipol: Für große Abstände R zum magnetischen Dipol erhält man aus Gl. (3.39) als magnetische Induktion längs der Achse (Näherung $R \gg a$)

$$\vec{B} = \frac{\mu_0}{4\pi} \frac{2\vec{m}}{R^3} \tag{3.39a}$$

Diese Beziehung ist analog der entsprechenden Beziehung für einen elektrischen Dipol. Entlang der Achse ($\vartheta = 0$) erhält man aus Gl. (2.23):

$$\vec{E} = \frac{1}{4\pi\varepsilon_0} \frac{2\vec{p}}{R^3}$$

Es sei aber an dieser Stelle auf einen gravierenden Unterschied zwischen dem elektrischen Feld und dem Magnetfeld hingewiesen (vgl. Bild 2.10b mit Bild 3.18):

Korollar 3.3 *Elektrische Feldlinien haben jeweils einen Anfangs- und einen Endpunkt, nämlich die das Feld erzeugende Ladungen. Magnetische Feldlinien sind geschlossen.*

Dieser Sachverhalt hängt offenbar damit zusammen, daß es keine „magnetischen Ladungen" gibt. Er wird später näher erläutert.

3. Magnetfeld einer langen Spule.

Auch hier soll nur die magnetische Induktion für Punkte auf der Achse berechnet werden. Die Spule habe die Länge L, den Radius a und bestehe aus N Windungen, die äquidistant auf die Länge verteilt sind. Dann gelten die folgenden Zusammenhänge (Bild 3.19):

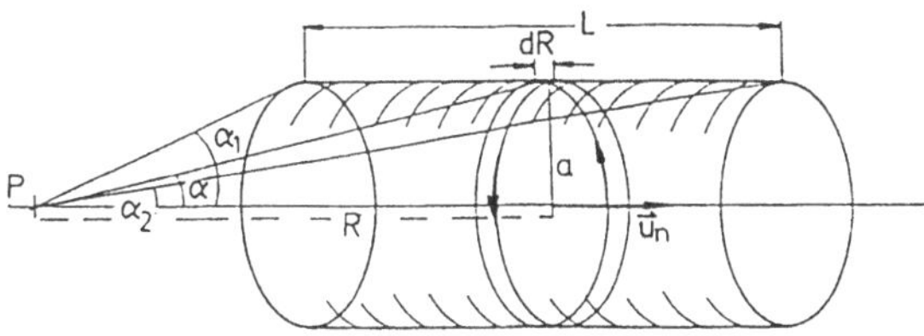

Bild 3.19 Zur Herleitung der längs der Spulenachse erzeugten magnetischen Induktion

Im differentiellen Längenelement dR der Spule sind $(N/L) \cdot dR$ Windungen enthalten, das Längenelement dR hat also das Dipolmoment (Gl. (3.9))

$$d\vec{m} = NI\pi a^2 \frac{dR}{L}\vec{u}_n$$

Nach Gl. (3.39) erhalten wir daraus als Beitrag zur magnetischen Induktion in P

$$d\vec{B} = \frac{\mu_0}{4\pi} 2\frac{N}{L}\pi a^2 I \frac{dR}{(R^2 + a^2)^{3/2}}\vec{u}_n$$

Für $\vec{B}$ selbst folgt also

$$\vec{B} = \frac{\mu_0}{2}\frac{NI}{L}\vec{u}_n a^2 \int\limits_{R_1}^{R_2} \frac{dR}{(R^2 + a^2)^{3/2}}$$

Es gilt

$$\int \frac{dR}{(R^2 + a^2)^{3/2}} = \frac{1}{a^2}\frac{R}{(R^2 + a^2)^{1/2}} = \frac{1}{a^2}\cos\alpha$$

Also ist

$$\vec{B} = \frac{\mu_0}{2}\frac{NI}{L}(\cos\alpha_2 - \cos\alpha_1)\vec{u}_n \qquad (3.40)$$

Im Zentrum der Spule erhält man

$$\cos\alpha_2 = \frac{L/2}{\sqrt{L^2/4 + a^2}} \quad \text{und} \quad \cos\alpha_1 = \frac{-L/2}{\sqrt{L^2/4 + a^2}}$$

und am Ende der Spule

$$\cos\alpha_2 = \frac{L}{\sqrt{L^2 + a^2}} \quad \text{und} \quad \cos\alpha_1 = 0$$

Damit folgt aus (3.40) für die Beträge der magnetischen Induktion in diesen beiden Fällen

$$B_{\text{Zentr.}} = \mu_0\frac{NI}{\sqrt{L^2 + 4a^2}}; \quad B_{\text{Ende}} = \frac{\mu_0}{2}\frac{NI}{\sqrt{L^2 + a^2}} \qquad (3.41)$$

Für eine sehr lange Spule, d.h. für $L \gg a$, wird

$$B_{\text{Zentr.}} = \mu_0\frac{NI}{L}; \quad B_{\text{Ende}} = \frac{\mu_0}{2}\frac{NI}{L} \qquad (3.41a)$$

Die Gln. (3.40) und (3.41) beschreiben nur das Magnetfeld längs der Spulenachse. Auf die Berechnung für beliebige Punkte wird auch hier, wie im Beispiel 2, verzichtet. Eine qualitative Darstellung ist in Bild 3.20 gegeben.

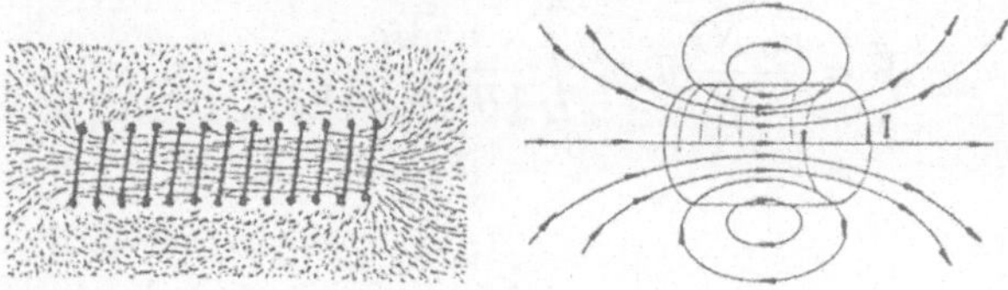

Bild 3.20 Magnetfeld einer Spule

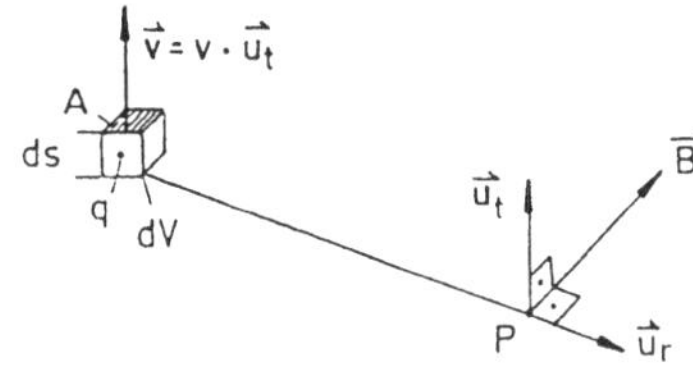

Bild 3.21
Magnetfeld einer bewegten Punktladung

4. Magnetfeld einer bewegten Punktladung (nicht relativistisch).

Nach dem Biot-Savartschen Gesetz gilt (Gl. (3.35a)):

$$\mathrm{d}\vec{B} = \frac{\mu_0}{4\pi} \frac{I \cdot \mathrm{d}s}{r^2} \vec{u}_t \times \vec{u}_r$$

und es ist (Gl. (3.7))

$$I = nqvA$$

Nach Bild 3.21 wählen wir das Volumenelement $A \cdot \mathrm{d}s = \mathrm{d}V$ so groß, daß gerade eine einzige Punktladung q darin enthalten ist, also

$$nA \cdot \mathrm{d}s = 1$$

Das ergibt

$$I \cdot \mathrm{d}s = qv$$

Als Beitrag $\mathrm{d}\vec{B}$ der einzelnen Punktladung q, d.h. als magnetische Gesamtinduktion einer einzelnen Punktladung erhalten wir dann

$$\boxed{\vec{B} = \frac{\mu_0}{4\pi} \frac{q}{r^2} \vec{v} \times \vec{u}_r} \tag{3.42}$$

Gl. (3.42) gilt nur im nichtrelativistischen Fall $v \ll c$. Die elektrische Feldstärke der Punktladung q ist gegeben durch:

$$\vec{E} = \frac{1}{4\pi\varepsilon_0} \frac{q}{r^2} \vec{u}_r \Rightarrow \vec{u}_r = 4\pi\varepsilon_0 \frac{r^2}{q} \vec{E}$$

Einsetzen in Gl. (3.42) liefert die auch relativistisch gültige Beziehung (ohne Beweis) für den Zusammenhang zwischen der elektrischen Feldstärke und der magnetischen Induktion einer bewegten Punktladung. Mit $\varepsilon_0 \mu_0 = 1/c^2$ folgt

$$\boxed{\vec{B} = \varepsilon_0 \mu_0 \vec{v} \times \vec{E} = \frac{1}{c^2} \vec{v} \times \vec{E}}$$

(3.43)

Elektrisches und magnetisches Feld sind also tatsächlich nur zwei voneinander verschiedene Aspekte der physikalischen Eigenschaft 'Elektrische Ladung'.

3.4　Magnetische Wechselwirkung zwischen bewegten Ladungen

In Abschn. 3.3 ist gezeigt worden, daß bewegte Ladungen, z.B. ein in einem Leiter fließender stationärer Strom oder eine bewegte Punktladung ein Magnetfeld erzeugen. Auf ein davon unabhängiges geladenes Teilchen, welches sich mit einer bestimmten Geschwindigkeit in diesem Feld bewegt bzw. auf einen stromdurchflossenen Leiter, wird also nach Gl. (3.1) bzw. Gl. (3.8) eine magnetische Kraft ausgeübt. Bewegte Ladungen üben also magnetische Kräfte aufeinander aus. Im folgenden werden zwei Beispiele behandelt.

Magnetische Kraft zwischen parallelen stromdurchflossenen Leitern
Wir betrachten zwei lange parallele Drähte im Abstand r voneinander, durch die elektrischer Strom gleicher Richtung und Stärke fließt. Das am Ort von Draht (2) vom stromdurchflossenen Draht (1) erzeugte Magnetfeld hat die magnetische Induktion (Gl. (3.38)):

$$\vec{B}_1 = \frac{\mu_0}{2\pi} \frac{I}{r} \vec{u}_\vartheta$$

Für die auf ein endliches Stück des Leiters (2) der Länge ℓ ausgeübte Kraft gilt dann nach Gl. (3.8b)

$$\vec{F}_2 = I\ell \frac{\mu_0}{2\pi} \frac{I}{r} \vec{u}_t \times \vec{u}_\vartheta$$

$$\text{oder} \qquad \vec{F}_2 = -\frac{\mu_0}{2\pi} \frac{I^2 \ell}{r} \vec{u}_r$$

(3.44)

Natürlich gilt für die vom Draht (2) auf Draht (1) ausgeübte Kraft

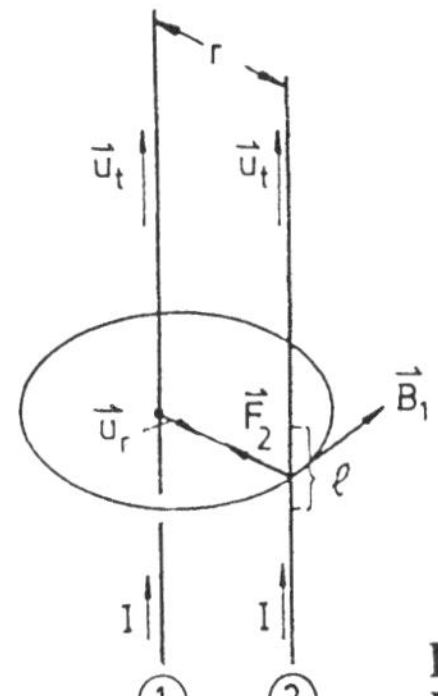

Bild 3.22
Magnetische Kraft zwischen stromdurchflossenen Leitern

$$\vec{F}_1 = -\vec{F}_2$$

Sind die Stromrichtungen, wie im Beispiel angenommen, gleich, so ziehen sich die Drähte an. Bei entgegengesetzt gerichteten Strömen stoßen sie sich ab.

Diese Kraft zwischen sehr langen, parallelen, stromdurchflossenen Drähten wird im SI-System tatsächlich zur Definition der Einheit der elektrischen Stromstärke 1 Ampere benutzt (Prinzip der Stromwaage). Aus Gl. (3.44) erhält man:

$$\frac{F}{\ell} = 2 \cdot 10^{-7}\,\frac{\mathrm{N}}{\mathrm{m}} \quad \text{für } r = 1\,\mathrm{m} \quad \text{und} \quad I = 1\,\mathrm{A}$$

Im SI-System ist also tatsächlich $\mu_0/(4\pi)$ willkürlich festgelegt, während dann $1/(4\pi\varepsilon_0)$ eine experimentell zu bestimmende Größe ist (vgl. Bemerkungen zum Einheitensystem).

Elektromagnetische Wechselwirkung zwischen bewegten Punktladungen Die magnetische Kraft ist im Gegensatz zur Coulombkraft oder Gravitationskraft direkt geschwindigkeitsabhängig. Die durch eine bewegte Ladung am Beobachtungsort erzeugte magnetische Induktion hängt sowohl vom Abstand zwischen Beobachtungsort und bewegter Ladung als auch von der Geschwindigkeit der Ladung relativ zum Beobachtungsort ab. Das magnetische Feld im Beobachtungspunkt ist also zeitabhängig. Bisher sind wir davon ausgegangen, daß die besprochenen Wechselwirkungen (Gravitationswechselwirkung, elektrische und magnetische Wechselwirkung) sich mit sofortiger Wirkung überall im Raum bemerkbar machen. Stellen wir uns etwa vor, daß zum Zeitpunkt $t = 0$ am Ort O eine Masse m erzeugt wird, so war stillschweigend vorausgesetzt worden, daß das durch das Gravitationsgesetz gegebene Gravitationsfeld der Masse m zum selben Zeitpunkt $t = 0$ überall meßbar ist. Diese Vorstellung muß revidiert werden, wie im Beispiel der elektromagnetischen Wechselwirkung im folgenden Gedankenexperiment gezeigt werden soll.

Im als ruhend angenommenen Bezugssystem S betrachten wir zwei Ladungen q_1, q_2, die sich mit verschiedenen Geschwindigkeiten bewegen. Es erzeugt also i.a. jede Ladung am Ort der anderen Ladung ein Magnetfeld. Im Beobachtungszeitpunkt t sei die Geschwindigkeit $\vec{v}_1$ des Teilchens 1 gerade parallel zu $\vec{u}_r$ (Einheitsvektor in Richtung Teilchen 1 → Teilchen 2). Dann gilt für das durch Teilchen 1 am Ort von Teilchen 2 erzeugte Magnetfeld nach Gl. (3.42) $\vec{B}_1 = 0$. Teilchen 1 übt also nur eine Coulombkraft auf Teilchen 2 aus (Richtung $\vec{u}_r$, falls q_1, q_2 positiv). Die Geschwindigkeit $\vec{v}_2$ von Teilchen 2 sei beliebig. Es erzeugt also am Ort von Teilchen 1 i.a. ein Magnetfeld mit $\vec{B}_2 \neq 0$. Teilchen 2 übt also sowohl eine elektrische wie eine magnetische Kraft auf Teilchen 1 aus. Für die aufeinander ausgeübten resultierenden Gesamtkräfte würde sich dann nach Bild 3.23 das mit dem Newtonschen Axiom „actio = reactio" nicht zu vereinbarende Resultat

$$\vec{F}_1 \neq -\vec{F}_2$$

ergeben.

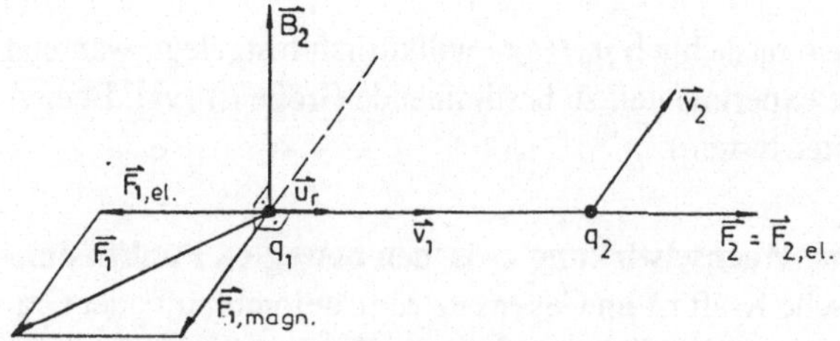

Bild 3.23 Zum im Text erläuterten Gedankenexperiment

Eine unreflektierte Anwendung der bisher erarbeiteten Zusammenhänge führt also für das Massenpunktsystem der beiden betrachteten Teilchen zur Verletzung von Energie- und Impulserhaltung (s. Teil 1). Es ist offensichtlich, daß hier eine wesentliche Eigenschaft der elektromagnetischen Wechselwirkung noch nicht beachtet wurde. Es zeigt sich, daß das 3. Newtonsche

Axiom dann erfüllt ist, wenn wir annehmen, daß sich die elektromagnetische Wechselwirkung mit **endlicher** Fortpflanzungsgeschwindigkeit (= Lichtgeschwindigkeit) im Raum ausbreitet. Daß sich hierdurch Effekte ergeben, die zu einer Modifizierung der in Bild 3.23 beschriebenen Situation führen, sei im Prinzip anhand des Bildes 3.24 gezeigt.

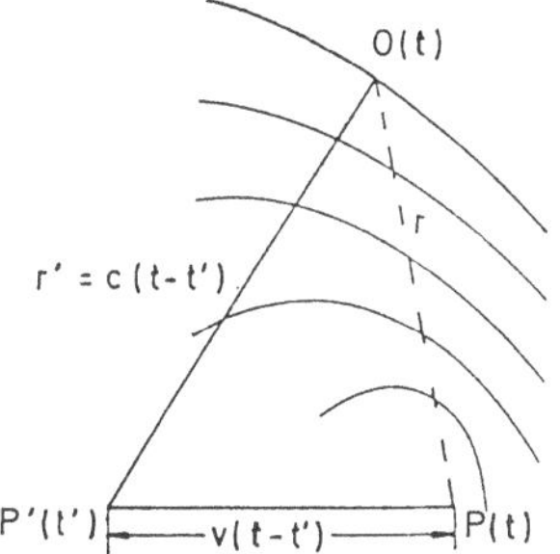

Bild 3.24
Endliche Ausbreitungsgeschwindigkeit des elektromagnetischen Feldes

Ein Teilchen der Ladung q bewegt sich relativ zum als ruhend angenommenen Beobachter O längs der Geraden P'P mit gleichförmiger Geschwindigkeit v. Wir betrachten eine Momentaufnahme zum Zeitpunkt t. Das Teilchen befindet sich geraden im Punkt P. Wegen der endlichen Ausbreitungsgeschwindigkeit des elektromagnetischen Feldes mißt der Beobachter aber zum Zeitpunkt t keineswegs das vom im Punkt P befindlichen Teilchen erzeugte Feld, sondern das zu einem früheren Zeitpunkt t' (Teilchen in P') erzeugte Feld. Man nennt diesen Effekt den **Retardierungseffekt**. Entsprechend muß die dem Bild 3.24 zugrundliegende Berechnung korrigiert werden (hier nicht durchgeführt, muß allgemein relativistisch geschehen). Bei der Erwartung, daß der Impulssatz für die beiden Teilchen des Bildes 3.24 gilt ($\vec{p}_1 + \vec{p}_2 = $ const), müssen also die Impulse zu jeweils individuell retardierten Zeiten t'_1, t'_2 betrachtet werden. Die Gültigkeit der Erhaltungssätze bei Zugrundelegung der Impuls- und Energiewerte zum selben Zeitpunkt kann dadurch erzwungen werden, daß wir dem sich ausbreitenden elektromagnetischen Feld einen bestimmten Linearimpuls, Drehimpuls und Energiebetrag zuordnen (s. elektromagnetische Strahlung).

4 Elektrische Leitung

4.1 Strom als Ladungstransport; Ohmsches Gesetz; elektrische Leitfähigkeit

Zunächst sei rekapituliert und verallgemeinert: Wird im Zeitintervall dt die Ladungsmenge dQ durch die Fläche A eines Körpers (fest, flüssig oder gasförmig) transportiert, so wird der Ausdruck (Gl. (3.5))

$$I = \frac{dQ}{dt} \qquad (4.1)$$

als elektrische Stromstärke bezeichnet. I ist eine skalare Größe. Es sei darauf hingewiesen, daß die Stromstärke I stets nach Gl. (4.1) zu definieren ist, unabhängig von der Form des Körpers (Bild 4.1).

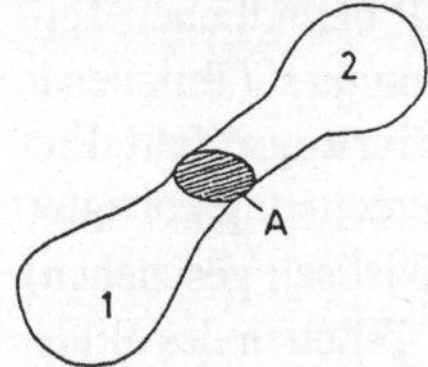

Bild 4.1
Die Fläche A teilt das Gesamtvolumen des Körpers in zwei abgeschlossene Bereiche. $Q(t)$ sei die zur Zeit t im Gebiet 2 vorhandene Ladung. Dann ist der von 1 nach 2 fließende Strom $I = dQ/dt$

An jedem Ort des Körpers ist eine **Stromdichte** zu definieren. Falls es nur eine Sorte von Ladungsträgern gibt, so ist die Stromdichte $\vec{j}$ gegeben durch (Gl. (3.6))

$$\vec{j} = nq\vec{v} \qquad (4.2)$$

Hierin ist $n = dN/dV$ die räumliche Dichte (dN = Anzahl im Volumenelement dV), q die Ladung und $\vec{v}$ die Geschwindigkeit der Ladungsträger. n und $\vec{v}$ können von Ort zu Ort verschieden sein. Falls $\vec{j}$ für alle Punkte von

A die gleiche Größe (Betrag und Richtung) hat und A eine ebene Fläche mit dem Normalenvektor $\vec{u}_n$ (gerichtete Fläche $\vec{A} = A\vec{u}_n$) ist, wird aus Gl. (3.7)

$$I = \vec{j} \cdot \vec{A}$$

Für eine allgemein gekrümmte Fläche O und/oder für eine innerhalb der Fläche ortsabhängige Stromdichte gilt diese Beziehung jedenfalls noch für jedes differentielle Flächenelement $\mathrm{d}\vec{o}$ (Bild 4.2). Für die gesamte Stromstärke folgt also

$$\boxed{I = \int_O \vec{j} \cdot \mathrm{d}\vec{o}}$$ (4.3)

Stationärer Strom Die Stromdichteverteilung $\vec{j}(\vec{r})$, also das Vektorfeld der Stromdichte, heißt „stationär", wenn $\vec{j}$ ausschließlich ortsabhängig, an jedem Ort $\vec{r}$ aber **zeitunabhängig** ist.

Wir betrachten ein beliebiges stromdurchflossenes Gebiet V, in dem überall $\vec{j}$ stationär sein soll. Q sei die gesamte in V vorhandene Ladung. Es muß dann offenbar $I = -\,\mathrm{d}Q/\mathrm{d}t = 0$ sein. Wäre dies nicht der Fall, so würde nicht nur die einmal in V vorhandene Ladung aus V herausfließen, sondern es müßte wegen $\vec{j}$ stationär in V laufend Ladung erzeugt werden. Dies ist aber nach dem Satz von der Ladungserhaltung ausgeschlossen.

Ist also $\vec{j}$ stationär im Volumen V, so gilt für das Integral Gl. (4.3) über die V umschließende Oberfläche (geschlossene Fläche)

$$\boxed{\oint \vec{j} \cdot \mathrm{d}\vec{o} = 0}$$ (4.4)

Nichtstationärer Fall Im allgemeinen nichtstationären Fall ist die Abnahme der Gesamtladung im Innern des von der geschlossenen Integrationsfläche umschlossenen Volumen stets nach Gl. (4.3) mit dem Gesamtstrom aus der Oberfläche heraus verknüpft. Es werde die im allgemeinen Fall ortsabhängige **Ladungsdichte** ϱ eingeführt:

$$\boxed{\varrho = \frac{\mathrm{d}q}{\mathrm{d}V}}$$ (4.5)

wobei $\mathrm{d}q$ die im Volumenelement $\mathrm{d}V$ vorhandene Ladung ist. Dann ergibt sich aus Gl. (4.3) wegen $I = \mathrm{d}Q/\mathrm{d}t$ und $Q = \int_V \varrho \cdot \mathrm{d}V$:

$$\oint_0 \vec{j} \cdot \mathrm{d}\vec{o} = -\frac{\mathrm{d}}{\mathrm{d}t} \int_V \varrho \cdot \mathrm{d}V \qquad (4.6)$$

Gl. (4.6) gilt für jedes beliebige Volumen im betrachteten stromdurchflossenen Medium. Läßt man V in Gl. (4.6) zu einem differentiellen Volumenelement im Punkt P (Ortsvektor $\vec{r}$) zusammenschrumpfen, so erhält man (vgl. Gaußscher Satz in integraler und differentieller Form, Kapitel 5):

$$\operatorname{div} \vec{j} = -\frac{\partial \varrho}{\partial t} \qquad (4.7)$$

Der Operator „div" ist mit $\vec{j} = j_x \vec{u}_x + j_y \vec{u}_y + j_z \vec{u}_z$ definiert durch

$$\operatorname{div} \vec{j} = \frac{\partial j_x}{\partial x} + \frac{\partial j_y}{\partial y} + \frac{\partial j_z}{\partial z}$$

Die partielle Ableitung $\partial \varrho / \partial t$ besagt, daß ϱ im festgehaltenen Punkt P, d.h. bei $\vec{r} = $ const, nach t zu differenzieren ist.

Gl. (4.6) und entsprechend (4.7) sind unmittelbare Folgerungen des Satzes von der Ladungserhaltung. Für die meisten technischen Anwendungen in Schaltkreisen benötigt man nur die sehr viel einfachere Formulierung $I = -\,\mathrm{d}Q/\mathrm{d}t$, etwa bei der Entladung eines Kondensators (s. Kap. 5). Bei sogenannten Wechselströmen verlagert sich die Stromdichte mit wachsender Frequenz zunehmend in die Oberfläche des Leiters. Dieser „Skin-Effekt" wird weiter unten näher beschrieben.

Zusammenhang zwischen Stromdichte $\vec{j}$ und elektrischer Feldstärke $\vec{E}$; Ohmsches Gesetz   Ein elektrischer Strom wird unter normalen Bedingungen –Phänomene der Supraleitung werden hier nicht behandelt – nur unter Wirkung eines elektrischen Feldes aufrechterhalten. Die elektrische Kraft $\vec{F} = q \cdot \vec{E}$ bewirkt eine Bewegung der Ladungsträger in Richtung der Feldstärke. Für die durch die Feldstärke bewirkte „**Driftgeschwindigkeit**"(Näheres s. Abschn. 4.2) schreiben wir daher

$$\boxed{\vec{v} = \mu \vec{E}} \qquad (4.8)$$

Hierin wird μ als sogenannte **Beweglichkeit** der Ladungsträger bezeichnet. Normalerweise ist die Anwendung der Gl. (4.8) nur in solchen Fällen sinnvoll, für die μ nur wenig oder gar nicht von der Feldstärke abhängt. Für viele Materialien, z.B. für die Metalle, ist die Beweglichkeit bei konstanter Temperatur in einem weiten Feldstärkebereich tatsächlich von der elektrischen Feldstärke unabhängig. Es gilt

$$\boxed{\vec{v} = \mu \vec{E} \quad \text{mit} \quad \mu = \text{const} \ \text{bei} \ T = \text{const}} \qquad (4.9)$$

Weiterhin ist ebenfalls in vielen Fällen bei $T = \text{const}$ die Ladungsträgerdichte überall konstant und unabhängig von der Feldstärke. Unter diesen Bedingungen ($\mu, n = \text{const}$ bei $T = \text{const}$) erhält man aus Gl. (4.2) und (4.9) das sogenannte Ohmsche Gesetz:

$$\boxed{\vec{j} = \sigma \vec{E} \quad \text{mit} \quad \sigma = nq\mu = \text{const} \ \text{für} \ T = \text{const}} \qquad (4.10)$$

Die Proportionalitätskonstante σ wird als **spezifische Leitfähigkeit**, ihr Kehrwert ϱ als **spezifischer Widerstand** (Buchstabenbezeichnung leider identisch mit der Ladungsdichte) bezeichnet:

$$\boxed{\varrho = \frac{1}{\sigma}} \qquad (4.11)$$

Beweglichkeit μ und spezifische Leitfähigkeit σ sind reine Materialkonstanten (Temperaturabhängigkeit, s. Abschn. 4.2), können aber in einem kristallinen Medium noch von der Orientierung der Ladungsträgergeschwindigkeit zu den Kristallachsen abhängen (Anisotropie)

Im allgemeinen werden in einem ausgedehnten Körper statt der mikroskopischen Größen Stromdichte $\vec{j}$ und Feldstärke $\vec{E}$ die makroskopischen Größen Stromstärke I und Potentialdifferenz U zwischen zwei Äquipotentialflächen a,b (Bild 4.2) verwendet. Aus $\vec{E} = -\,\text{grad}\,\varphi$ folgt

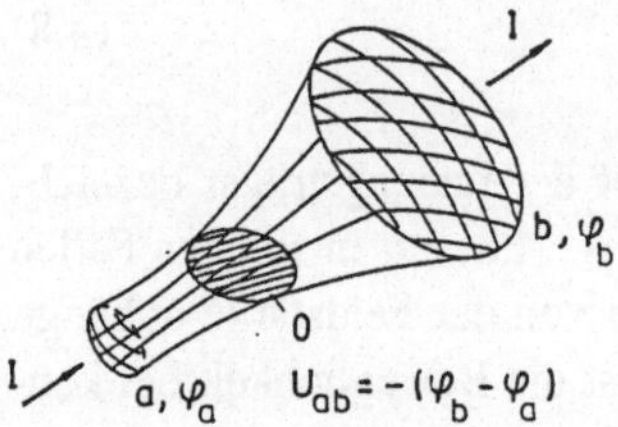

Bild 4.2
Zur allgemeinen Definition des elektrischen Widerstands eines beliebig geformten Körpers

$$U_{ab} = - \int\limits_a^b \vec{E} \cdot \mathrm{d}\vec{s}$$

Für die Stromstärke I gilt nach Gl. (4.3)

$$I = \int\limits_O \vec{j} \cdot \mathrm{d}\vec{o}$$

O ist dabei irgendeine Querschnittsfläche des Körpers zwischen den beiden Äquipotentialflächen. Als elektrischen Widerstand R des Körpers definieren wir

$$R = \frac{U_{ab}}{I} = \frac{- \int\limits_a^b \vec{E} \cdot \mathrm{d}\vec{s}}{\int\limits_O \vec{j} \cdot \mathrm{d}\vec{o}} \tag{4.12}$$

In einem zylindrischen homogenen Körper (homogen heißt ϱ überall konstant) mit dem Querschnitt A und der Länge L, dessen Stirnflächen Äquipotentialflächen sind, läßt sich Gl. (4.12) leicht auswerten (Bild 4.3).

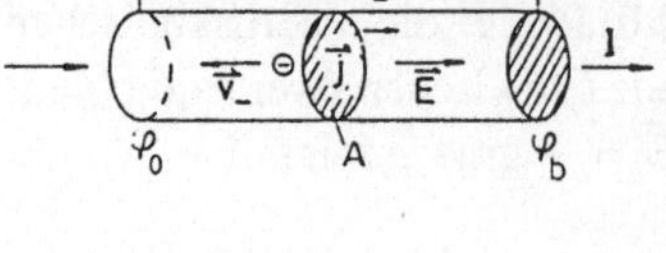

Bild 4.3
Widerstand eines zylindrischen Körpers. Im Beispiel sind Elektronen die Ladungsträger. Es ist $\vec{v}$ entgegengesetzt zu $\vec{E}$, $\vec{j}$ parallel zu $\vec{E}$.

Es ist

$$
\begin{aligned}
U_{ab} &= \varphi_a - \varphi_b \\
I &= \vec{j} \cdot \vec{A} = \frac{1}{\varrho} A E \\
E &= -\frac{\varphi_b - \varphi_a}{L} = \frac{U_{ab}}{L}
\end{aligned}
$$

Damit erhalten wir für den Widerstand des zylindrischen Stabes:

$$
\boxed{R = \varrho \frac{L}{A}}
\tag{4.13}
$$

Als Einheiten für Widerstand, spezifischen Widerstand und spezifische Leitfähigkeit benutzen wir nach Gln. (4.12), (4.13), (4.11).

$$
\boxed{[R] = \frac{[U]}{[I]} = \frac{\mathrm{V}}{\mathrm{A}} = \Omega \qquad (\text{Ohm})}
\tag{4.14}
$$

$$
\boxed{
\begin{aligned}
[\varrho] &= \Omega \mathrm{m} \\
[\sigma] &= \Omega^{-1}\mathrm{m}^{-1}
\end{aligned}}
\tag{4.15}
$$

Für die Einheit der Beweglichkeit ergibt sich nach Gl. (4.9)

$$
\boxed{[\mu] = \frac{[v]}{[E]} = \frac{\mathrm{m}^2}{\mathrm{V}\,\mathrm{s}}}
\tag{4.16}
$$

Joulesche Wärme Im Ohmschen Fall bewegen sich die Ladungsträger mit nur von der Feldstärke abhängiger Geschwindigkeit $\vec{v} = \mu \vec{E}$. Eine Beschleunigung durch die elektrische Kraft $\vec{F} = q\vec{E}$ tritt nicht auf. Die durch $\vec{F}$ geleistete Arbeit wird durch Stöße an die Atome des Mediums abgegeben (irreversibler Prozeß, Joulesche Wärme). Für die längs $d\vec{s} = \vec{v}\cdot dt$ durch $\vec{F} = q\vec{E}$ von jedem Ladungsträger geleistete Arbeit berechnet man $dW = \vec{F}\cdot d\vec{s} = q\vec{v}\vec{E}\cdot dt$, also die Leistung $P = dW/dt = q\vec{v}\vec{E}$. Im Volumenelement dV sind $n\cdot dV$ Ladungsträger enthalten. Wir erhalten also als Leistungsdichte des elektrischen Stroms

$$\frac{\mathrm{d}P}{\mathrm{d}V} = \vec{j} \cdot \vec{E} = \sigma E^2$$

$$(4.17)$$

Im homogenen Leiter mit dem Gesamtwiderstand R erhält man (Ableitung für zylindrischen Körper, Bild 4.3): $E = U/L$; $j = I/A$; $V = AL$:

$$P = \frac{\mathrm{d}P}{\mathrm{d}V}V = \frac{I}{A}\frac{U}{L}AL = UI$$

also für die elektrische Leistung P

$$P = UI$$

$$(4.18)$$

Unabhängig von der speziellen Ableitung gilt Gl. (4.18) ganz allgemein. Bei ohmscher Leitung ist $U = IR$ oder $I = U/R$. Gl. (4.18) läßt sich dann schreiben

$$P = UI = I^2 R = \frac{U^2}{R}$$

$$(4.19)$$

Für die Einheit der elektrischen Stromleistung gilt

$$[P] = [U][I] = \mathrm{V\,A} = \mathrm{W} \quad [\mathrm{Watt}]$$

$$(4.20)$$

Für die Einheit der durch den Strom geleisteten Arbeit W (elektrische Energie) erhält man (vgl. Gl. (2.20))

$$[W] = \mathrm{V\,A\,s} = \mathrm{W\,s} = \mathrm{J} = \mathrm{N\,m}$$

$$(4.21)$$

4.2 Mechanismus der elektrischen Leitung

In Abschn. 4.1 war der Zusammenhang zwischen den mikroskopischen Beschreibungsgrößen und makroskopischen Meßgrößen der elektrischen Leitung dargestellt worden. Ferner war das für sehr viele Fälle der elektrischen Leitung zutreffende Ohmsche Gesetz angegeben worden. Es ist ein empirisches Gesetz. Wir wollen jetzt den der elektrischen Leitung zugrundeliegenden Mechanismus näher beschreiben und insbesondere anhand von Modellvorstellungen das Zustandekommen des Ohmschen Gesetzes erläutern.

Zunächst sei auf die grundsätzlichen Unterschiede der spezifischen Leitfähigkeit in verschiedenen Substanzen hingewiesen. Ohmsches Verhalten werde vorausgesetzt.

Metalle und Metall-Legierungen: $\sigma \simeq 10^6$ bis $10^8 \,\Omega^{-1} \, \mathrm{m}^{-1}$

Halbleiter: $\sigma \simeq 10^4$ (Kohlenstoff) bis 10^{-5} (Silizium) $\Omega^{-1} \, \mathrm{m}^{-1}$

Isolatoren: $\sigma \simeq 10^{-10}$ (Glas) bis 10^{-18} (Quarz) $\Omega^{-1} \, \mathrm{m}^{-1}$

Elektrolyte: $\sigma \leq 10^2 \,\Omega^{-1} \, \mathrm{m}^{-1}$

In Metallen und Metall-Legierungen nimmt die Leitfähigkeit mit zunehmender Temperatur i.a. ab. In einigen ausgesuchten Legierungen ist sie temperaturunabhängig). In Halbleitern, Isolatoren und Elektrolyten wächst die Leitfähigkeit mit zunehmender Temperatur an.

Modellvorstellungen zum Ohmschen Gesetz Wir betrachten ein z.B. gasförmiges Medium, in dem sich neutrale Atome oder Moleküle sowie positive Ladungsträger (positive Ionen) und negative Ladungsträger (negative Ionen oder Elektronen) befinden. Positive und negative Ladungsträger sollen überall die gleiche konstante Dichte n haben, so daß im gesamten betrachteten Volumen elektrische Neutralität herrscht. Auf jedes geladene Teilchen wirkt im elektrischen Feld die Kraft $\vec{F} = q\vec{E}$. Diese würde an sich eine Beschleunigung gemäß $\vec{F} = m\vec{a}$ bewirken, nicht aber zu der nach dem Ohmschen Gesetz geforderten Beziehung $\vec{v} \sim \vec{E}$ (also z.B. $\vec{v} = \mathrm{const}$ für $\vec{E} = \mathrm{const}$) führen. Außer der elektrischen Kraft muß also noch eine andere Wechselwirkung vorhanden sein, aufgrund derer die Ladungsträger gebremst werden (vgl. makroskopische Bewegung unter Reibungseinfluß). Diese Wechselwirkung besteht in den Stößen der Ladungsträger untereinander und mit den neutralen Atomen.

$\vec{E} = 0$; **Thermische Bewegung der Ladungsträger**   Die Teilchen bewegen sich in allen möglichen Richtungen mit Geschwindigkeiten, deren Verteilung von der Temperatur bestimmt ist. Die mittlere sogenannte thermische Geschwindigkeit v_{th} ist durch

$$\frac{m}{2} v_{th}^2 \simeq kT$$

mit der absoluten Temperatur T verknüpft (kinetische Gastheorie, $k =$ Boltzmann-Konstante). Wir betrachten ein einzelnes Teilchen. Zwischen aufeinander folgenden Stößen bewegt es sich jeweils geradlinig mit konstanter Geschwindigkeit (Bild 4.4).

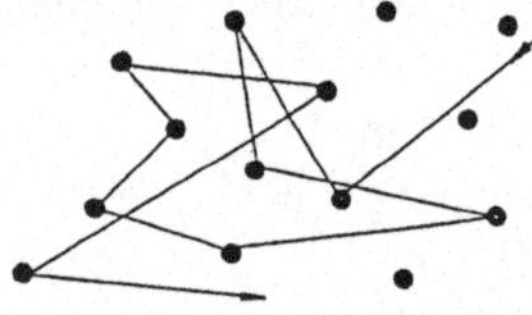

Bild 4.4
Thermische Bewegung eines Teilchens im gasförmigen Medium

Zu einer willkürlich herausgegriffenen Zeit $t = 0$ habe das Teilchen die Geschwindigkeit $\vec{v}_0$. Nach einer mehr oder weniger großen Anzahl von Stößen, die abhängig vom mittleren Impulsübertrag $\Delta \vec{p}$ pro Stoß ist, wobei dieser wiederum von der Art der Wechselwirkung abhängt, ist die Geschwindigkeitsrichtung des Teilchens unabhängig von der Anfangsrichtung. Das heißt, bei Beobachtung einer großen Zahl von Teilchen gleicher Anfangsgeschwindigkeit stellt man nach einer bestimmten Stoßzahl eine Gleichverteilung der Geschwindigkeitsrichtungen fest. Die Geschwindigkeitsbeträge entsprechen wieder der thermischen Verteilung (vgl. Bild 4.5).

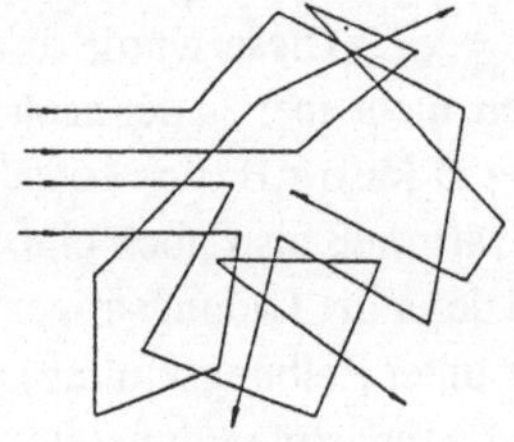

Bild 4.5
Unabhängigkeit der Endgeschwindigkeit von der Anfangsgeschwindigkeit im Beispiel nach 5 Stößen für 4 Teilchen gleicher Anfangsgeschwindigkeit (im Beispiel Δp pro Stoß groß)

Die im Mittel für die Erzielung einer Gleichverteilung der Geschwindigkeitsrichtungen benötigte Zahl der Stöße entspricht einer hierfür benötigten mittleren Zeit τ. Nach dieser Zeit ist die Geschwindigkeit eines Teilchens nicht mehr mit seiner Anfangsgeschwindigkeit „korreliert". τ ist die sogenannte Relaxationszeit der Ladungsträgerbewegung; eine genaue Definition dieser Größe unterbleibt hier.

$\vec{E}$ = const (homogenes Feld); thermische Bewegung und überlagerte Drift der Ladungsträger im Feld Zur Erzielung einer möglichst einfachen Darstellung betrachten wir den Spezialfall, daß die Gleichverteilung der Geschwindigkeitsrichtungen im Mittel bereits nach einem Stoß erreicht wird. Das ist keine notwendige Bedingung. Die folgende Betrachtung gilt auch allgemein. Dann ist die Relaxationszeit gleich der mittleren Zeit zwischen zwei Stößen. Zur Zeit $t = 0$ habe ein herausgegriffenes Teilchen den Impuls $m\vec{v}_0$. Nach der Zeit t ist die Impulsänderung wegen $\vec{F} = q\vec{E}$ und $\vec{E}$ = const

$$\int\limits_0^t \vec{F} \cdot \mathrm{d}t = q\vec{E}t$$

der Gesamtimpuls also

$$m\vec{v}_0 + q\vec{E}t$$

Wir wollen nun die grundlegende Annahme machen, daß die in Frage kommenden Zeitintervalle zwischen zwei aufeinander folgenden Stößen so klein sind, daß stets gilt

$$qEt \ll mv_{th}$$

Der Impulszuwachs zwischen zwei Stößen ändert also die Geschwindigkeitsverteilung praktisch nicht. Der mittlere Geschwindigkeitsbetrag ist nach wie vor v_{th}. Entsprechend bleibt die Relaxationszeit gegenüber dem Fall $E = 0$ ungeändert. Zwischen den Stößen erhält das geladene Teilchen also einen Vorzugsimpuls in Richtung der Feldstärke. Bei jedem Stoß wird aber wieder eine Gleichverteilung hergestellt.

Wir betrachten nun insgesamt N Teilchen zum Zeitpunkt t. Jedes der N Teilchen (Index i) hat seinen letzten Zusammenstoß i.a. zu einer unterschiedlichen Zeit $(t - t_i)$ erlebt. Infolge dieses Zusammenstoßes habe es eine der thermischen Geschwindigkeitsverteilung entsprechende Geschwindigkeit $\vec{v}_{th,i}$ erhalten. Dann ist der mittlere Impuls eines Teilchens ($1/N$ Gesamtimpuls aller N Teilchen) zur Zeit t gegeben durch

$$\overline{m\vec{v}} = \frac{1}{N} \sum_{i=1}^{N} (m\vec{v}_{th,i} + q\vec{E}t_i)$$

Bei einer genügend großen Anzahl N der Teilchen ist nach den vorher gemachten Ausführungen

$$\sum_{i=1}^{N} m\vec{v}_{th,i} = 0 \quad \text{und} \quad \frac{1}{N} \sum_{i=1}^{N} t_i = \tau$$

Der Mittelwert $\overline{\vec{v}}$ ist gleich der Driftgeschwindigkeit der Ladungsträger im Feld und wird i.f. wieder der Einfachheit halber mit $\vec{v}$ bezeichnet. Wir erhalten also für den mittleren Impuls

$$m\vec{v} = q\tau\vec{E}$$

d.h.

$$\boxed{\vec{v} = \frac{q}{m}\tau\vec{E}} \tag{4.22}$$

Bei Vorhandensein von zwei Ladungsträgersorten gleicher, überall konstanter Konzentration n und entgegengesetzt gleicher Ladung q, aber verschiedener Masse (m_+, m_-) und Relaxationszeit (τ_+, τ_-) erhalten wir aus $(4.2)^2$

$$\begin{aligned}
\vec{j} &= n_+ q_+ \vec{v}_+ + n_- q_- \vec{v}_- \\
&= nq^2 \left(\frac{\tau_+}{m_+} + \frac{\tau_-}{m_-} \right) \vec{E}
\end{aligned} \tag{4.23}$$

Obwohl das Ohmsche Gesetz (Gl. (4.22)) allein mit Vorstellungen der klassischen Physik abgeleitet wurde und manche Phänomene der elektrischen Leitung nur quantenmechanisch zu verstehen sind, können grundlegende Aspekte aus der hier gegebenen Ableitung erläutert werden.

Das Ohmsche Gesetz der elektrischen Leitung gilt demzufolge in einem elektrisch neutralen Medium immer dann, wenn eine überall gleiche konstante Ladungsträgerkonzentration vorliegt und wenn die thermische Geschwindigkeitsverteilung der Ladungsträger durch das elektrische Feld nicht gestört wird (Driftgeschwindigkeit $v \ll$ thermische Geschwindigkeit v_{th}).

---

[2] Falls $|q_+| \neq |q_-|$ ist auch $n_+ \neq n_-$. Die Neutralitätsbedingung würde dann lauten $n_+ q_+ + n_- q_- = 0$, sonst wie oben.

Das Ohmsche Gesetz ist insbesondere also nicht auf die metallische Leitung beschränkt, wenngleich es dort seine größte Anwendung findet. Unter bestimmten Bedingungen gilt es etwa genauso für die elektrische Leitung in Halbleitern wie in Elektrolyten.

Anhand der oben gegebenen Ableitung läßt sich aber bereits auch erkennen, wann das Ohmsche Gesetz verletzt wird. Wir betrachten beispielsweise wiederum ein Gas. Die mittlere freie Weglänge (mittlere Wegstrecke zwischen zwei Stößen) ist nur von der Dichte ϱ abhängig: $\lambda \sim 1/\varrho$. Bei konstanter Temperatur ist daher auch $\tau \sim \lambda/v_{th} \sim 1/\varrho$. Mit abnehmender Dichte wird also τ größer, so daß schließlich die Bedingung $qE\tau \ll mv_{th}$ nicht mehr erfüllt ist. Im Extremfall können die Ladungsträger zwischen zwei Stößen so viel kinetische Energie gewinnen, daß neutrale Atome durch Stöße ionisiert werden, was zu einer sogenannten Gasentladung führen kann.

Metallische Leitung In Metallen sind die Valenzelektronen nicht mehr an individuelle Atome gebunden, sondern im Kristallgitter der ortsfesten positiven Ionen frei beweglich. Es handelt sich also um eine reine Elektronenleitung. Die Elektronen wechselwirken vor allem mit dem Gitter. Die Stöße untereinander haben dagegen nur einen geringen Effekt. Die Geschwindigkeitsverteilung der Elektronen ist exakt nur quantenmechanisch zu berechnen. Die klassische kinetische Gastheorie liefert $(m_e/2)v_e^2 = (3/2)kT$. Demgemäß erhält man bei normaler Raumtemperatur als mittlere thermische Geschwindigkeit

$$v_{th} \approx 10^5 \frac{\text{m}}{\text{s}}$$

Die Driftgeschwindigkeit der Elektronen im Feld ist dagegen um viele Größenordnungen geringer. Wir schätzen im Beispiel Kupfer (1 Valenzelektron pro Atom, Atomgewicht: 63.6, Dichte 8.9 g/cm^3, spezifische Leitfähigkeit: $6 \cdot 10^7 \Omega^{-1}\,\text{m}^{-1}$) ab

$$1\text{Mol} \;\widehat{=}\; 63.6\,\text{g} \;\widehat{=}\; 6.02 \cdot 10^{23}\,\text{At.} = 6.02 \cdot 10^{23}\,\text{freie Elektronen}$$

Das ergibt

$$n_e \;\approx\; 8 \cdot 10^{28}\,\text{m}^{-3} \quad \text{und nach Gl. (4.10)}$$

$$\mu_e \;=\; \frac{\sigma}{n_e e} \approx 5 \cdot 10^{-3} \frac{\text{m}^2}{\text{V s}}$$

Die erreichbare Stromdichte in einem Kupferdraht ist etwa 10 A/mm^2 = 10^7 A/m^2. Wegen $j = \sigma E$ benötigt man hierzu eine Feldstärke von $E = j/\sigma \approx 0.2$ V/m. Die Driftgeschwindigkeit der Elektronen im Feld ist dann also wegen $v = \mu E$

$$v_d \approx 10^{-3}\frac{\mathrm{m}}{\mathrm{s}} = 1\frac{\mathrm{mm}}{\mathrm{s}}$$

also um acht Zehnerpotenzen kleiner als die mittlere thermische Geschwindigkeit. Unter diesen Umständen ist klar, daß für die metallische Leitung das Ohmsche Gesetz gilt. Für die Relaxationszeit erhält man wegen $\tau = (m_e/e)\mu$ im Beispiel aus $\mu = 5 \cdot 10^{-3}$ m^2/V s mit $e/m = 1.78 \cdot 10^{11}$ A s/kg

$$\tau \simeq 3 \cdot 10^{-14}\mathrm{s}$$

Innerhalb dieser Zeit legen die Elektronen eine mittlere freie Weglänge von $\lambda = v_{th}\tau \simeq 30 \cdot 10^{-10}$ m zurück. Der mittlere Abstand zwischen zwei benachbarten Atomen ist aber nur von der Größenordnung $3 \cdot 10^{-10}$ m. Trotz der kompakten Lagerung der Atome im festen Körper finden Wechselwirkungen zwischen Elektronen und Atomen also offensichtlich selten statt. Das Gitter ist transparent. Tatsächlich ist eine widerspruchsfreie Deutung der metallischen Leitung nur quantenmechanisch möglich. Dabei ergibt sich, daß die wesentlichen Gründe für die Behinderung der Elektronenbewegung im Feld durch die thermisch ungeordnete Zitterbewegung der Metallionen um ihre Ruhelage, durch Fremdatome im Kristallverband sowie durch das Vorhandensein von Kristallfehlern gegeben sind.

Temperaturabhängigkeit Die Elektronendichte ist in Metallen temperaturunabhängig. Da die ungeordnete Wärmebewegung der Metallionen mit steigender Temperatur zunimmt, nimmt entsprechend die Beweglichkeit der Elektronen und daher auch die spezifische Leitfähigkeit ab. In der Nähe des absoluten Nullpunktes gibt es Anomalien. In einigen Metallen steigt die spezifische Leitfähigkeit mit abnehmender Temperatur bei einer materialabhängigen charakteristischen „Sprungtemperatur" auf $\sigma \to \infty$ an. Die Supraleitung ist ausschließlich quantenmechanisch zu verstehen.

Zusammenhang zwischen elektrischer Leitung und Wärmeleitung Es besteht eine enge Analogie zwischen der elektrischen Leitung (Ladungstransport) und der Wärmeleitung (Transport von Wärmemenge = kinetische

Energie der Wärmebewegung). In einem linearen Leiter (Längenausdeh-
nung x, konstanter Querschnitt A) lassen sich die Gln. (4.1), (4.3) und
(4.10) mit $\vec{E} = E\vec{u}_x$ und $E = -\mathrm{d}\varphi/\mathrm{d}x$ auch zusammenfassen zu

$$\frac{\mathrm{d}Q_{el}}{\mathrm{d}t} = -\sigma A \frac{\mathrm{d}\varphi}{\mathrm{d}x}$$

(4.24)

Hierin ist $\mathrm{d}Q_{el}$ die im Zeitintervall $\mathrm{d}t$ aufgrund des Potentialgefälles $\mathrm{d}\varphi/\mathrm{d}x$
durch den Querschnitt A transportierte Ladungsmenge. Die der Wärmelei-
tung zugrundeliegende Gesetzmäßigkeit lautet:

$$\frac{\mathrm{d}Q_W}{\mathrm{d}t} = -K A \frac{\mathrm{d}T}{\mathrm{d}x}$$

(4.25)

Hierin ist $\mathrm{d}Q_W$ die im Zeitintervall $\mathrm{d}t$ aufgrund des Temperaturgefälles
$\mathrm{d}T/\mathrm{d}x$ durch den Querschnitt A transportierte Wärmemenge.

In Metallen gilt außer der formalen Analogie zwischen Gl. (4.24) und
Gl. (4.25): Sowohl Ladungstransport als auch Wärmetransport (Transport
kinetischer Energie) wird durch die gleichen Teilchen, nämlich die freien
Elektronen bewirkt. Elektrische Leitfähigkeit σ und Wärmeleitfähigkeit K
sind in Metallen einander proportional. Quantitativ gilt das Wiedemann-
Franzsche Gesetz

$$K = aT\sigma$$

(4.26)

Hierin ist T die absolute Temperatur und a eine annähernd materialun-
abhängige Konstante.

Elektrische Leitung in Halbleitern Wir wollen hier nun die sogenannten
elektronischen Halbleiter betrachten, also Materialien, in denen die elektrische Leitung ebenfalls durch freie bewegliche Elektronen hervorgerufen
wird. Die Leitfähigkeit ist jedoch wesentlich geringer als bei metallischen
Leitern, und im Gegensatz zu den Metallen, nimmt die spezifische Leifähigkeit mit zunehmender Temperatur i.a. stark zu.

Eigenleitung Zunächst sei am Beispiel Silizium erläutert, wie es zu frei beweglichen Ladungsträgern im Kristallgitter der Siliziumatome kommt. Silizium ist chemisch vierwertig. Jedes Siliziumatom besitzt also vier äußere, relativ schwach gebundene „Valenzelektronen". Diese sind für die Bindung der Atome im Kristall verantwortlich. Jedes Siliziumatom ist von vier Nachbaratomen umgeben und hat jeweils zwei Valenzelektronen mit einem Nachbarn gemeinsam (Bild 4.6).

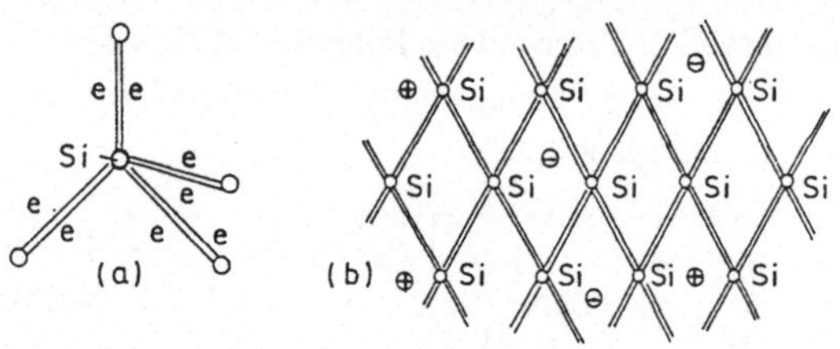

Bild 4.6
a) Räumliche Anordnung der nächsten Nachbarn in einem Silizium-Kristall;
b) Projektion in die Ebene

Solange die Elektronen fest an die jeweiligen Atome gebunden sind, kann ein elektrisches Feld keinen Ladungstransport bewirken. Die Bindung der Valenzelektronen ist jedoch relativ schwach, so daß sie infolge der ungeordneten Wärmebewegung Energien erhalten können, die ihnen eine Loslösung aus ihren ursprünglichen Plätzen ermöglichen. Sie stehen dann im Gitter als bewegliche Ladungsträger zur Verfügung (Ladung –e). Die Lösung eines Valenzelektrons von seinem Platz hinterläßt andererseits eine Lücke, die durch ein benachbartes Valenzelektron gefüllt werden kann, so daß wiederum dort eine Lücke entsteht. Diese Lücken („Defektelektronen" = „Löcher") sind also ebenfalls bewegliche Ladungsträger (Ladung +e) und tragen zum Strom bei. Neben der hier beschriebenen thermischen „Generation" von „Elektron-Loch-Paaren", die allein zu einer ständigen Erhöhung der Ladungsträgerdichte führen würde, gibt es natürlich auch den umgekehrten Vorgang, daß ein frei bewegliches Elektron wieder in eine vorhandene Elektronenlücke eintritt. Dieser Prozeß heißt „Rekombination". Die Reombinationsrate ist umso größer, je mehr Elektronen und Löcher vorhanden sind. Die tatsächliche Ladungsträgerkonzentration stellt sich also schließlich aufgrund eines dynamischen Gleichgewichts (Rekombinationsrate = Generationsrate) ein. Sie nimmt mit der absoluten Temperatur stark zu. Es gilt mit n_e = Elektronenkonzentration und n_h = Konzentration der Löcher (h = hole)

$$n \sim e^{-\dfrac{\Delta W}{2kT}}, \ n = n_e = n_h \qquad (4.27)$$

Tatsächlich enthält die Temperaturabhängigkeit von n außer der angegebenen Exponentialfunktion noch einen vergleichsweise wenig von der Temperatur abhängigen Faktor.

Für die freie Bewegung der Ladungsträger gilt qualitativ etwa dasselbe wie im Fall der metallischen Leitung. Durch Stöße der Ladungsträger wird also auch hier ein vorhandener Vorzugsimpuls in Feldrichtung immer wieder an das Gitter übertragen, und es kommt zur Ausbildung einer mittleren, der Feldstärke proportionalen Driftgeschwindigkeit. Es gilt also auch hier das Ohmsche Gesetz. Allerdings können durchaus Feldstärken auftreten, insbesondere bei niedriger Temperatur, bei denen die Grundvoraussetzung mittlere Driftgeschwindigkeit $\ll$ thermische Geschwindigkeit nicht mehr erfüllt ist. Die Beweglichkeit, die für Elektronen und Löcher unterschiedlich ist, wird aus denselben Gründen wie bei der metallischen Leitung mit zunehmender Temperatur geringer. Diese Temperaturabhängigkeit wird aber durch diejenige der Konzentration (Gl. (4.27)) überdeckt, so daß die spezifische Leifähigkeit (Gl. (4.10))

$$\sigma = ne(\mu_e + \mu_h) \qquad (4.28)$$

mit zunehmender Temperatur steigt.

Störstellenleitung Während die bisher beschriebene Eigenleitung eine Eigenschaft des reinen idealen Kristalles ist, wird im Normalfall die elektrische Leitung durch das Vorhandensein von **Störstellen** (Fremdatome oder Gitterstörungen) entscheidend beeinflußt. So gibt es beispielsweise fünfwertige Fremdatome, die in das Gitter statt eines Siliziumatoms eingebaut werden. Die zur Loslösung des überzähligen Elektrons benötigte „**Aktivierungsenergie**" kann dann, abhängig von der Art des Fremdatoms, so gering sein, daß derartige Fremdatome („**Donatoren**") jeweils ein Elektron an das Gitter abgeben und mit einer ortsfest gebundenen positiven Ladung zurückbleiben. Beispiele für derartige Donatoren sind Phosphor, Arsen, Antimon. Andererseits können dreiwertige Fremdatome ebenfalls in Gitterplätze eingebaut werden. Sie entnehmen das ihnen fehlende Elektron aus dem Gitter und bilden eine ortsfeste negative Ladung („**Akzeptoren**"). Beispiele für Akzeptoren sind Bor, Aluminium. Die jeweiligen

Aktivierungsenergien für die Ionisation des Fremdatoms sind so klein ($\leq$ 0.1 eV), daß bei normalen Temperaturen alle ionisiert sind. Im Gegensatz zur Eigenleitung ist bei Störstellen $n_e \neq n_h$, und es überwiegt die Elektronenleitung, falls die Konzentration der Donatoren größer als die der Akzeptoren ist (n-Leitung, n = negativ). Im entgegengesetzten Fall spricht man von p-Leitung (p = positiv, Löcherleitung). Die Dotierungskonzentration mit Überschuß-Donatoren bzw. -Akzeptoren ist meist so groß, daß die Ladungsträgerkonzentration hierdurch wesentlich bestimmt ist, so daß man im Fall der Störstellenleitung nahezu temperaturunabhängige Ladungsträgerdichten erhält. Die Temperaturabhängigkeit der Beweglichkeiten bleibt natürlich erhalten, so daß auch die spezifische Leitfähigkeit im wesentlichen diese Temperaturabhängigkeit zeigt.

Elektrolytische Leitung   Es sollen speziell wässerige Lösungen von solchen Verbindungen behandelt werden, die eine **Ionenbindung** aufweisen. Das sind insbesondere alle Salze (NaCl: Na^+Cl^-, CuSO: $Cu^{++}SO^{--}$ etc.), Laugen (NaOH: Na^+OH^-, $NH_3^+\,OH^-$) und Säuren (HCl: H^+Cl^-, H_2SO_4: $H_2^{++}SO_4^{--}$). In einer wässerigen Lösung werden diese Bindungen teilweise aufgebrochen. Neben den neutralen Molekülen sind also freie positive und negative Ionen vorhanden. Dieser Vorgang heißt **elektrolytische Dissoziation**. Es ist immer nur ein Teil der gelösten Substanzmenge dissoziiert. Der **Dissoziationsgrad** hängt von der Konzentration der Lösung und von der Temperatur ab. Er nimmt mit zunehmender Konzentration ab und mit steigender Temperatur zu. Die Temperaturabhängigkeit ist qualitativ aufgrund einer bestimmten Dissoziationsenergie, also der zum Aufbrechen der Bindung benötigten Energie, und der Energieverteilung im thermischen Gleichgewicht (vgl. Halbleiter) verständlich.

Auch in einer wässerigen Lösung führen Reibungskräfte zur Ausbildung einer feldunabhängigen Beweglichkeit. Die elektrolytische Leitung gehorcht ebenfalls dem Ohmschen Gesetz. Die Ladung eines Ions ist $q = z \cdot e$ (z = Wertigkeit, e = Elementarladung). Die Ionendichte kann für negative und positive Ionen verschieden sein (Beispiel: $H_2SO_4 \Rightarrow H^+ + H^+ + SO_4^{--}$). Damit wird die spezifische Leitfähigkeit nach Gl. (4.10)

$$\sigma = (n_+ z_+ \mu_+ + n_- z_- \mu_-)e \qquad (4.29)$$

Natürlich gilt die Neutralitätsbedingung $n_+ z_+ = n_- z_-$. Die Ionendichten können aus dem Dissoziationsgrad (Anzahl der dissoziierten Moleküle/Anzahl der nichtdissoziierten) und der Konzentration des Elektrolyten bei bekannten Wertigkeiten bestimmt werden. Da sowohl der Dissoziationsgrad als auch die Ionenbeweglichkeit aufgrund der abnehmenden inneren Reibung mit steigender Temperatur zunehmen, steigt die spezifische Leitfähigkeit mit der Temperatur an. Kompliziert ist die Abhängigkeit von der Konzentration. Bei sehr geringer Konzentration sind praktisch alle Moleküle des gelösten Stoffes dissoziiert (Konzentration c = Masse des gelösten Stoffes/Volumen der Lösung). Es gilt $\sigma \sim c$. Bei höherer Konzentration nimmt der Dissoziationsgrad mit steigender Konzentration ab. Die spezifische Leitfähigkeit steigt nicht mehr proportional zu c. Bei sehr hohen Konzentrationen kann schließlich die Ionendichte so groß werden, daß die elektrischen Kräfte zwischen ihnen die Beweglichkeit herabsetzen. Daher nimmt dann die spezifische Leitfähigkeit mit steigender Konzentration wieder ab.

Elektrolyse, Faradaysche Gesetze Im elektrischen Feld wandern die positiven Ionen (Kationen) zur negativen Elektrode (Kathode) und die negativ geladenen (Anionen) zur positiven Elektrode (Anode) (Bild 4.7). Die Ionen werden an den Elektroden durch Aufnahme oder Abgabe von Elektronen neutralisiert. Dies führt zur Stoffabscheidung (metallisch, gasförmig) der jeweiligen Ionen oder auch zu weiteren chemischen Reaktionen, die im einzelnen nicht erörtert werden sollen.

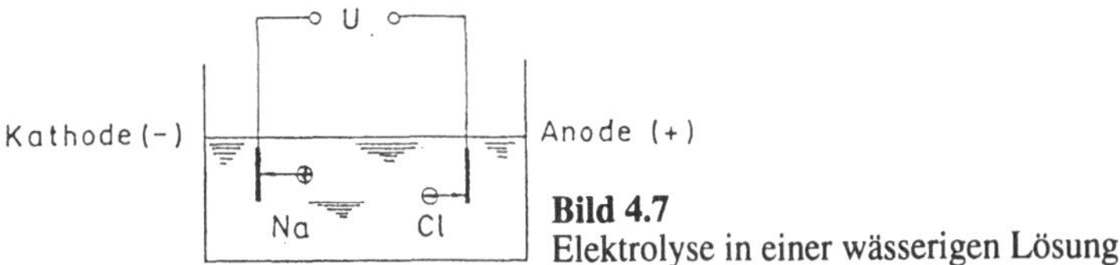

Bild 4.7
Elektrolyse in einer wässerigen Lösung

Aus der atomistischen Deutung der elektrolytischen Leitung folgen die Faradayschen Gesetze unmittelbar. Sie werden i.f. zu einem einzigen zusammengefaßt. Es sei zunächst daran erinnert, daß **1 Mol** die Substanzmenge eines Stoffes einheitlicher Zusammensetzung (nur eine Atom- bzw. Molekülsorte, Atom- bzw. Molekulargewicht A, M) ist, welche die Masse A bzw. M g hat. Es gilt: 1 Mol besteht stets aus der gleichen stoffunabhängigen Anzahl von Atomen bzw. Molekülen. Diese Anzahl heißt Loschmidtsche

Zahl $L = 6.02 \cdot 10^{23}$. Ist m die Masse einer bestimmten Substanz angegeben in g, so ist ihre Menge in Mol gegeben durch m/A bzw. m/M. Ein Ion der Wertigkeit z transportiert die Ladung ze. Ein Mol transportiert also die Ladung Lze. Die durch die Ladung $Q = It$ insgesamt transportierte, d.h. auch an einer Elektrode abgeschiedene Stoffmenge, ist also $= It/Le$ Mol. Wir erhalten also für die abgeschiedene Stoffmenge:

$$\frac{m}{A} \quad \text{bzw.} \quad \frac{m}{M} = \frac{It}{Lze}$$

daher ist

$$m \;=\; \frac{1}{Le}\frac{A \text{ bzw. } M}{z}It \tag{4.30}$$
$$F \;=\; Le$$

$F = Le = 96490$ (A s)/Mol heißt Faradaysche Konstante. Der Quotient A/z heißt auch **Grammäquivalent**. Mit Hilfe der Gl. (4.30) läßt sich eine sehr genaue Bestimmung der Loschmidtschen Zahl durchführen.

Ionenleitung in anderen flüssigen und festen Substanzen　Die hier gemachten Ausführungen über die elektrische Leitung in wässerigen Lösungen von Elektrolyten sind nicht hierauf beschränkt. Elektrolytische Dissoziation gibt es auch in reinen Flüssigkeiten (z.B. $H_2O \Rightarrow H^+HOH^-$, Dissoziationsgrad sehr gering: $\sigma \approx 10^{-3} - 10^{-5}\Omega^{-1}$ m^{-1}). Selbst in hochionisierten Flüssigkeiten gibt es eine äußerst geringe Dissoziation. Die elektrische Leitung wird hier aber häufig durch ionisierende Fremdatome bewirkt. Auch in festen Substanzen gibt es Ionenleitung durch Lösung von Fremdatomen. Die Beweglichkeit und damit die spezifische Leitfähigkeit ist natürlich außerordentlich gering. Gläser können als unterkühlte Flüssigkeiten angesehen werden. Die Leitfähigkeit nimmt aufgrund der geringer werdenden inneren Reibung bei hoher Temperatur stark zu.

4.3　Elektrische Netzwerke

Bislang sind wir bei der Beschreibung der elektrischen Leitung davon ausgegangen, daß eine statische elektrische Feldstärke vorhanden ist, die den Ladungstransport bewirkt. Andererseits ist aber mit dem elektrischen Strom im allgemeinen, vom Extremfall der Supraleitung abgesehen, ein Energie-verlust verbunden (Joulesche Wärme, s. Gl. (4.17)). Dabei wird elektrische Energie in kinetische Energie der ungeordneten Wärmebewegung übertragen. Dies ist ein „irreversibler" Prozeß. Die Wahrscheinlichkeit der Rück-verwandlung in eine geordnete Bewegung mit bestimmter Vorzugsrichtung ist praktisch gleich Null. Durch diesen Energieverlust würde also ein ein-mal vorhandenes elektrisches Feld abgebaut. Zur Aufrechterhaltung eines elektrischen Stromes im statischen elektrischen Feld benötigt man daher eine Energiequelle. Die Zusammenhänge lassen sich folgendermaßen for-mulieren:

Es sei $\vec{E}$ ein im gesamten Medium vorhandenes statisches, elektrisches Feld. Die durch die Feldstärke auf eine Probeladung ausgeübte Kraft ist konservativ. $\vec{E}$ läßt sich durch ein Potential φ beschreiben, und die folgenden beiden Aussagen sind äquivalent:

$$\vec{E} = -\text{grad } \varphi \Leftrightarrow \int_{\vec{r}_1}^{\vec{r}_2} \vec{E} \cdot d\vec{s} = -\left[\varphi(\vec{r}_2) - \varphi(\vec{r}_1)\right] = -U_{1,2} \qquad (4.31)$$

Für das entsprechende Integral über einen geschlossenen Weg ($\vec{r}_1 = \vec{r}_2$; $\varphi(\vec{r}_2) = \varphi(\vec{r}_1)$) folgt trivialerweise (Bild 4.8)

$$\oint \vec{E} \cdot d\vec{s} = 0 \qquad (4.32)$$

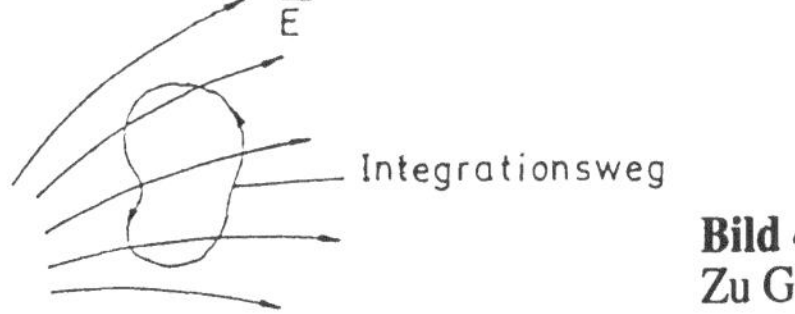

Bild 4.8
Zu Gl. (4.32)

Aus Gl. (4.32) folgt zusammen mit Gl. (4.12): In einem statischen elektri-schen Feld fließt in einem geschlossenen Stromkreis kein Strom. Für $I \neq 0$ muß im Stromkreis noch eine Quelle vorhanden sein, die den Energieverlust durch die Joulesche Wärme ersetzt. Wir definieren in diesem Fall

$$\oint \vec{E} \cdot d\vec{s} = U_{\text{emk}} \qquad\qquad (4.33)$$

U_{emk} ist die durch die sogenannte „Elektromotorische Kraft" bewirkte Potentialdifferenz. Eine „emk" kann beispielsweise durch einen Generator (Dynamo) oder durch ein elektrolytisches Element (Batterie) realisiert werden. Das Wesentliche hierbei ist stets, daß in der emk Ladungen entgegengesetzt zur elektrischen Kraft bewegt werden, d.h. auf ein höheres elektrisches Potential „gehoben" werden. Die hierzu benötigte Energie wird einem anderen Reservoir entnommen. Zum Beispiel wird hierbei mechanische oder chemische Energie verbraucht (Bild 4.9).

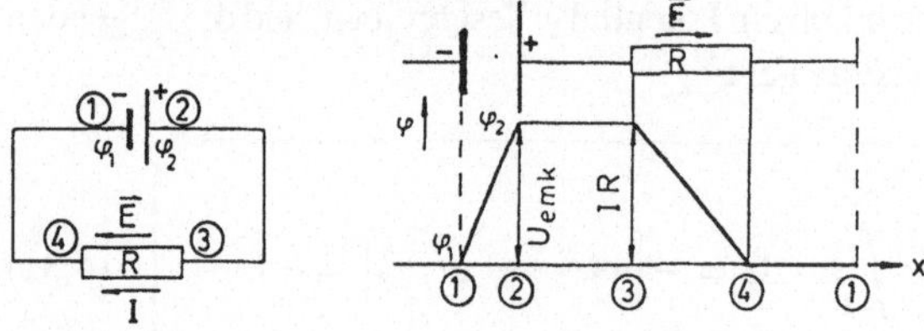

Bild 4.9 Zur Bedeutung einer emk. $U_{\text{emk}} = \varphi_2 - \varphi_1$

Jede emk beinhaltet außer dem Energieumwandlungsprozeß, der die Potentialdifferenz U_{emk} erzeugt, im belasteten Zustand auch bereits einen Energieverbrauch durch Joulesche Wärme, der durch den Stromfluß in der emk selbst bewirkt wird. Im „**Ersatzschaltbild**" dürfen wir also eine emk nicht allein als ideale Spannungsquelle U_{emk} darstellen, sondern müssen einen „Innenwiderstand" hinzufügen. Die etwa an den Elektroden eines galvanischen Elements gemessene „**Klemmenspannung**" ist also bei $I \neq 0$ kleiner als U_{emk} (Bild 4.10).

Potentialdifferenz und elektrischer Strom sind skalare und nicht vektorielle Größen. Die in Bild 4.10 angegebenen Richtungspfeile sollen nur die jeweilige Richtung bezeichnen, in der das Potential durch die emk zunimmt bzw. in der der elektrische Strom fließt. Man beachte dabei, daß sich in metallischen Leitern die Ladungsträger (Elektronen) entgegengesetzt zur Feldrichtung bewegen. Die Stromdichte $\vec{j} \sim qv$ hat aber wegen $q = -e$ eine Richtung parallel zu $\vec{E}$. Die sich im Stromkreis des Bildes 4.10 ergebende Stromstärke kann folgendermaßen errechnet werden (vgl. Bild 4.9):

$$\varphi_a + U_{\text{emk}} - IR_i - IR = \varphi_a$$

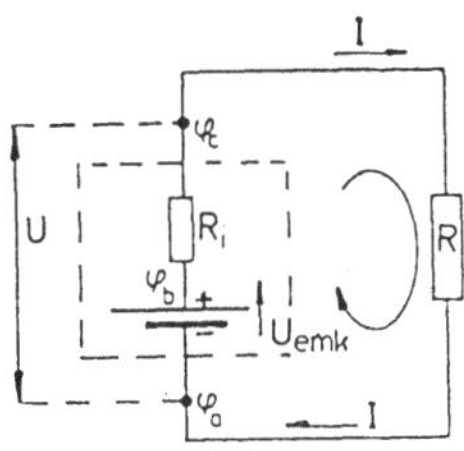

Bild 4.10
Ersatzschaltbild einer emk

U_{emk} : Ideale Spannungsquelle
R_i : Innenwiderstand der emk
U : Klemmenspannung
I : Belastungsstrom
R : Belastungswiderstand

Etwa aus der Anwendung des Energiesatzes folgt: Der geschlossene Stromkreis wird z.B. von $a \rightarrow a$ im Uhrzeigersinn durchlaufen. Dann muß man bei Addition sämtlicher Potentialdifferenzen wieder zum Ausgangspotential zurückgelangen. Es wird also (U = Klemmenspannung):

$$
\begin{aligned}
I &= \frac{U_{\mathrm{emk}}}{R_i + R} \\
U &= U_{\mathrm{emk}} - I R_i = \frac{R}{R_i + R} U_{\mathrm{emk}}
\end{aligned}
\tag{4.34}
$$

Auch Strom- und Spannungsmeßinstrumente gestatten i.a. **keine** verlustfreie Messung, da sie einen Innenwiderstand haben, der bei genauen Messungen entsprechend berücksichtigt werden muß.

Kirchhoffsche Regeln Wir betrachten nur solche Netzwerke, die aus Verbrauchern (Widerständen) und Erzeugern (emks) elektrischer Energie bestehen. Jedes derartige Netzwerk besteht aus einzelnen „**Maschen**", die an „**Knotenpunkten**" miteinander verknüpft sind. Die Kirchhoffschen Regeln ergeben sich direkt aus der Anwendung des Energieerhaltungssatzes für jede Masche und des Satzes von der Ladungserhaltung für jeden Knotenpunkt (vgl. Bild 4.11).

Ladungserhaltung im Knotenpunkt bedeutet, daß dort weder Ladung erzeugt noch vernichtet werden kann. Versieht man die Stromstärken in den einzelnen Zweigen entsprechend ihrer Richtung (zum Knotenpunkt hin oder vom Knotenpunkt weg) mit positiven oder negativen Vorzeichen, so gilt die **Knotenregel**

$$\boxed{\sum_i I_i = 0}$$
(4.35)

Energieerhaltung in einer Masche bedeutet, daß bei Durchlaufen der geschlossenen Masche in oder entgegengesetzt zum Uhrzeigersinn die gesamte Potentialdifferenz $\Delta\varphi = 0$ sein muß. Die Potentialdifferenzen (= Spannungen) sollen dabei mit positiven bzw. negativem Vorzeichen versehen werden, je nachdem, ob sie in oder entgegengesetzt zum Uhrzeigersinn gerichtet sind.

Es gilt dann die **Maschenregel**

$$\boxed{\sum_i U_{emk,i} = \sum_j R_j I_j}$$
(4.36)

Für das konkrete Beispiel von Bild 4.11(b) ist

$$U_{emk,1} - U_{emk,2} - I_1 R_1 + I_2 R_2 + I_3 R_3 + I_4 R_4 = 0$$

Aus den Kirchhoffschen Regeln ergeben sich beispielsweise unmittelbar die bekannten Formeln für die Serien- und Parallelschaltung von Widerständen (s. Bild 4.12).

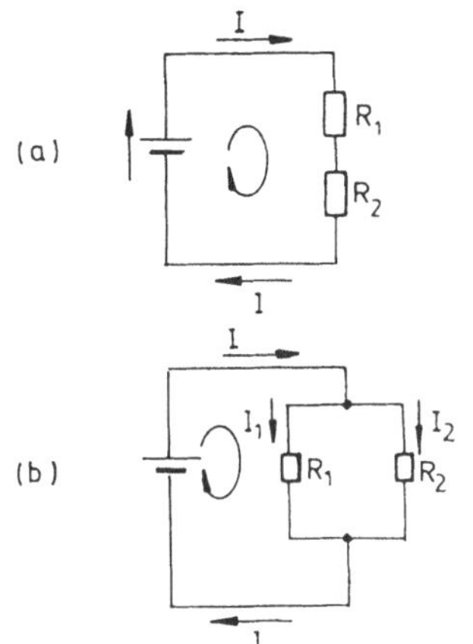

Bild 4.12
Serien- (a) und Parallelschaltung (b) von Widerständen

Serienschaltung: Aus Gl. (4.36) folgt

$$\begin{aligned} U &= R_1 I + R_2 I \\ &= (R_1 + R_2)I \end{aligned}$$

Also ist

$$\frac{U}{I} = R_{\text{ges}}$$

und somit

$$R_{\text{ges}} = R_1 + R_2 \tag{4.37}$$

Parallelschaltung: Aus Gln (4.36) und (4.35) folgt

$$\begin{aligned} U &= R_1 I_1 = R_2 I_2 \\ I &= I_1 + I_2 \end{aligned}$$

Also ist

$$\frac{I}{U} = \frac{1}{R_{\text{ges}}} = \frac{1}{R_1} + \frac{1}{R_2} \tag{4.38}$$

4.4 Ergänzung*: Elektrische und magnetische Felder um einen unendlich langen, geraden und stromdurchflossenen Leiter

4.4.1 Feld einer Linienladung

Betrachtet werde zunächst eine entlang einer Geraden gleichmäßig verteilte positive elektrische Ladung. „Gleichmäßig" soll heißen, daß die **Linienladungsdichte**

$$\lambda = \frac{\Delta q}{\Delta s}$$

überall auf der Geraden konstant ist. $\Delta q = \lambda \cdot \Delta s$ ist dann die Ladung auf einer Strecke der Länge Δs. Die von einer solchen Linienladung erzeugte elektrische Feldstärke ergibt sich z.B. auf folgende Weise:

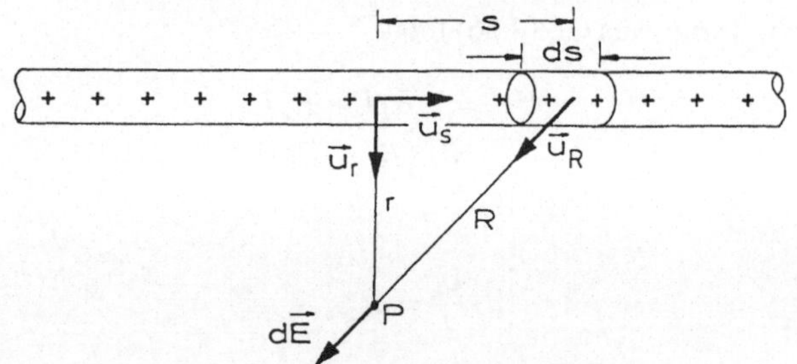

In einem Aufpunkt P mit dem lotrechten Abstand r von der Geraden bewirkt die Ladung $dq = \lambda\, ds$ die elektrische Feldstärke:

$$d\vec{E} = \frac{1}{4\pi\varepsilon_0} \frac{dq}{R^2} \vec{u}_R = \frac{\lambda}{4\pi\varepsilon_0} \frac{ds}{R^2} \vec{u}_R$$

Wegen

$$s\vec{u}_s + R\vec{u}_R = r\vec{u}_r \qquad \text{ist} \qquad \vec{u}_R = \frac{r}{R}\vec{u}_r - \frac{s}{R}\vec{u}_s$$

Also folgt:

$$d\vec{E} = \frac{\lambda}{4\pi\varepsilon_0} \left[\vec{u}_r \frac{r}{R^3} \cdot ds - \vec{u}_s \frac{s}{R^3} \cdot ds \right]$$

oder mit

$$R^2 \;=\; s^2 + r^2 \qquad \text{bzw.} \qquad R^3 = (s^2 + r^2)^{3/2}$$

$$\vec{E} \;=\; \frac{\lambda}{4\pi\varepsilon_0}\left[\vec{u}_r\, r \int\limits_{-\infty}^{\infty} \frac{\mathrm{d}s}{(s^2 + r^2)^{3/2}} - \vec{u}_s \int\limits_{-\infty}^{\infty} \frac{s\cdot\mathrm{d}s}{(s^2 + r^2)^{3/2}}\right]$$

Das zweite Integral verschwindet, da sein Integrand eine zu $s = 0$ antisymmetrische Funktion ist. Für das erste Integral ergibt sich:

$$\int\limits_{-\infty}^{\infty} \frac{\mathrm{d}s}{(s^2 + r^2)^{3/2}} = \left[\frac{1}{r^2}\frac{s}{(s^2 + r^2)^{1/2}}\right]_{-\infty}^{\infty} = \frac{2}{r^2}$$

Damit erhält man für die von der Linienladung erzeugte elektrische Feldstärke:

$$\vec{E} = \frac{1}{2\pi\varepsilon_0}\frac{\lambda}{r}\vec{u}_r \tag{4.39}$$

Ein Magnetfeld gibt es nicht $(\vec{B} = 0)$.

4.4.2 Feld einer Linienladung aus der Sicht eines bewegten Beobachters

Es werde angenommen, daß sich der Aufpunkt P mit der konstanten Geschwindigkeit $\vec{v} = v\vec{u}_s$, also parallel zur Linienladung, bewegt. Für einen Beobachter in P läuft dann ein herausgegriffenes Linienelement der Länge Δs mit der Geschwindigkeit $v' = -v$, und es erscheint verkürzt:

$$(\Delta s)' \leq \Delta s \qquad (\text{„Lorentz-Kontraktion“})$$

Quantitativ gilt:

$$(\Delta s)' = \Delta s \cdot \sqrt{1 - \frac{(v')^2}{c^2}} = \Delta s \cdot \sqrt{1 - \frac{v^2}{c^2}}$$

Von P aus gesehen, beträgt somit die Linienladungsdichte

$$\lambda' = \frac{(\Delta q)'}{(\Delta s)'} = \frac{(\Delta q)'}{\Delta s}\frac{1}{\sqrt{1 - \dfrac{v^2}{c^2}}}$$

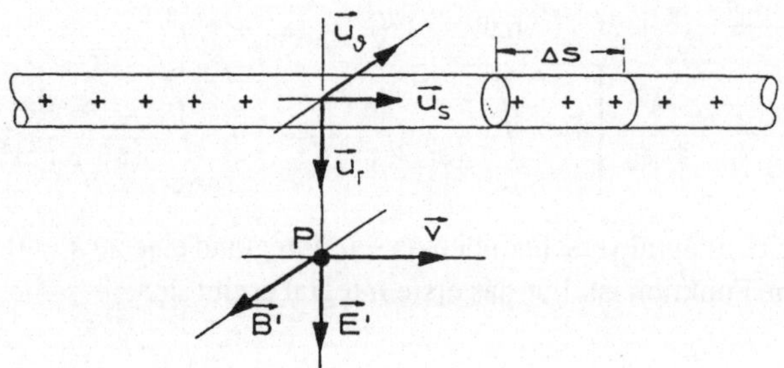

Unter der Voraussetzung, daß die elektrische Ladung „Lorentz-invariant" ist, sich also bei Anwendung der Lorentz-Transformation nicht ändert – was durch alle bisherigen physikalischen Erfahrungen quantitativ bestätigt wird – ist dann mit $(\Delta q)' = \Delta q$:

$$\lambda' = \frac{\lambda}{\sqrt{1 - \dfrac{v^2}{c^2}}} \tag{4.40}$$

Da sowohl der Abstand r als auch der Einheitsvektor $\vec{u}_r$ senkrecht zu $\vec{v}$ liegen, bleiben sie ebenfalls beim Übergang zum bewegten Bezugssystem unverändert. Damit folgt aus (4.39) mit λ' anstelle von λ:

$$\vec{E}' = \frac{1}{2\pi\varepsilon_0} \frac{\lambda}{r} \frac{1}{\sqrt{1 - \dfrac{v^2}{c^2}}} \vec{u}_r \tag{4.41}$$

oder auch

$$\vec{E}' = \frac{\vec{E}}{\sqrt{1 - \dfrac{v^2}{c^2}}} \tag{4.42}$$

Der Beobachter in P mißt also eine erhöhte und mit seiner Geschwindigkeit v zunehmende elektrische Feldstärke mit der ursprünglichen räumlichen Struktur. Zusätzlich aber beobachtet er auch noch einen elektrischen Strom der Stärke:

$$I' = \lambda' v' = \lambda'(-v) = -\lambda \frac{v}{\sqrt{1 - \dfrac{v^2}{c^2}}}$$

Dieser erzeugt in P ein Magnetfeld. Da auch der azimutale Einheitsvektor $\vec{u}_\vartheta$ senkrecht zu $\vec{v}$ weist, ergibt sich die magnetische Induktion $\vec{B}'$ in bekannter Weise oder auf dem vorher beschrittenen analogen Wege durch Integration der Beiträge aller Linienelemente $\mathrm{d}s$ von $-\infty$ bis $+\infty$ zu:

$$\vec{B}' = \frac{\mu_0}{2\pi} \frac{I'}{r} \vec{u}_\vartheta$$

oder

$$\vec{B}' = -\frac{\mu_0}{2\pi} \frac{\lambda}{r} \frac{v}{\sqrt{1 - \dfrac{v^2}{c^2}}} \vec{u}_\vartheta \tag{4.43}$$

Erwartungsgemäß sind die Feldlinien des Magnetfeldes konzentrische Kreise um die Linienladung. In Richtung von $\vec{u}_s$ blickend, laufen sie „linksrum". Für die Komponenten der beiden Feld-Arten gilt wegen $\varepsilon_0 \mu_0 c^2 = 1$:

$$B' = -\frac{v}{c^2} E' \tag{4.44}$$

4.4.3 Feld eines geraden und stromdurchflossenen (Metall-)Drahtes aus der Sicht eines ruhenden Beobachters

Die Leitung des elektrischen Stromes in Metallen wird bekanntlich von Elektronen, den sogenannten „Leitungselektronen", übernommen, die praktisch frei beweglich sind und unter der Wirkung einer Potentialdifferenz durch das Metall driften. Die Atomrümpfe bilden ortsfeste positive Ladungen.

Der Draht – auch wenn er Strom führt – ist elektrisch neutral, d.h. es gibt kein elektrisches Feld in seiner Umgebung ($\vec{E} = 0$), und für die Linienladungsdichten λ_+ der Atomrümpfe und λ_- der Leitungselektronen gilt

$$\lambda_+ + \lambda_- = 0 \qquad \text{bzw.} \qquad \lambda_+ = -\lambda_-$$

Ist $\vec{v}_0 = -v_0 \vec{u}_s$ die Driftgeschwindigkeit der Elektronen, dann folgt für die Stromstärke, da λ_- negativ und somit $\lambda_- = -|\lambda_-|$ ist:

$$I = \lambda_-(-v_0) = |\lambda_-| v_0$$

Sie erzeugt ein Magnetfeld der Induktion:

$$\vec{B} = \frac{\mu_0}{2\pi} \frac{I}{r} \vec{u}_\vartheta \qquad (4.45)$$

oder

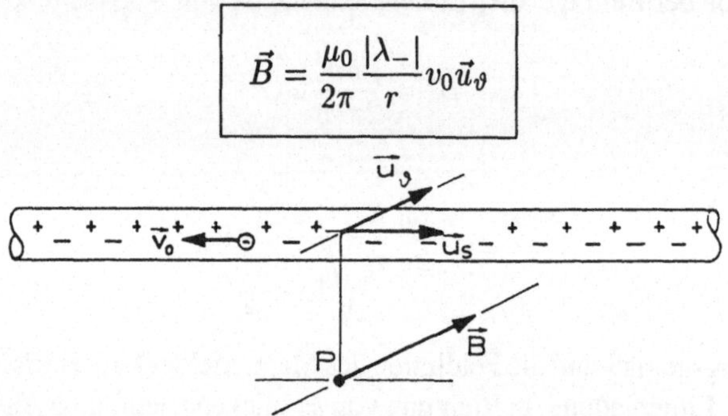

$$\boxed{\vec{B} = \frac{\mu_0}{2\pi} \frac{|\lambda_-|}{r} v_0 \vec{u}_\vartheta}$$

Die kreisförmigen und zum Draht konzentrischen Magnetfeldlinien laufen – in Richtung von $\vec{u}_s$ blickend – „rechtsrum".

Da schon von einem ruhenden Aufpunkt P aus betrachtet die Leitungselektronen in Bewegung sind, ist deren Linienladungsdichte λ_- bereits durch die Lorentz-Kontraktion beeinflußt. In Analogie zu (4.40) folgt:

$$\lambda_- = \frac{(\lambda_-)_0}{\sqrt{1 - \dfrac{v_0^2}{c^2}}} \qquad (4.46)$$

Dabei ist $(\lambda_-)_0$ die Linienladungsdichte der Leitungselektronen in einem mit der Geschwindigkeit $\vec{v}_0$ parallel zum Draht laufenden Bezugssystem, in welchem also diese Elektronen ruhen.

4.4.4 Feld eines geraden und stromdurchflossenen Drahtes aus der Sicht eines bewegten Beobachters

Es soll sich nun wieder der Aufpunkt P mit der konstanten Geschwindigkeit $\vec{v} = v\vec{u}_s$, also parallel zum Draht, bewegen.

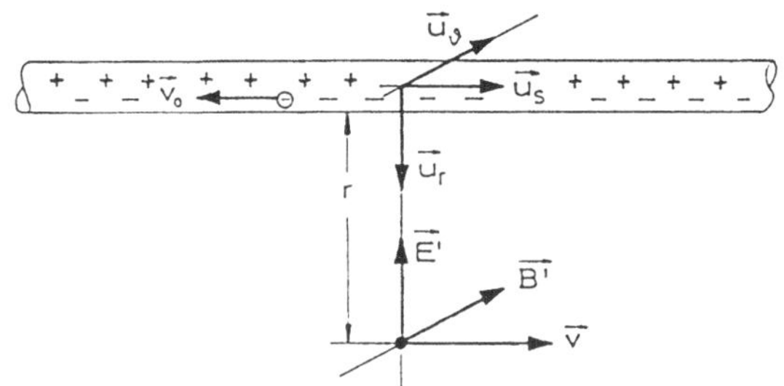

Die von P aus beobachteten Geschwindigkeiten v'_+ der Atomrümpfe und v'_- der Leitungselektronen ergeben sich aus der Transformationsformel

$$u'_x = \frac{u_x - v}{1 - \dfrac{u_x v}{c^2}} \qquad (4.47)$$

für die x-Komponente einer Geschwindigkeit $\vec{u}$. Sie folgt direkt aus den Lorentz-Beziehungen für die Transformation der Orts-Koordinaten und der Zeit und setzt eine Bewegung des Bezugssystems entlang der x-Achse voraus.

Mit $u_x = v_+ = 0$ ergibt sich daraus – wie schon vorher erläutert – für die Atomrümpfe:

$$v'_+ = -v$$

Für die Leitungselektronen erhält man mit $u_x = v_- = -v_0$:

$$v'_- = -\frac{v_0 + v}{1 + \dfrac{v_0 v}{c^2}} \qquad (4.48)$$

Damit folgt gemäß (4.40) für die von P aus gemessenen Linienladungsdichten λ'_+ der Atomrümpfe bzw. λ'_- der Leitungselektronen unter Berücksichtigung von (4.46):

$$\lambda'_+ = \frac{\lambda_+}{\sqrt{1 - \dfrac{(v'_+)^2}{c^2}}} = \frac{\lambda_+}{\sqrt{1 - \dfrac{v^2}{c^2}}} \qquad (4.49)$$

und

$$\lambda'_- = \frac{(\lambda_-)_0}{\sqrt{1 - \frac{(v'_-)^2}{c^2}}} = \frac{\lambda_- \sqrt{1 - \frac{v_0^2}{c^2}}}{\sqrt{1 - \frac{(v'_-)^2}{c^2}}} \tag{4.50}$$

Eine Zwischenrechnung führt mit (4.48) auf:

$$\sqrt{1 - \frac{(v'_-)^2}{c^2}} = \sqrt{1 - \frac{(v_0 + v)^2}{c^2 \left[1 + \frac{v_0 v}{c^2}\right]^2}} = \sqrt{\frac{(c^2 + v_0 v)^2 - c^2(v_0 + v)^2}{(c^2 + v_0 v)^2}}$$

$$= \frac{\sqrt{c^4 + v_0^2 v^2 - c^2 v_0^2 - c^2 v^2}}{c^2 + v_0 v} = \frac{\sqrt{c^2 - v^2}\sqrt{c^2 - v_0^2}}{c^2 + v_0 v}$$

Damit lautet (4.50):

$$\lambda'_- = \frac{\lambda_-}{c} \frac{\sqrt{c^2 - v_0^2}(c^2 + v_0 v)}{\sqrt{c^2 - v^2}\sqrt{c^2 - v_0^2}} = \frac{\lambda_-}{c} \frac{c^2 + v_0 v}{\sqrt{c^2 - v^2}} \tag{4.51}$$

Für (4.49) erhält man wegen $\lambda_+ = -\lambda_-$:

$$\lambda'_+ = -\lambda_- c \frac{1}{\sqrt{c^2 - v^2}} \tag{4.52}$$

Damit beträgt die gesamte Linienladungsdichte:

$$\lambda' = \lambda'_- + \lambda'_+ = \frac{\lambda_-}{\sqrt{c^2 - v^2}} \left[\frac{c^2 + v_0 \cdot v}{c} - c\right] = \frac{\lambda_-}{\sqrt{1 - \frac{v^2}{c^2}}} \frac{v_0 v}{c^2}$$

oder mit $\lambda_- = -|\lambda_-|$:

$$\lambda' = -\frac{|\lambda_-|}{c^2} \frac{v_0 v}{\sqrt{1 - \frac{v^2}{c^2}}}$$

Der bewegte Beobachter in P sieht also einen **negativ geladenen** Draht und somit gemäß (4.39) ein **elektrisches** Feld der Stärke:

$$\vec{E}' = -\frac{1}{2\pi\varepsilon_0 c^2} \frac{|\lambda_-|}{r} \frac{v_0 v}{\sqrt{1 - \frac{v^2}{c^2}}} \vec{u}_r \tag{4.53}$$

das **zum Draht hin** weist. Führt man über den bereits verwendeten Zusammenhang $I = |\lambda_-|v_0$ die Stromstärke im ruhenden System ein, dann gilt mit $\varepsilon_0 c^2 = 1/\mu_0$ gleichermaßen:

$$\lambda' = -\frac{I}{c^2}\frac{v}{\sqrt{1 - \dfrac{v^2}{c^2}}}$$

und

$$\vec{E}' = -\frac{\mu_0}{2\pi}\frac{I}{r}\frac{v}{\sqrt{1 - \dfrac{v^2}{c^2}}}\vec{u}_r \tag{4.54}$$

Die vom bewegten Bezugssystem aus beobachtete Stromstärke I' setzt sich additiv aus den Beträgen I'_+ der Atomrümpfe und I'_- der Leitungselektronen zusammen. Für den ersten ergibt sich mit $v'_+ = -v$ und mit (4.52):

$$I'_+ = \lambda'_+ v'_+ = \lambda_- c\frac{v}{\sqrt{c^2 - v^2}}$$

Für den zweiten folgt mit (4.51) und (4.48):

$$I'_- = \lambda'_- v'_- = -\frac{\lambda_-}{c}\frac{c^2 + v_0 v}{\sqrt{c^2 - v^2}}\frac{v_0 + v}{1 + \dfrac{v_0 - v}{c^2}} = -\lambda_- c\frac{v_0 + v}{\sqrt{c^2 - v^2}}$$

Also erhält man:

$$I' = I'_+ + I'_- = \frac{\lambda_- c}{\sqrt{c^2 - v^2}}(-v_0)$$

oder

$$I' = \frac{|\lambda_-|v_0}{\sqrt{1 - \dfrac{v^2}{c^2}}} = \frac{I}{\sqrt{1 - \dfrac{v^2}{c^2}}}$$

Diese Stromstärke führt gemäß (4.45) auf ein Magnetfeld der Induktion:

$$\vec{B}' = \frac{\mu_0}{2\pi}\frac{I'}{r}\vec{u}_\vartheta = \frac{\mu_0}{2\pi}\frac{|\lambda_-|v_0}{r}\frac{1}{\sqrt{1 - \dfrac{v^2}{c^2}}}\vec{u}_\vartheta$$

oder

$$\vec{B}' = \frac{\mu_0}{2\pi}\frac{I}{r}\frac{1}{\sqrt{1 - \dfrac{v^2}{c^2}}}\vec{u}_\vartheta \qquad (4.55)$$

bzw. mit (4.45):

$$\vec{B}' = \frac{\vec{B}}{\sqrt{1 - \dfrac{v^2}{c^2}}} \qquad (4.56)$$

4.4.5 Kräfte auf eine Ladung

Im folgenden werden die elektrischen und magnetischen Kräfte behandelt, die unter den vorangehend diskutierten unterschiedlichen Bedingungen auf eine als positiv angenommene Punktladung q wirken, welche sich im Abstand r parallel zur Linienladung bzw. zum stromdurchflossenen Draht mit der Geschwindigkeit $\vec{v}_q = v_q\vec{u}_s$ bewegt. Wie bisher sei $\vec{v} = v\vec{u}_s$ die Geschwindigkeit des Beobachters im Aufpunkt P.

Die elektrischen Kräfte ergeben sich aus dem einfachen Zusammenhang

$$\vec{F}'_e = q\vec{E}' \qquad (4.57)$$

Die magnetischen Kräfte sind geschwindigkeitsabhängig. Für sie gilt bekanntlich:

$$\vec{F}'_m = q\vec{v}'_q \times \vec{B}'$$

Die vom Aufpunkt P aus gemessene Geschwindigkeit der Ladung errechnet sich aus (4.47) zu:

$$\vec{v}'_q = \frac{v_q - v}{1 - \dfrac{v_q v}{c^2}}\vec{u}_s$$

Mit $\vec{B}' = B'\vec{u}_\vartheta$ und $\vec{u}_s \times \vec{u}_\vartheta = -\vec{u}_r$ folgt dann:

$$\vec{F}'_m = -q\frac{v_q - v}{1 - \dfrac{v_q v}{c^2}}B'\vec{u}_r \qquad (4.58)$$

Aus dieser Formel liest man die folgenden Spezialfälle ab:

a.) Ist die Ladung in Ruhe ($v_q = 0$), dann folgt

$$\vec{F}'_m = qvB'\vec{u}_r$$

b.) Ist der Aufpunkt in Ruhe ($v' = 0, B' = B$), dann folgt

$$\vec{F}_m = -qv_q B\vec{u}_r \tag{4.59}$$

c.) Ist die Ladung an den Aufpunkt gebunden ($v_q = v$), dann folgt

$$\vec{F}'_m = 0$$

Die in den vorangehenden vier Abschnitten diskutierten vier Fälle führen dann auf folgende Zusammenhänge:

Erster Fall (Positive Linienladung; ruhender Beobachter): Hier folgt aus (4.39):

$$\boxed{\vec{F}_e = \frac{q}{2\pi\varepsilon_0}\frac{\lambda}{r}\vec{u}_r}$$

Die elektrische Kraft ist also **abstoßend**. Wegen $\vec{B} = 0$ gibt es keine magnetische Kraft ($\vec{F}_m = 0$).

Zweiter Fall (Positive Linienladung; bewegter Beobachter): Die Multiplikation von (4.42) mit q ergibt wegen (4.57):

$$\boxed{\vec{F}'_e = \frac{\vec{F}_e}{\sqrt{1 - \dfrac{v^2}{c^2}}}}$$

Die elektrische Kraft bleibt **abstoßend** und wächst mit der Geschwindigkeit v des Beobachters in P.

Durch Einsetzen von (4.44) in (4.58) erhält man für die magnetische Kraft:

$$\vec{F}'_m = qE'\frac{v_q - v}{1 - \dfrac{v_q v}{c^2}}\frac{v}{c^2}\vec{u}_r$$

oder mit $qE'\vec{u}_r = \vec{F}'_e$:

$$\vec{F}'_m = \frac{v(v_q - v)}{c^2 - v_q v}\,\vec{F}'_e$$

Die magnetische Kraft ist somit **abstoßend** für $v_q > v$ und **anziehend** für $v_q < v$. Als Gesamtkraft auf die Ladung q mißt der bewegte Beobachter:

$$\vec{F}' = \vec{F}'_e + \vec{F}'_m = \vec{F}'_e\left[1 + \frac{v(v_q - v)}{c^2 - v_q v}\right]$$

oder

$$\vec{F}' = \frac{c^2 - v^2}{c^2 - v_q v}\,\vec{F}'_e$$

Wegen $v_q < c$ und $v < c$ ist diese Kraft stets **abstoßend** und strebt für $v \to c$ gegen Null.

Dritter Fall (Stromdurchflossener Draht; ruhender Beobachter): Da der Draht elektrisch neutral ist, gibt es kein elektrisches Feld und somit auch keine elektrische Kraft ($\vec{F}_e = 0$). Die magnetische Kraft erhält man durch Einsetzen von $B = \mu_0 I/(2\pi r)$ aus (4.45) in die Formel (4.59), welche bekanntlich aus (4.58) für $v = 0$ hervorgeht, zu:

$$\vec{F}_m = -\frac{\mu_0 q}{2\pi} v_q \frac{I}{r}\,\vec{u}_r$$

Sie wirkt in Richtung von $(-\vec{u}_r)$, ist also **anziehend**.

Vierter Fall (Stromdurchflossener Draht; bewegter Beobachter): Die elektrische Kraft ergibt sich gemäß (4.57) mit (4.54) zu:

$$\vec{F}'_e = -\frac{\mu_0 q}{2\pi} \frac{I}{r} \frac{v}{\sqrt{1 - \dfrac{v^2}{c^2}}}\,\vec{u}_r$$

Der Vergleich zwischen (4.54) und (4.55) liefert für die Komponenten der beiden Feld-Arten den Zusammenhang $E' = -vB'$. Unter Ausnutzung dessen läßt sich die elektrische Kraft auch durch die magnetische Induktion ausdrücken. Einsetzen in $\vec{F}'_e = qE'\vec{u}_r$ führt mit (4.56) auf die Beziehung:

$$\vec{F}'_e = -qvB'\vec{u}_r = -\frac{qvB}{\sqrt{1 - \dfrac{v^2}{c^2}}}\vec{u}_r \qquad (4.60)$$

Die elektrische Kraft wirkt also **anziehend** und wächst mit steigender Geschwindigkeit v.

Die magnetische Kraft $\vec{F}'_m$ ist aus der Formel (4.58) abzulesen. Sie ist **anziehend** für $v_q > v$ und **abstoßend** für $v_q < v$.

Die Gesamtkraft erhält man durch Addition von (4.60) und (4.58) zu:

$$\vec{F}' = \vec{F}'_e + \vec{F}'_m = -qB'\vec{u}_r \left[v + \frac{v_q - v}{1 - \dfrac{v_q v}{c^2}} \right]$$

Mit

$$v + \frac{v_q - v}{1 - \dfrac{v_q v}{c^2}} = v + \frac{c^2(v_q - v)}{c^2 - v_q v} = \frac{c^2 v_q - v^2 v_q}{c^2 - v_q v} = v_q \frac{c^2 - v^2}{c^2 - v_q v}$$

folgt:

$$\vec{F}' = -qvB'\vec{u}_r \frac{v_q}{v} \frac{c^2 - v^2}{c^2 - v_q v}$$

oder unter Berücksichtigung von (4.60):

$$\boxed{\vec{F}' = \frac{v_q}{v} \frac{c^2 - v^2}{c^2 - v_q v} \vec{F}'_e}$$

Wegen $v_q < c$ und $v < c$ ist die Gesamtkraft also stets **anziehend** und strebt für $v \to c$ gegen Null.

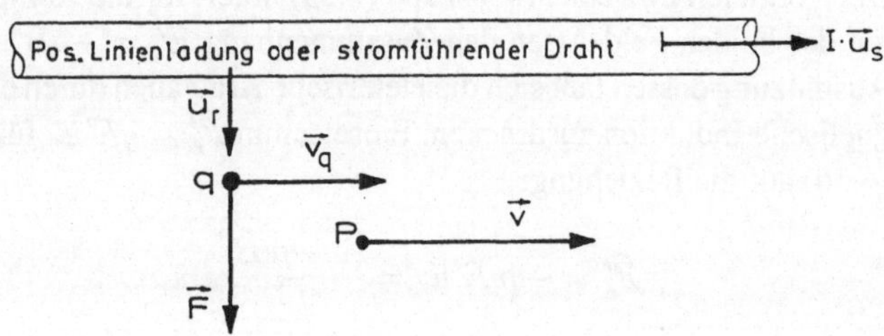

Die qualitativen Merkmale der hier diskutierten Kräfte sind in der abschließenden Tabelle zusammengefaßt.

| | **Beobachter (P)** | | |
	ruhend $(v = 0)$	bewegt $(v \neq 0)$	bewegt $(v = v_q)$
Positive Linienladung	$\vec{F}_e$ abstoßend	$\vec{F}_e'$ abstoßend	$\vec{F}_e'$ abstoßend
		$\vec{F}_m'$ abst. f. $v_q > v$	
	$\vec{F}_m = 0$	$\vec{F}_m'$ anz. f. $v_q < v$	$\vec{F}_m' = 0$
	$\vec{F}$ abstoßend	$\vec{F}'$ abstoßend	$\vec{F}'$ abstoßend
Stromführender Draht	$\vec{F}_e = 0$	$\vec{F}_e'$ anziehend	$\vec{F}_e'$ anziehend
	$\vec{F}_m$ anziehend	$\vec{F}_m'$ anz. f. $v_q > v$	$\vec{F}_m' = 0$
		$\vec{F}_m'$ abst.f. $v_q < v$	
	$\vec{F}$ anziehend	$\vec{F}'$ anziehend	$\vec{F}'$ anziehend

Bild 4.13 Kräfte auf eine Ladung im Feld einer Linienladung und eines stromführenden Drahtes

5 Materie im statischen elektrischen und magnetischen Feld

Bei der bisherigen Behandlung des elektrischen und magnetischen Feldes waren wir stets davon ausgegangen, daß diese Felder nur durch Punktladungs- bzw. Stromdichteverteilungen bestimmt werden. Es waren dies Felder im **materiefreien** Raum. Diese Überlegungen (Abschn. 2 und 3) haben zwar prinzipiell wertvolle Resultate geliefert, die in vielen Fällen gute Näherungen für die Realität darstellen. Im allgemeinen läßt sich aber der Einfluß der Materie mit ihrer atomistischen Struktur nicht vernachlässigen.

5.1 Gaußscher Satz des elektrischen Feldes

Fluß eines Vektorfeldes   Der z.B. für den Ladungstransport durch eine Oberfläche aufgrund einer Stromdichteverteilung $\vec{j}(\vec{r})$ definierte Begriff der Stromstärke läßt sich verallgemeinern. Zu jedem Punkt $\vec{r}$ in einem interessierenden räumlichen Bereich gebe es eine eindeutig definierte vektorielle Größe $\vec{a}$ (z.B. Stromdichte $\vec{j}$, Gravitationsfeldstärke $\vec{g}$, elektrische Feldstärke $\vec{E}$, etc.). $\vec{a}(\vec{r})$ stellt ein **Vektorfeld** dar. In diesem Vektorfeld betrachten wir eine i.a. beliebig gekrümmte Oberfläche O. Als „Fluß" durch diese Oberfläche wird dann definiert (vgl. Gl. (4.3) und Bild 5.1).

$$\phi = \int_0 \vec{a} \cdot \mathrm{d}\vec{o} \tag{5.1}$$

Da der Normalenvektor jeweils nur bis auf das Vorzeichen festliegt, wird verabredet, daß bei vorgegebenem Umlaufsinn der Oberflächenrandkurve dieser Umlaufsinn zusammen mit dem jeweiligen Normalenvektor eine Rechtsschraube bildet.

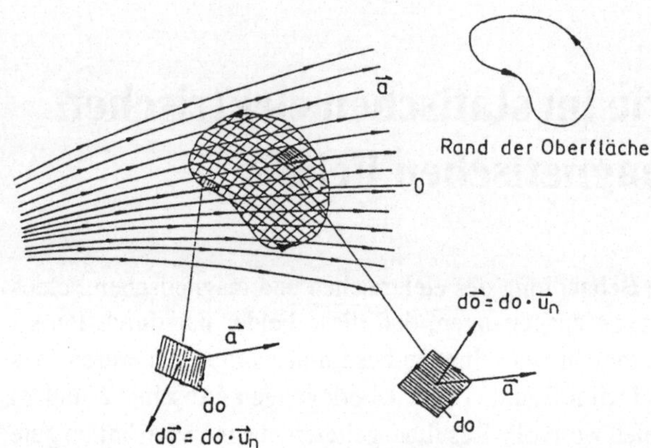

Bild 5.1 Zur Definition der in einem Vektorfeld zugeordneten Größe „Fluß"

Der Begriff soll anhand des Teilchenstroms aufgrund eines „Geschwindigkeitsfeldes" (Hydromechanik) erläutert werden. Wir betrachten ein zylindrisches Rohr mit Querschnitt A. Es werde außerdem eine ebene Schnittfläche O betrachtet, die mit A einen bestimmten Winkel α bildet. Durch das Rohr bewegen sich Teilchen bestimmter Konzentration $n = \mathrm{d}N/\mathrm{d}V$ ($\mathrm{d}N$ = Anzahl der in $\mathrm{d}V$ vorhandenen Teilchen) mit einer bestimmten Geschwindigkeit $\vec{v}$ parallel zur Rohrachse (Bild 5.2). Der Teilchenfluß ist definiert als $\phi = n \cdot \mathrm{d}V/\mathrm{d}t$.

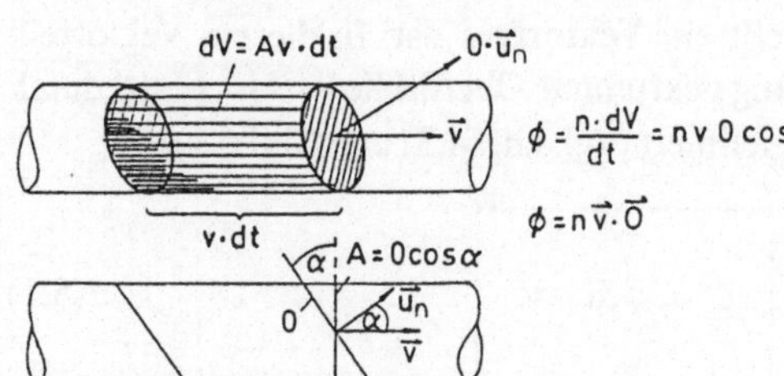

$$\phi = \frac{n \cdot \mathrm{d}V}{\mathrm{d}t} = n\, v\, O \cos \alpha$$

$$\phi = n\, \vec{v} \cdot \vec{O}$$

Bild 5.2
Teilchenfluß durch ein zylindrisches Rohr

Im Zeitintervall $\mathrm{d}t$ können alle Teilchen durch O hindurchtreten, die aus einem zylindrischen Volumen $\mathrm{d}V$ der Höhe $v \cdot \mathrm{d}t$ stammen. Für die Zahl der pro Zeitintervall $\mathrm{d}t$ durch O hindurchtretenden Teilchen ergibt sich also $n \cdot \mathrm{d}V = n v O \cos \alpha \cdot \mathrm{d}t$.

Häufig wird ein der Gl. (5.1) entsprechendes Integral über eine **geschlossene Oberfläche** benötigt, d.h. über eine Oberfläche, die ein bestimmtes Volumen vollkommen einschließt. Derartige Integrale werden i.f., wie schon im Fall des elektrischen Stromes, stets mit $\oint \vec{a} \cdot \mathrm{d}\vec{o}$ bezeichnet (Fluß durch eine geschlossene Oberfläche).

Gaußscher Satz der Elektrostatik in Integralform

a) Punktladung q im Mittelpunkt einer Kugelfläche mit dem Radius r (Bild 5.3):

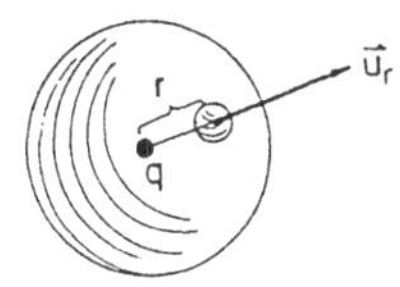

Bild 5.3
Zur Herleitung des Gaußschen Satzes bei einer Kugelfläche als geschlossener Integrationsfläche

Die Kugeloberfläche ist die Integrationsfläche. Dann gilt mit Gl. (2.7)

$$\vec{E} = \frac{1}{4\pi\varepsilon_0}\frac{q}{r^2}\vec{u}_r \quad \text{und} \quad \mathrm{d}\vec{o} = \mathrm{d}o \cdot \vec{u}_r$$

Das ergibt

$$\phi_e = \oint \vec{E} \cdot \mathrm{d}\vec{o} = \frac{1}{4\pi\varepsilon_0}\frac{q}{r^2}\oint \mathrm{d}o = \frac{1}{4\pi\varepsilon_0}4\pi r^2$$

oder

$$\phi_e = \oint \vec{E} \cdot \mathrm{d}\vec{o} = \frac{q}{\varepsilon_0} \tag{5.2}$$

b) Punktladung q innerhalb einer beliebigen geschlossenen Integrationsfläche (Bild 5.4):

Es gilt:

$$\vec{E}(r) = \frac{1}{4\pi\varepsilon_0}\frac{q}{r^2}\vec{u}_r \quad \text{und} \quad \vec{E}(R) = \frac{1}{4\pi\varepsilon_0}\frac{q}{R^2}\vec{u}_r = \frac{r^2}{R^2}\vec{E}(r)$$

Mit $\mathrm{d}\vec{o} = \mathrm{d}o \cdot \vec{u}_r$ und wegen

$$\mathrm{d}\vec{O} = \mathrm{d}O \cdot \vec{u}_n = \frac{\mathrm{d}O'}{\cos\alpha}\vec{u}_n \quad \text{und} \quad \mathrm{d}O' = \frac{R^2}{r^2}\cdot \mathrm{d}o$$

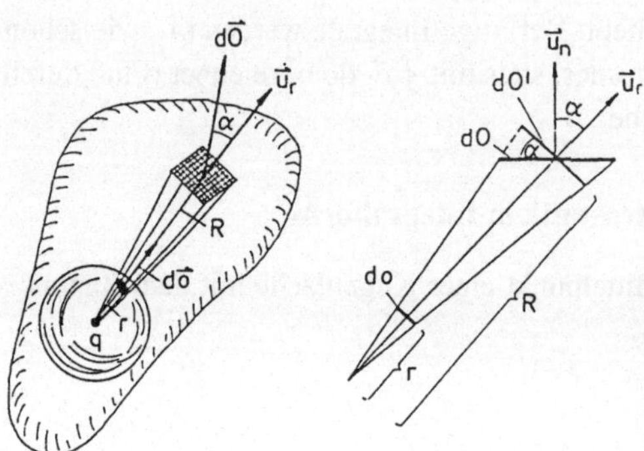

Bild 5.4
Zur Herleitung des Gauß-
schen Satzes bei beliebiger
geschlossener Integrationsfläche. Punktladung innerhalb
des umschlossenen Gebietes

folgt

$$\vec{E}(R) \cdot \mathrm{d}\vec{O} = \frac{r^2}{R^2} E(r) \frac{R^2}{r^2} \cdot \mathrm{d}o \cdot \frac{1}{\cos\alpha} \vec{u}_r \cdot \vec{u}_n$$

oder wegen $\vec{u}_r \cdot \vec{u}_n = \cos\alpha$

$$\vec{E}(R) \cdot \mathrm{d}\vec{O} = E(r) \cdot \mathrm{d}o = \vec{E}(r) \cdot \mathrm{d}\vec{o}$$

also

$$\oint \vec{E}(R) \cdot \mathrm{d}\vec{O} = \oint \vec{E}(r) \cdot \mathrm{d}\vec{o}$$

Die beiden Integrale sind somit gleich, und damit gilt Gl. (5.2) auch
für eine beliebige geschlossene Fläche um q.

c) Beliebige Anordnung von Punktladungen und beliebige geschlossene
Integrationsfläche.

Wir betrachten zunächst den Spezialfall, daß nur außerhalb des von
der Integrationsfläche umschlossenen Gebiets eine Punktladung q'
existiert, im Innern des Gebiets aber $q = 0$ sei. Aus einer der obigen
Ableitung völlig analogen Geometriebetrachtung (Bild 5.5) folgt:

$$E_2 = \frac{r_1^2}{r_2^2} E_1 \quad \text{und} \quad \vec{u}_r \cdot \mathrm{d}\vec{o}_2 - \frac{r_2^2}{r_1^2} \vec{u}_r \cdot \mathrm{d}\vec{o}_1$$

Das ergibt

$$\vec{E}_2 \cdot \mathrm{d}\vec{o}_2 = -\vec{E}_1 \cdot \mathrm{d}\vec{o}_1$$

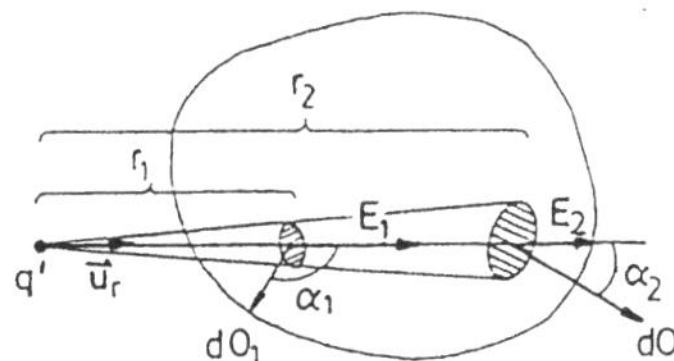

Bild 5.5
Gaußscher Satz bei beliebiger geschlossener Integrationsfläche. Punktladung außerhalb des umschlossenen Gebietes

Daher folgt

$$\phi_e = \oint \vec{E} \cdot d\vec{o} = 0 \tag{5.3}$$

für eine Punktladung q' außerhalb des von der Integrationsfläche umschlossenen Gebietes.

Wir betrachten nun eine beliebige Anordnung von Punktladungen und irgendeine geschlossene Fläche, durch die das gesamte Raumgebiet in zwei Teilgebiete, ein inneres (Punktladungen $q_1, \ldots, q_n$) und ein äußeres (Punktladungen $q'_1, \ldots, q'_k$) unterteilt wird. Da sich die elektrische Feldstärke einer beliebigen Anordnung von Punktladungen additiv aus den jeweiligen Beiträgen der einzelnen Punktladungen zusammensetzt (s. Kap. 2), ist auch der elektrische Fluß additiv. Wir erhalten also nach Gln. (5.2) und (5.3)

$$\phi_e = \oint \vec{E} \cdot d\vec{o} = \frac{\sum_{\nu=1}^{n} q_\nu}{\varepsilon_0} \tag{5.4a}$$

Die Summe ist die gesamte von der Integrationsfläche umschlossene Ladung. Der elektrische Fluß ist nur von der Gesamtladung, nicht aber von der Anordnung der Punktladungen abhängig. Ist die Ladung kontinuierlich im Raum verteilt, so daß man eine Ladungsdichte $\varrho = dq/dV$ definieren kann, so ergibt sich entsprechend Gl. (5.4a):

$$\phi_e = \oint \vec{E} \cdot d\vec{o} = \frac{1}{\varepsilon_0} \int_V \varrho \cdot dV \tag{5.4b}$$

Die Gln. (5.4a) und (5.4b) stellen die endgültige Form des Gaußschen
Satzes in Integralform dar.

**Äquivalenz zwischen dem Gaußschen Satz und dem Coulombschen
Gesetz**   Der Gaußsche Satz ist vorangehend aus dem Coulombschen Gesetz hergeleitet worden. Andererseits läßt sich das Coulombsche Gesetz
auch aus dem Gaußschen Satz und allgemeinen Symmetrieüberlegungen
herleiten. Dies soll i.f. gezeigt werden: Wir denken uns eine Kugelfläche
vom Radius r konzentrisch um die Punktladung q. Da es sich trivialerweise
um eine völlig kugelsymmetrische Anordnung handelt, muß die elektrische
Feldstärke parallel oder antiparallel zum jeweiligen radialen Einheitsvektor
gerichtet sein, und der Betrag kann nur ausschließlich vom Abstand zur
Punktladung abhängen, d.h. es ist

$$\vec{E} = E(r)\vec{u}_r$$

Auf der Kugeloberfläche ($r = $ const) ist also $E = $const und $\mathrm{d}\vec{o} = \mathrm{d}o \cdot \vec{u}_r$.
Damit erhält man aus Gl. (5.4a)

$$\oint \vec{E} \cdot \mathrm{d}\vec{o} = E(r) \oint \mathrm{d}o = 4\pi r^2 E(r) = \frac{q}{\varepsilon_0}$$

also

$$E(r) = \frac{1}{4\pi\varepsilon_0}\frac{q}{r^2} \quad \text{oder} \quad \vec{E}(r) = \frac{1}{4\pi\varepsilon_0}\frac{q}{r^2}\vec{u}_r$$

Die Feldstärke E ist durch die Kraft auf eine Probeladung q' definiert. Es
ist $\vec{F} = q'\vec{E}$. Also wird

$$\vec{F} = \frac{1}{4\pi\varepsilon_0}\frac{qq'}{r^2}\vec{u}_r \qquad \text{(Coulombsches Gesetz)}$$

Gaußscher Satz und Coulombsches Gesetz sind also einander äquivalent.

Beispiele für die Anwendung des Gaußschen Satzes   Der Gaußsche Satz
läßt sich stets dann zur Berechnung der Feldstärke mit Vorteil anwenden,
wenn man eine Gaußsche Fläche so legen kann, daß die Feldstärke für
die Punkte auf dieser Fläche bestimmten Symmetriebedingungen gehorcht
(vgl. das oben dargelegte Beispiel der einzelnen Punktladung).

1. **Homogen geladene Kugel mit Radius R, $\varrho = \text{const.}$**

Das Zentrum der Kugel werde als Koordinatenursprung benutzt, die Oberfläche einer konzentrischen Kugel (Radius r) als Gaußsche Fläche. Aus Symmetriegründen ist $\vec{E}(\vec{r}) = E(r)\vec{u}_r$, $E(r) = \text{const}$ für $r = \text{const}$. Wir erhalten also:

$$E(r)4\pi r^2 = \frac{q}{\varepsilon_0} \qquad \text{für } r > R$$

$$E(r)4\pi r^2 = \frac{1}{\varepsilon_0}\int \varrho \cdot dV = \frac{1}{\varepsilon_0}\frac{4}{3}\pi r^3 \varrho$$

$$= \frac{1}{\varepsilon_0}\frac{r^3}{R^3}q \qquad \text{für } r < R$$

Mit Gl. (1.13) und (1.13a) ergibt sich also insgesamt

$$\vec{E}(r) = \begin{cases} \dfrac{1}{4\pi\varepsilon_0}\dfrac{q}{r^2}\vec{u}_r & r \geq R \\[3mm] \dfrac{1}{4\pi\varepsilon_0}\dfrac{q}{R^3}r\vec{u}_r & r \leq R \end{cases} \tag{5.5}$$

2. **Homogene Flächenladung $\sigma = \text{const}$, ∞ ausgedehnt.**

Wir betrachten eine unendlich ausgedehnte ebene Fläche mit konstanter Flächenladungsdichte σ. Die Symmetrie der Anordnung fordert $\vec{E} = E\vec{u}_n$ mit $E = E(z)$. Gaußsche Fläche = Oberfläche eines Zylinders (Querschnitt A, Höhe $2z$, symmetrisch zur Ebene, Achse $\perp$ Ebene).

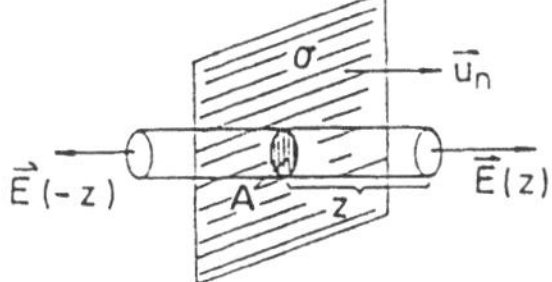

Bild 5.6
Anwendung des Gaußschen Satzes für eine ebene Flächenladung

Dann folgt

$$\oint \vec{E} \cdot d\vec{o} = 2E(z)A = \frac{\sigma A}{\varepsilon}$$

also

$$\vec{E} = \frac{\sigma}{2\varepsilon_0}\vec{u}_n$$

Wir haben somit Gl. (2.10) mit Hilfe des Gaußschen Satzes sehr viel einfacher hergeleitet.

Gaußscher Satz der Elektrostatik in differentieller Form   Die differentielle Form des Gaußschen Satzes ergibt sich aus der Integralform Gl. (5.4b), wenn wir ein differentielles Volumenelement betrachten und seine Oberfläche als Gaußsche Oberfläche (geschlossene Integrationsfläche) nehmen. Die Ableitung wird hier nur für Kartesische Koordinaten gegeben, gilt aber allgemein (Bild 5.7).

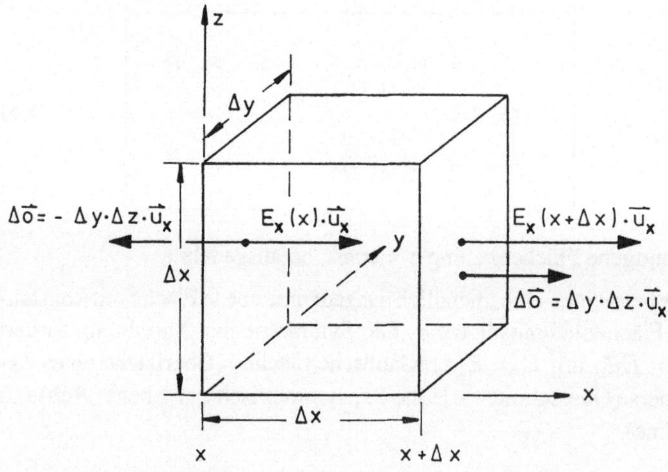

Bild 5.7 Zur Herleitung des Gaußschen Satzes in differentieller Form

Gemäß Gl. (5.4b) ist

$$\oint \vec{E} \cdot \mathrm{d}\vec{o} = \frac{1}{\varepsilon_0} \int\limits_V \varrho \cdot \mathrm{d}V$$

V sei das in der Figur dargestellte würfelförmige Volumenelement. Für $\Delta x, \Delta y, \Delta z \to 0$ ist ϱ in V näherungsweise konstant $= \varrho(x, y, z)$. Also folgt

$$\lim_{\Delta x, \Delta y, \Delta z \to 0} \left(\frac{1}{\varepsilon_0} \int\limits_V \varrho \cdot dV \right) = \lim_{\Delta x, \Delta y, \Delta z \to 0} \left(\frac{1}{\varepsilon_0} \varrho \cdot \Delta x \cdot \Delta y \cdot \Delta z \right)$$

Andererseits ist, wie für die x-Komponente aus Bild 5.7 abgelesen werden kann und was entsprechend auch für die y- und z-Komponenten gilt

$$\oint \vec{E} \cdot d\vec{o} = \lim_{\Delta x, \Delta y, \Delta z \to 0} \left\{ E_x(x + \Delta x) \cdot \Delta y \cdot \Delta z - E_x(x) \cdot \Delta y \cdot \Delta z \right.$$
$$+ E_y(y + \Delta y) \cdot \Delta z \cdot \Delta x - E_y(y) \cdot \Delta z \cdot \Delta x$$
$$\left. + E_z(z + \Delta z) \cdot \Delta x \cdot \Delta y - E_z(z) \cdot \Delta x \cdot \Delta y \right\}$$

Anmerkung: Korrekterweise müßte man schreiben: $E_x(x + \Delta x) = E_x(x + \Delta x, y', z')$ etc. mit $x', y', z' = $ Koordinaten des Würfelmittelpunktes. Das Ergebnis wird hierdurch nicht geändert.

Nach Division durch $\Delta x \cdot \Delta y \cdot \Delta z$ erhält man

$$\lim_{\Delta x, \Delta y, \Delta z \to 0} \left(\frac{\Delta E_x}{\Delta x} + \frac{\Delta E_y}{\Delta y} + \frac{\Delta E_z}{\Delta z} \right) = \frac{\varrho}{\varepsilon_0}$$

d.h. den Gaußschen Satz in differentieller Form:

$$\frac{\partial E_x}{\partial x} + \frac{\partial E_y}{\partial y} + \frac{\partial E_z}{\partial z} = \frac{\varrho}{\varepsilon_0}$$

Man definiert als **Divergenz eines Vektors** $\vec{a}$

$$\boxed{\operatorname{div} \vec{a} = \frac{\partial a_x}{\partial x} + \frac{\partial a_y}{\partial y} + \frac{\partial a_z}{\partial z}} \tag{5.6}$$

Damit ergibt sich der Gaußsche Satz in differentieller Form zu

$$\boxed{\operatorname{div} \vec{E}(\vec{r}) = \frac{1}{\varepsilon_0} \varrho(\vec{r})} \tag{5.7}$$

Aus dem Gaußschen Satz Gl. (5.7) erhält man mit Gl. (2.16) ($\vec{E} = -\operatorname{grad} \varphi$) und der Abkürzung

$$\boxed{\operatorname{div} \operatorname{grad} \varphi = \Delta \varphi} \qquad (5.8)$$

die **Poisson-Gleichung**

$$\boxed{\Delta \varphi(\vec{r}) = -\frac{\varrho(\vec{r})}{\varepsilon_0}} \qquad (5.9)$$

In Kartesischen Koordinaten ist

$$\Delta \varphi = \frac{\partial^2 \varphi}{\partial x^2} + \frac{\partial^2 \varphi}{\partial y^2} + \frac{\partial^2 \varphi}{\partial z^2}$$

Da sich aus φ stets $\vec{E}$ ergibt und umgekehrt, kann Gl. (5.7) oder Gl. (5.9) bei vorgegebener Ladungsdichteverteilung $\varrho(\vec{r})$ alternativ zur Berechnung der elektrischen Feldstärke bzw. des elektrischen Potentials verwendet werden. Im Spezialfall $\varrho(\vec{r}) = 0$ im betrachteten Raumgebiet geht Gl. (5.9) in die **Laplace-Gleichung** über

$$\boxed{\Delta \varphi = 0} \quad \text{für} \quad \varrho(\vec{r}) = 0 \qquad (5.10)$$

Der Differentialoperator $\Delta = \operatorname{div} \operatorname{grad}$ heißt **Laplace-Operator**.

Beispiele für die Anwendung des Gaußschen Satzes in differentieller Form bzw. der Poisson-Gleichung

1. Leerer Plattenkondensator aus unendlich ausgedehnten, planparallelen Platten (s. Bild 5.8).

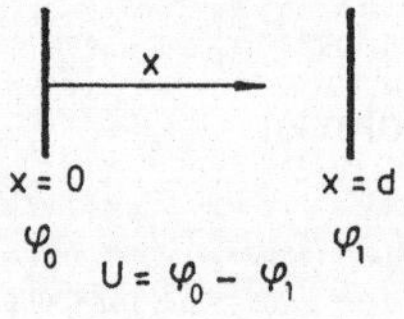

Bild 5.8
Plattenkondensator

Der Raum zwischen den Platten sei materiefrei $\varrho = 0$. Dann gilt gemäß Gl. (5.10)

$$\Delta \varphi = 0$$

Bei ∞ ausgedehnten Platten ist φ allein von x abhängig, also folgt

$$\frac{\mathrm{d}^2\varphi}{\mathrm{d}x^2} = 0 \quad \text{oder} \quad \frac{\mathrm{d}\varphi}{\mathrm{d}x} = \text{const} = -E$$

oder

$$\varphi(x) = -Ex + a$$

a ist die Integrationskonstante. Sie ergibt sich aus den Randbedingungen. Mit

$$\varphi(0) = \varphi_0 \quad \text{und} \quad \varphi(d) = \varphi_1$$

folgt

$$a = \varphi_0 \quad \text{und} \quad \varphi_1 = -Ed + \varphi_0$$

und somit

$$E = \frac{\varphi_0 - \varphi_1}{d} = \frac{U}{d} \quad \text{und} \quad \varphi(x) = -Ex + \varphi_0 \qquad (5.11)$$

Dieses Ergebnis ist identisch mit Gl. (2.18) und ebenfalls äquivalent der Gl. (2.11).

2. Plattenkondensator mit konstanter Raumladungsdichte ϱ. Auch hier gilt $\varphi = \varphi(x)$, und daher nach Gl. (5.9)

$$\frac{\mathrm{d}^2\varphi}{\mathrm{d}x^2} = -\frac{\varrho}{\varepsilon_0}$$

$$\frac{\mathrm{d}\varphi}{\mathrm{d}x} = -E(x) = -\frac{\varrho}{\varepsilon_0}x + a$$

$$\varphi = -\frac{\varrho}{\varepsilon_0}\frac{x^2}{2} + ax + b$$

$(a, b = $ Integrationskonstanten$)$. Die Randbedingungen sind

$$x = 0 : \varphi = \varphi_0 \quad \text{und} \quad x = d : \varphi = \varphi_1$$

Der Einfachheit halber drücken wir $\varphi(x)$ und $E(x)$ durch φ_0, $U = \varphi_0 - \varphi_1$ und $E(x = 0) = E_0$ aus. Man erhält:

$$\boxed{\varphi = \varphi_0 - E_0 x - \frac{\varrho}{\varepsilon_0}\frac{x^2}{2}, \quad E = E_0 + \frac{\varrho}{\varepsilon_0}x} \qquad (5.12)$$

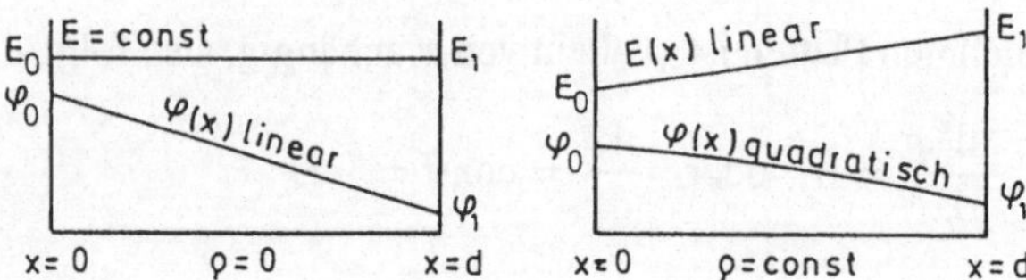

Bild 5.9 Potential- und Feldverteilung im Plattenkondensator mit $\varrho = 0$ und $\varrho =$ const

5.2 Materie im elektrischen Feld

Polarisation der Materie In einem elektrischen Feld werden auf die in der Materie vorhandenen Ladungsträger Kräfte entsprechend $\vec{F} = q\vec{E}$ ausgeübt, die für positive Ladungen in Richtung der Feldstärke, für negative entgegengesetzt dazu, wirken. Durch diese Kräfte werden die Ladungsträger entsprechend verschoben. Der Grad der Verschiebung hängt von ihrer Bewegungsmöglichkeit in der Materie, d.h. von der Art des Mediums ab. In jedem Fall wird jedoch eine Verschiebung der Ladungsschwerpunkte der gesamten positiven bzw. negativen Ladungen gegeneinander bewirkt. Man erhält also ein resultierendes Dipolmoment in Richtung der Feldstärke. Dieses Phänomen heißt **Polarisation** der Materie. Im folgenden werden die Grenzfälle eines idealen Leiters einerseits und eines nichtleitenden Dielektrikums andererseits besprochen.

Elektrische Leiter Die elektrischen Leiter sind durch folgende Eigenschaften charakterisiert:

Korollar 5.1 *Es gibt Ladungsträger, die im gesamten Medium frei verschiebbar sind. Die „freien", d.h. frei verschiebbaren Ladungsträger haben eine sehr hohe Konzentration.*

Dies sei am Beispiel des metallischen Leiters (vgl. Abschn. 4.2) erläutert. Hier können sich die Elektronen im Kristallverband der Metallionen frei bewegen. Ihre Driftgeschwindigkeit $v = \mu E$ im elektrischen Feld ist zwar begrenzt, aber $\neq 0$, solange $E \neq 0$ ist. Die Elektronenkonzentration entspricht der atomaren Konzentration oder, entsprechend der Wertigkeit, ein Mehrfaches hiervon. Auch völlig andersartige Medien (z.B. Plasma = vollständig ionisiertes Gas hoher Dichte) können die genannten Eigenschaften eines idealen Leiters haben.

Wir betrachten ein isoliertes Stück leitender Materie, das zunächst im gesamten Volumen neutral ist ($\varrho = 0$, d.h. die Konzentration der negativen Ladung ist überall gleich der Konzentration der positiven Ladung). Schalten wir nun ein äußeres elektrisches Feld ein, so bewegen sich die „freien" Ladungsträger aufgrund der Feldstärke. Es fließt ein Strom. Da die Ladungen nicht nach außen abfließen können – das Stück Materie ist isoliert – führt dieser Vorgang nur zu einer Umordnung der Ladungsverteilung. Es werden sehr dünne Oberflächenschichten mit negativer bzw. positiver Ladung gebildet (Bild 5.10).

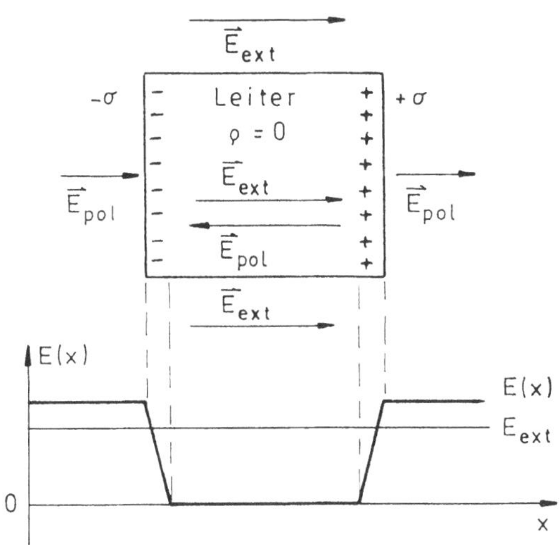

Bild 5.10 Polarisation und Feldverteilung bei einem Leiter im homogenen Feld

Zum Beispiel bewegen sich in einem metallischen Leiter die freien Elektronen entgegengesetzt zur Feldrichtung und kommen schließlich in einer Oberflächenschicht zur Ruhe, wobei auf der ihr entgegengesetzten Seite eine Schicht gebildet wird, in der die positiven Ladungen der ortsfesten Metallionen nicht durch freie Elektronen kompensiert sind. Durch diese Oberflächenladungen wird im schließlich erreichten Gleichgewichtszustand eine Feldstärke im Innern des Leiters bewirkt, die der äußeren Feldstärke entgegengesetzt gleich ist. *Die resultierende Feldstärke im Innern ist also im Gleichgewichtszustand gleich Null.* Wäre $\vec{E} \neq 0$, so würde weitere Ladungsumverteilung stattfinden, bis $\vec{E} = 0$ erreicht ist. Es gilt also

$$\varrho = 0, \ \vec{E} = 0, \ \varphi = \text{const im Innern eines Leiters} \qquad (5.13)$$

Natürlich wird auch die Feldstärke außerhalb des Leiters gegenüber der ursprünglich vorhandenen Feldstärke durch die Polarisation des Leiters geändert. Im folgenden gehen wir davon aus, daß die Dicke der durch Polarisation entstandenen Ladungsschicht an der Oberfläche klein gegen die Dimension des Körpers ist. Wir können daher diese Ladung durch eine Flächenladungsdichte σ beschreiben. Auf der Oberfläche sind die freien Ladungsträger ebenfalls frei verschiebbar. Im Gleichgewichtszustand muß also die Tangentialkomponente $= 0$ sein. Hieraus folgt $\vec{E} = E \cdot \vec{u}_n$ ($\vec{u}_n =$ Einheitsvektor der Flächennormalen) und $\varphi = const$ an der Oberfläche. *Die Oberfläche eines Leiters ist eine Äquipotentialfläche.* Nach dem Gaußschen Satz (Bild 5.11) ist die sich an der Oberfläche einstellende Flächenladungsdichte σ und die resultierende Feldstärke (Überlagerung aus externer und durch Polarisationsladungen bewirkter Feldstärke) durch folgende Beziehung (Gl. (5.14)) miteinander verknüpft. Es ist

$$d\vec{\sigma} = \mathrm{d}o \cdot \vec{u}_n \quad \text{und} \quad \vec{E} = E\vec{u}_n$$

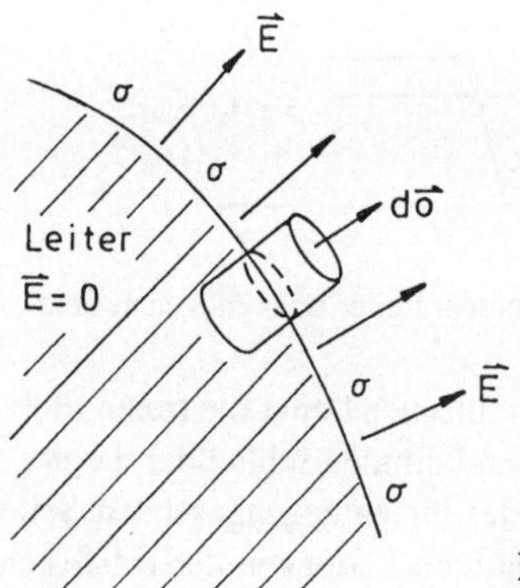

Bild 5.11
Gaußscher Satz und Oberflächenladung

Die Anwendung des Gaußschen Satzes auf die Oberfläche eines Zylinders, der, wie in Bild 5.11 angedeutet, die Grenzfläche zum Leiter senkrecht durchsetzt, ergibt

$$\vec{E} \cdot d\vec{\sigma} = E \cdot \mathrm{d}o = \frac{q}{\varepsilon_0} = \frac{\sigma \cdot \mathrm{d}o}{\varepsilon_0}$$

Daraus folgt für die Feldstärke an der **Oberfläche des Leiters**

$$\vec{E} = \frac{\sigma}{\varepsilon_0}\vec{u}_n$$

Zusammengefaßt gilt also

$$\boxed{\sigma \neq 0,\; \varphi = \text{const},\; \vec{E} = \frac{\sigma}{\varepsilon_0}\vec{u}_n \;\; \text{an der Oberfläche eines Leiters}}$$

$$(5.14)$$

Beispiele

1. Elektrisch neutrale leitende Kugel im externen homogenen Feld:
   Die Polarisation führt hier zu einer vom Ort auf der Kugeloberfläche abhängigen Flächenladungsdichte. Diese stellt sich so ein, daß die resultierende Feldstärke den Gleichungen (5.13) und (5.14) gehorcht. Hierdurch wird die Feldstärke in der Umgebung der Kugel gegenüber der ohne Leiter vorhandenen ungestörten Feldstärke stark verzerrt. Für $r \to \infty$ ($r =$ Abstand des betrachteten Punktes vom Kugelmittelpunkt) erhält man dagegen die ungestörte homogene Feldstärke (Bild 5.12).

2. Faraday-Käfig:
   Gl. (5.13) besagt, daß im Innern eines Leiters im Gleichgewichtszustand, d.h. bei Stromdichte $j = 0$ überall, kein elektrisches Feld bestehen kann. Es läßt sich sehr leicht zeigen, daß dies auch im Innern eines Hohlvolumens zutrifft, welches vollständig von leitenden Wänden umschlossen ist (Bild 5.13).

   Im Innern des betrachteten Volumens sei $\varrho = 0$. Dann ist die Laplace-Gleichung Gl. (5.10) mit der Randbedingung $\varphi = $ const überall auf dem Leiter zu lösen. Aus

   $$\Delta\varphi = 0$$

   folgt

   $$\varphi = \text{const} = \varphi_0 \quad \text{auf dem Leiter}$$

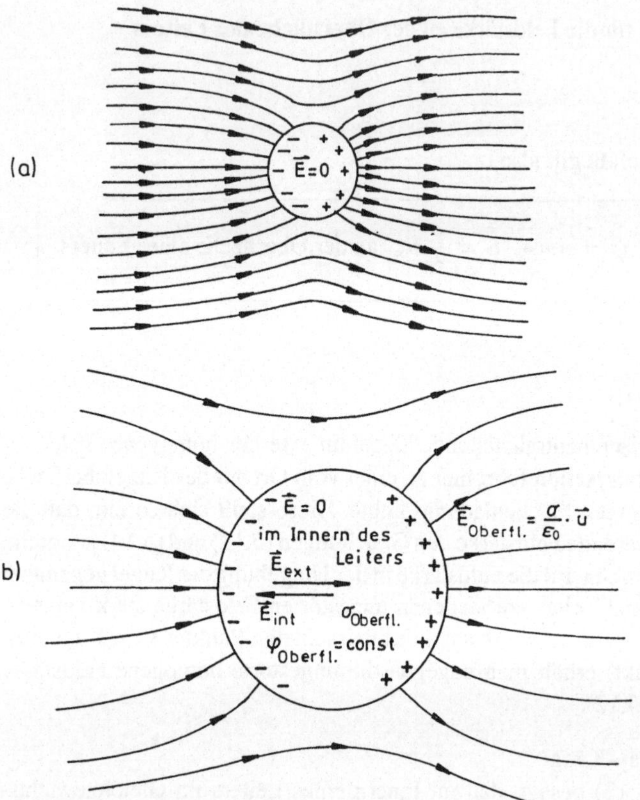

Bild 5.12 Polarisation einer leitenden Kugel. (a) Gestörte homogene Feldstärke; (b) Feld-Verhältnisse im Innern

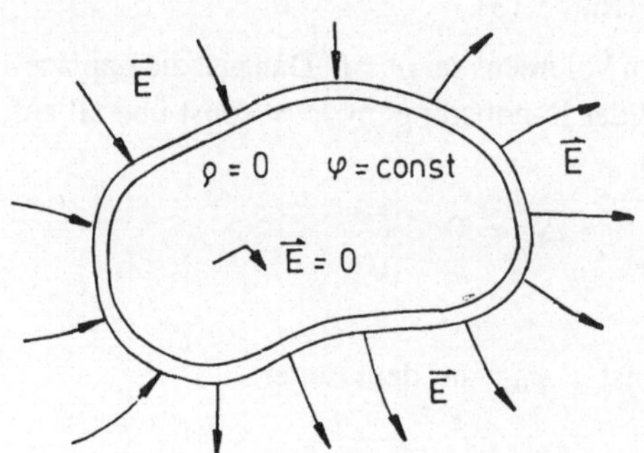

Bild 5.13
Abschirmung eines Volumens gegen ein äußeres Feld durch eine leitende Oberfläche

Da φ stetig ist, weil die potentielle Energie und also auch das elektrische Potential sich nicht sprunghaft ändern können, ist eine mögliche Lösung sicherlich $\varphi = \varphi_0$ überall im Innern. Dann ist trivialerweise $\Delta\varphi = 0$.

Bei vorgegebener äußerer Ladungsverteilung gibt es nur eine *einzige Lösung der Potentialgleichung*. Potential und Feldstärke sind aus den physikalischen Bedingungen eindeutig bestimmt. Daher ist $\varphi = \varphi_0$ im Innern die Lösung des Problems. Es folgt $\vec{E} = -\,\mathrm{grad}\,\varphi = 0$ im Innern, also ($\vec{E}$ stetig) auch $\vec{E} = 0$ auf der inneren Oberfläche. Nach Gl. (5.14) erhalten wir also auch $\sigma = 0$ auf der inneren Oberfläche. Man kann diesen Sachverhalt sehr einfach demonstrieren: Von der inneren Oberfläche eines fast geschlossenen geladenen Metallbechers kann keine Ladung abgenommen werden. Die Gesamtladung kann durch Transport von Ladung auf die innere Oberfläche so lange vergrößert werden, bis die hierdurch erzielte Feldstärke im Außenraum so groß ist, daß es zu Gasentladungen kommt. Diese Zusammenhänge werden beim van-de-Graaff-Generator zur Erzeugung hoher Feldstärken ausgenutzt. Sein Prinzip ist in Bild 5.14 schematisch dargestellt. Durch eine relativ geringe Hochspannung kann Ladung auf ein isolierendes, umlaufendes Band gesprüht und hiermit auf die isolierte Metallhaube transportiert werden. Die erreichbare Flächenladungsdichte ist so groß, daß bei den heute verwendeten Geräten Potentialdifferenzen bis etwa 10 MeV $= 10^7$ V erzielt werden. Der Hochdrucktank dient zur Erhöhung der Überschlagsfeldstärke.

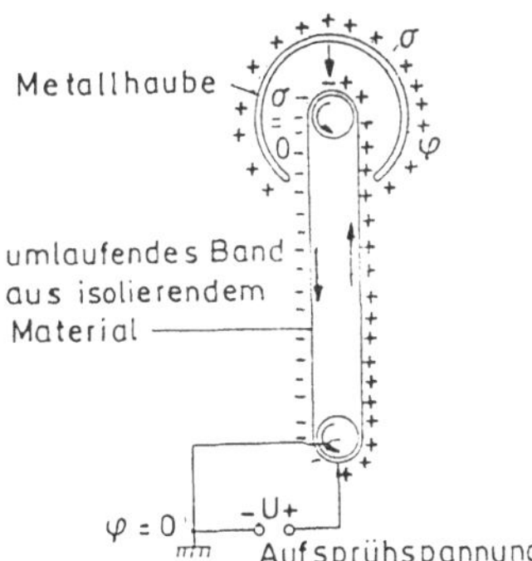

Bild 5.14
Prinzip des van-de-Graaff-Generators.

3. Punktladung vor unendlich ausgedehnter ebener Leiterfläche:
   Es wird sich auch hier, wie im Beispiel 1, eine ortsabhängige Flächenladungsdichte auf der Leiteroberfläche einstellen, und das Problem
   der Lösung der Potentialgleichung

$$\Delta\varphi = 0 \quad \text{mit} \quad \varphi = 0$$

auf der Leiteroberfläche (Leiter elektrisch neutral) erscheint zunächst
recht kompliziert. Durch einen zumindest bei ebenen Leiterflächen
stets anwendbaren Trick läßt sich die Lösung jedoch sofort hinschrei-
ben. Wir betrachten zu der gegebenen Punktladung $+q$ eine bezüglich
der Leiterfläche spiegelbildlich angebrachte fiktive Punktladung $-q$
(„Bildladung"). Die beiden Punktladungen bilden einen Dipol. Das
hierdurch erzeugte Dipolfeld (ohne Leiterplatte) ist Lösung des Problems „Punktladung–Leiterplatte". Es ist dies sofort klar, da auch das
Dipolfeld Lösung der Potentialgleichung $\Delta\varphi = 0$ sein muß. Nach
vorangegangenem Beispiel ist die Symmetrieebene zwischen den beiden Punktladungen des Dipols (Bild 2.10b) eine Äquipotentialfläche
mit $\varphi = 0$, so daß die beiden Probleme im Halbraum oberhalb der
Leiterplatte äquivalent sind (Bild 5.15).

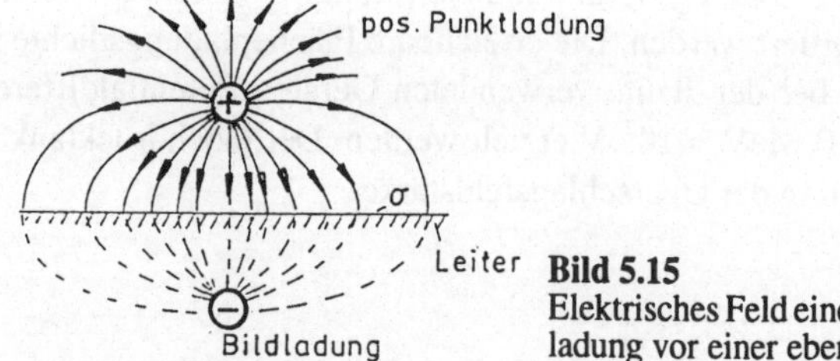

Bild 5.15
Elektrisches Feld einer positiven Punktladung vor einer ebenen Leiterfläche

4. Kapazität eines Kondensators:
   Zwei gegeneinander isolierte Leiterstücke mit entgegengesetzt gleichen Ladungen $+q$ und $-q$, bilden einen Kondensator. In Abhängigkeit von der Geometrie (Form der Leiteroberflächen, Abstand und
   Lage gegeneinander) können die Flächenladungsdichten auf den jeweiligen Leiteroberflächen eine sehr komplizierte Ortsabhängigkeit
   haben. Das insgesamt sich zwischen den beiden Leitern ausbilden-
   de elektrische Feld muß aber stets den Gleichungen (5.13), (5.14)
   genügen. Damit gilt gemäß Bild 5.16

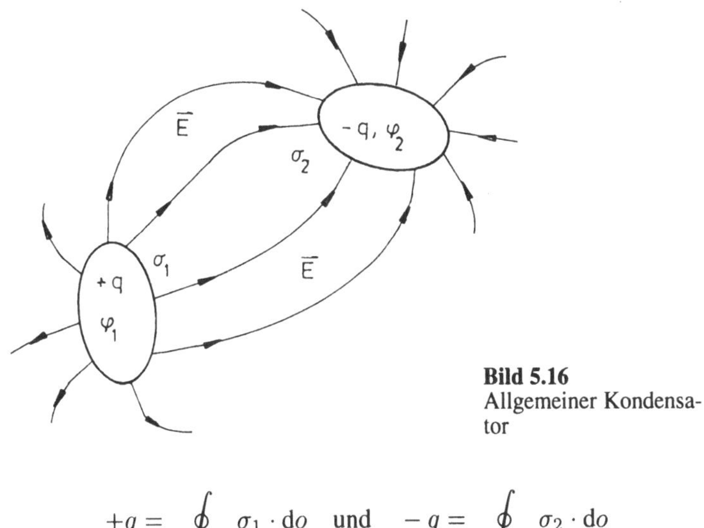

Bild 5.16
Allgemeiner Kondensator

$$+q = \oint_{\text{Oberfl.}} \sigma_1 \cdot \mathrm{d}o \quad \text{und} \quad -q = \oint_{\text{Oberfl.}} \sigma_2 \cdot \mathrm{d}o$$

Die Spannung zwischen den beiden Leitern beträgt

$$\int_1^2 \vec{E} \cdot \mathrm{d}\vec{s} = \varphi_1 - \varphi_2 = U$$

Aus der Ladung q ist bei vorgegebener Geometrie die Potential-
und Feldstärkeverteilung (Lösung der Potentialgleichung mit Gln.
(5.13), (5.14) als Randbedingungen) eindeutig bestimmt, also auch
die Potentialdifferenz U (Spannung zwischen den beiden Leitern).
Umgekehrt ergibt sich bei einer bestimmten zwischen den beiden
Leitern angelegten Spannung die Ladung q eindeutig. Wir definieren
als **Kapazität** C der Anordnung

$$\boxed{C = \frac{q}{U}} \tag{5.15}$$

C ist eine ausschließlich geometrieabhängige Größe.

Parallelplattenkondensator Wir betrachten speziell eine Anordnung aus zwei parallelen, einander gegenüberstehenden, gleich großen Leiterplatten (Bild 5.17).

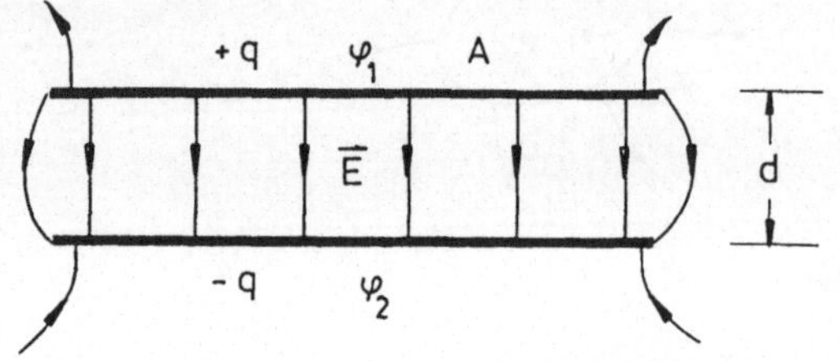

Bild 5.17
Feldverteilung und Geometrie beim Parallelplattenkondensator

Eine derartige Anordnung heißt Parallelplattenkondensator. Zwischen den Platten herrscht bis auf Randeffekte ein nahezu homogenes Feld. Die Flächenladungsdichte ist nahezu konstant. Auf den einander abgewandten Seiten der Leiterplatten ist die Flächenladungsdichte sehr klein und zu vernachlässigen, wenn gilt: *Plattenabstand ≪ ebene Plattenausdehnung*. In diesem Grenzfall gilt

$$\int\limits_A \sigma \cdot \mathrm{d}o = q = \sigma A \quad \text{und} \quad E = \frac{U}{d} = \frac{\sigma}{\varepsilon_0}$$

Also ist

$$C = \varepsilon_0 \frac{A}{d} \tag{5.16}$$

A ist die Plattenfläche, d der Plattenabstand.

Als Einheit der Kapazität wird im SI-System **1 Farad** (Kurzzeichen F) benutzt. Es ist

$$1\,\mathrm{F} = 1\frac{\mathrm{A\,s}}{\mathrm{V}} \tag{5.17}$$

Serien- und Parallelschaltung von Kondensatoren Da die Platten 2 + 3 vollständig isoliert gegenüber dem übrigen Kreis, aber miteinander verbunden sind, gilt wegen der elektrischen Neutralität $q_2 + q_3 = 0$, also etwa $q_2 = -q$ und $q_3 = +q$. Dann muß auch $q_1 = +q$ und $q_4 = -q$ sein. Somit gilt

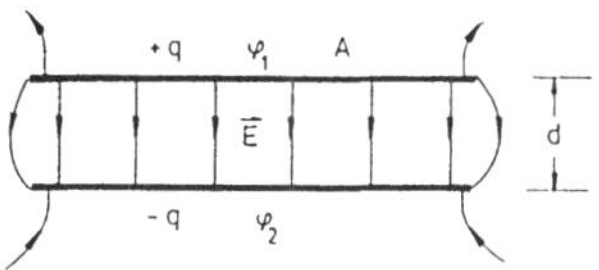

Bild 5.18
Serienschaltung zweier Kondensatoren

$$U \;=\; U_1 + U_2 = \frac{q}{C_1} + \frac{q}{C_2}$$

$$=\; q\left(\frac{1}{C_1} + \frac{1}{C_2}\right) = \frac{q}{C}$$

also für die Gesamtkapazität

$$\frac{1}{C} = \frac{1}{C_1} + \frac{1}{C_2} \qquad \text{bei Serienschaltung} \qquad (5.18)$$

Bei Parallelschaltung ist

$$q_{\text{ges}} \;=\; q_1 + q_2 = C_1 U + C_2 U$$

$$=\; (C_1 + C_2)U$$

also

$$C = C_1 + C_2 \qquad \text{bei Parallelschaltung} \qquad (5.19)$$

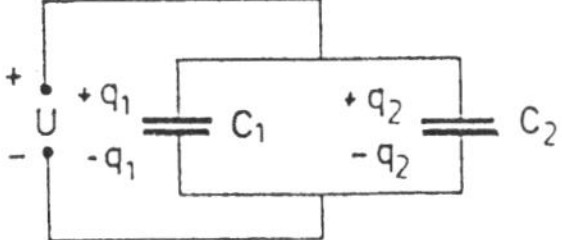

Bild 5.19
Parallelschaltung zweier Kondensatoren

Dielektrika Aus Abschn. 2.3 wiederholen wir: Atome haben aufgrund der sphärischen Symmetrie der Elektronenhülle kein permanentes Dipolmoment. Ihre Ladungsverteilung kann aber im elektrischen Feld polarisiert werden (Verschiebung der Ladungsschwerpunkte gegeneinander), so daß sie ein feldstärkeabhängiges **induziertes Dipolmoment** in Richtung der äußeren Feldstärke erlangen. Moleküle können ein **permanentes Dipolmoment** besitzen. Der Ausrichtung im Feld (Drehmoment s. Gl. (2.25))

wirkt die thermische Bewegung entgegen, so daß auch hier ein feldstärkeabhängiges mittleres Dipolmoment in Feldrichtung entsteht (Bild 5.20).

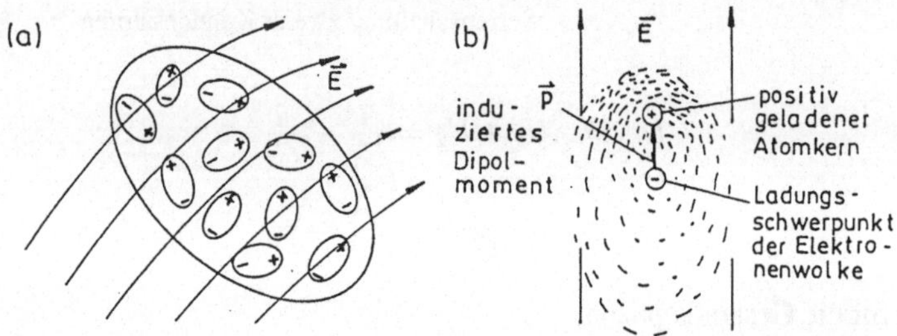

Bild 5.20   (a) Ausrichtung permanenter Dipole im äußeren elektrischen Feld; (b)
Entstehung des induzierten Dipolmoments durch Polarisation der Ladungsverteilung

Medien, die auf diese Weise polarisiert werden, heißen **Dielektrika**.
Im folgenden wird die vielfach zutreffende Annahme gemacht, daß die
Konzentration frei verschiebbarer Ladungsträger zu vernachlässigen ist.
Zur quantitativen Beschreibung der Verhältnisse führt man die sogenannte
Polarisation $\vec{P}$ ein. Es gilt die Definition:

$$\vec{P} = \frac{\mathrm{d}\vec{p}}{\mathrm{d}V}, \quad \text{mit} \quad [P] = \frac{\mathrm{A\,s}}{\mathrm{m}^2} \tag{5.20}$$

Hierin ist $\mathrm{d}\vec{p}$ das im Volumenelement $\mathrm{d}V$ vorhandene mittlere resultierende
Dipolmoment (Zahl der Atome/Moleküle in $\mathrm{d}V \times$ mittleres Dipolmoment
des einzelnen Atoms/Moleküls in Feldrichtung). In sehr vielen Fällen ist die
Polarisation der elektrischen Feldstärke proportional. Der Zusammenhang
wird dann durch eine rein materialabhängige Proportionalitätskonstante, die
sogenannte **elektrische Suszeptibilität** χ_e beschrieben gemäß

$$\vec{P} = \chi_e \varepsilon_0 \vec{E} \tag{5.21}$$

Der Faktor ε_0 wird konventionellerweise herausgezogen, damit die elektrische Suszeptibilität durch eine reine Zahl beschrieben wird. $\varepsilon_0 \vec{E}$ hat
die Einheit $\mathrm{A\,s/m^2}$. Für **polare Stoffe**, das sind Medien mit permanentem

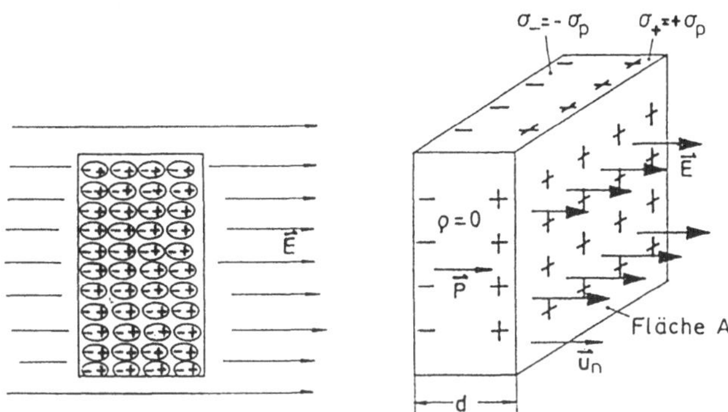

Bild 5.21 Zur Herleitung von Gl. (5.22) im einfachsten Fall des Quaders

Dipolmoment der Moleküle, erhält man eine Abnahme der elektrischen Suszeptibilität mit zunehmender Temperatur infolge zunehmender Depolarisationswirkung durch die thermische Bewegung der Moleküle. Für **unpolare Stoffe** (Medien mit ausschließlich induziertem Dipolmoment der Atome/Moleküle) ist χ_e von der Temperatur unabhängig.

Tabelle 5.1 Elektrische Suszeptibilität einiger Materialien bei 20 °C und 1 atm

Material	χ_e	Material	χ_e
spez. keramische		Ethylalkohol	24
Kunststoffe (z.B. Titandioxid)	≤ 100	Öle	$1.1 - 1.3$
Glas, Porzellan	$4 - 8$	Helium	$6 \cdot 10^{-5}$
Polyethylen, Teflon, etc.	$1 - 2$	Stickstoff	$5 \cdot 10^{-4}$
Wasser	78	CO_2	$9.2 \cdot 10^{-4}$

Durch Polarisation entstehende Flächenladungsdichte an der Oberfläche des Dielektrikums Im Innern des Dielektrikums bleibt zwar (elektrische Neutralität vorausgesetzt) auch bei Einschalten eines elektrischen Feldes die Ladungsdichte ungeändert $\varrho = 0$ (die Ladungsträger sind ja nicht frei verschiebbar). An der Oberfläche entsteht aber eine Flächenladungsdichte $\sigma \neq 0$. Zum Verständnis vgl. Bild 5.21.

In dem in Bild 5.21 dargestellten einfachsten Fall erhält man für das gesamte Dipolmoment des Dielektrikums (Volumen Ad, gesamte Oberflächenladung $\sigma_p A$)

$$\vec{p}_{\text{tot}} = Ad\vec{P} = \sigma_p Ad\vec{u}_n$$

also

$$\boxed{\sigma_p = \vec{P}\vec{u}_n} \tag{5.22}$$

Trotz der speziellen Ableitung gilt Gl. (5.22) auch im allgemeinen Fall beliebig geformter dielektrischer Körper. Der Index p in σ_p soll darauf hinweisen, daß die Flächenladungsdichte durch Polarisation des Dielektrikums entstanden ist.

Zur weiteren quantitativen Beschreibung werde im folgenden als einfachste Anordnung ein mit einem Dielektrikum vollständig gefüllter Parallelplattenkondensator betrachtet. Neben der tatsächlich im Dielektrikum erzeugten Feldstärke $\vec{E}$ werde diejenige Feldstärke, die ohne Dielektrikum, d.h. im Vakuum erzeugt wurde, mit $\vec{E}_V$ bezeichnet. $\vec{E}_p$ bezeichnet denjenigen Feldstärkeanteil, der durch die Polarisationsoberflächenladungen mit dem Dielektrikum erzeugt wird (Bild 5.22).

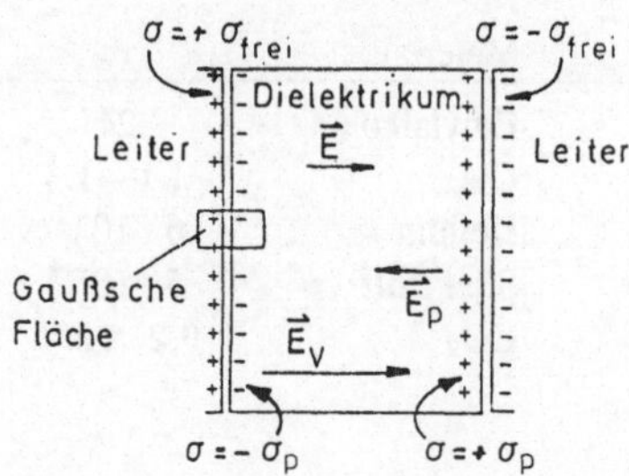

Bild 5.22
Schwächung des elektrischen Feldes durch Polarisation des Dielektrikums. σ_{frei} ist die Flächenladungsdichte der frei verschiebbaren Ladung auf der Leiteroberfläche, σ_p die der durch Polarisation auf der Oberfläche des Dielektrikums entstandenen Ladung.

Durch Anwendung des Gaußschen Satzes Gl. (5.14) erhalten wir

$$\vec{E} = \frac{\sigma_{\text{frei}} - \sigma_p}{\varepsilon_0}\vec{u}_n = \vec{E}_V + \vec{E}_p$$

Mit Gl. (5.22) folgt

$$\vec{E} = \vec{E}_V - \frac{1}{\varepsilon_0}\vec{P}$$

und somit

$$\varepsilon_0 \vec{E}_V = \sigma_{\text{frei}} \vec{u}_n = \varepsilon_0 \vec{E} + \vec{P}$$

Den Vektor $\varepsilon_0 \vec{E}_V = \sigma_{\text{frei}} \vec{u}_n$ bezeichnet man als **elektrische Verschiebungsdichte** $\vec{D}$. Damit erhalten wir die Definition der elektrischen Verschiebungsdichte $\vec{D}$

$$\boxed{\vec{D} = \varepsilon_0 \vec{E} + \vec{P}} \tag{5.23}$$

und aus der Ableitung folgt für die Dichte der frei verschiebbaren Ladungen auf den Leiterplatten, daher der Name Verschiebungsdichte für $\vec{D}$

$$\boxed{\sigma_{\text{frei}} = \vec{D} \vec{u}_n} \tag{5.24}$$

Auch die Gleichungen (5.23) und (5.24) gelten unabhängig von dem hier gewählten Spezialfall für allgemeine Anordnungen. Gl. (5.24) ist die zu Gl. (5.22) analoge Beziehung. Falls die Polarisation von der Feldstärke entsprechend Gl. (5.21) abhängig ist, erhält man aus (5.23)

$$\boxed{\begin{aligned} \vec{D} &= \varepsilon \vec{E} \qquad \text{mit} \\ \varepsilon &= \varepsilon_0 (1 + \chi_e) \end{aligned}} \tag{5.25}$$

ε heißt **Dielektrizitätskonstante**, $\varepsilon/\varepsilon_0 = 1 + \chi_e$ **Dielektrizitätszahl**. Sie ist dimensionslos und wird im englischen Sprachgebrauch leider auch als „dielectric constant" bezeichnet. Gl. (5.25) besagt, daß die im Dielektrikum erzeugte elektrische Feldstärke $\vec{E}$ gegenüber derjenigen im Vakuum vorhandenen $\vec{D}/\varepsilon_0$ um den Faktor $\varepsilon/\varepsilon_0$ geschwächt ist. Die Schwächung entsteht dadurch, daß das im Vakuum erzeugte elektrische Feld durch das Feld der Polarisationsladungen teilweise kompensiert wird (vgl. Bild 5.22). Zur Erinnerung: In Leitern wird es vollständig kompensiert.

Nach Gl. (5.24) ist die auf einem Leiter insgesamt vorhandene Ladung gegeben durch

$$q_{\text{frei}} = \oint_{\text{Leiteroberfl.}} \sigma_{\text{frei}} \cdot \mathrm{d}o = \oint_{\text{Leiteroberfl.}} \vec{D} \cdot \mathrm{d}\vec{o} = \phi_{\vec{D}}$$

und es gilt auch allgemein: Die von einer beliebigen geschlossenen Oberfläche eingeschlossene freie, d.h. nicht durch Polarisation entstandene Ladung ist gleich dem **Fluß der Verschiebungsdichte**. Der durch Gl. (5.4)) angegebene Gaußsche Satz beinhaltet **sämtliche** Ladungen, Gl. (5.26) dagegen nur die **freien** Ladungen. Also ist

$$\oint \vec{D} \cdot d\vec{o} = \oint \varepsilon \vec{E} \cdot d\vec{o} = q_{\text{frei}} \qquad (5.26)$$

Herleitung für den Fall einer Punktladung im homogenen Dielektrikum
Als Gaußsche Fläche wählen wir eine Kugeloberfläche mit dem Radius r um eine Punktladung $+q$ (s. Bild 5.23). Da die Anordnung vollkommen kugelsymmetrisch ist, ist die durch Polarisation auf der Gaußschen Oberfläche entstandene Flächenladungsdichte überall konstant. Die Polarisation weist überall in Richtung der Flächennormalen (Einheitsvektor $\vec{u}_r$). Die eingeschlossene Ladung ist $q - 4\pi r^2 \sigma_p$. Der Gaußsche Satz Gl. (5.4) lautet also

$$\oint \varepsilon_0 \vec{E} \cdot d\vec{o} = q - 4\pi r^2 \sigma_p$$

Mit Gl. (5.22) folgt

$$\oint \varepsilon_0 \vec{E} \cdot d\vec{o} = q - \oint \vec{P} \cdot d\vec{o}$$

Das ergibt

$$\oint (\varepsilon_0 \vec{E} + \vec{P}) \cdot d\vec{o} = q$$

und mit Gln. (5.23) und (5.25)

$$\oint \varepsilon \vec{E} \cdot d\vec{o} = q$$

Da aus Symmetriegründen $\vec{E} = |E|\vec{u}_r$ ist, erhalten wir für das elektrische Feld einer Punktladung im homogenen Dielektrikum

$$\vec{E} = \frac{q}{4\pi \varepsilon r^2} \vec{u}_r \qquad (5.27)$$

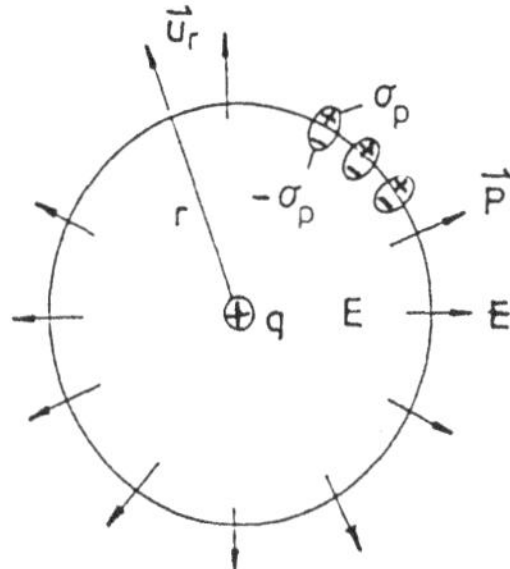

Bild 5.23
Zur Herleitung der Gln. (5.26) und (5.27) für eine
Punktladung im Dielektrikum

Entsprechend folgt für die Coulomb-Kraft zwischen den Punktladungen q
und q' im Dielektrikum:

$$\vec{F} = \frac{qq'}{4\pi\varepsilon r^2}\vec{u}_r \tag{5.28}$$

Feldstärke und Coulomb-Kraft sind also allgemein gegenüber den Verhält-
nissen im Vakuum um den Faktor $\varepsilon/\varepsilon_0$ geschwächt.

Abschließend sei nochmals darauf hingewiesen, daß natürlich auch bei
Vorhandensein eines Dielektrikums der Gaußsche Satz in der Form Gl.
(5.4) gültig bleibt. Jedoch müssen hier **sämtliche** Ladungen, also freie und
durch Polarisation entstandene, berücksichtigt werden. Schreibt man den
Gaußschen Satz hingegen in der Form der Gl. (5.26), so treten nur die freien
Ladungen in Erscheinung. Die der Gl. (5.26) entsprechende differentielle
Form (Poisson-Gleichung im Dielektrikum, vgl. Gl. (5.9)) lautet

$$\Delta\varphi = -\frac{1}{\varepsilon}\varrho \tag{5.29}$$

Beispiele

1. Plattenkondensator mit Dielektrikum:
   Nach Gln. (5.24) und (5.25) ist

$$\sigma_{\text{frei}} = \varepsilon E \quad \text{und} \quad q_{\text{frei}} = A\sigma_{\text{frei}}$$

   Nach wie vor gilt

$$E = \frac{U}{d}$$

Also ergibt sich

$$\boxed{C = \varepsilon \frac{A}{d}} \tag{5.30}$$

Die Kapazität eines mit Dielektrikum erfüllten Plattenkondensators ist also gegenüber der Anordnung ohne Dielektrikum um den Faktor $\varepsilon/\varepsilon_0$ vergrößert. Dieses Ergebnis gilt allgemein für beliebige Kondensatoren.

2. Kugelkondensator im Dielektrikum:

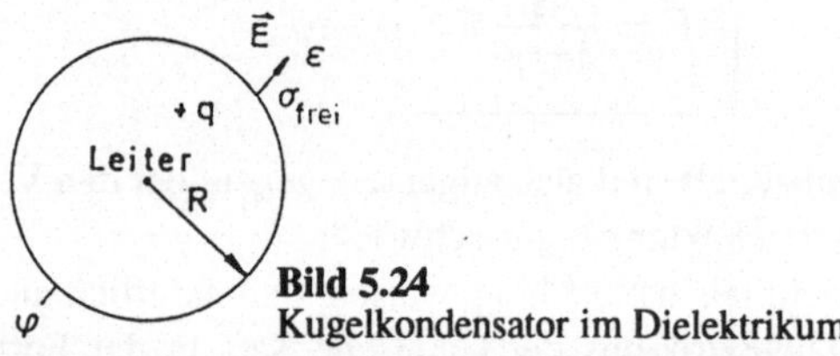

Bild 5.24
Kugelkondensator im Dielektrikum

Gemäß Gl. (5.26) ist

$$\vec{E} = E\vec{u}_r = \frac{\sigma_{\text{frei}}}{\varepsilon}\vec{u}_r$$

und somit

$$\vec{E} = \frac{q}{4\pi r^2 \varepsilon}\vec{u}_r$$

Das ergibt

$$\varphi(R) = + \int\limits_{R}^{\infty} \vec{E} \cdot \mathrm{d}\vec{r} = \frac{1}{\varepsilon}\frac{q}{4\pi R}$$

mit $\varphi = 0$ für $r = \infty$. Also beträgt die Kapazität

$$\boxed{C = 4\pi\varepsilon R} \tag{5.31}$$

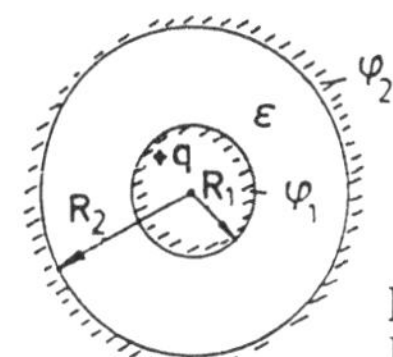

Bild 5.25
Konzentrische Kugelanordnung

Für eine konzentrische Kugelanordnung folgt

$$U = \varphi_1 - \varphi_2 = \int\limits_{R_1}^{R_2} \vec{E} \cdot \mathrm{d}\vec{r} = \frac{q}{4\pi\varepsilon} \left(\frac{1}{R_1} - \frac{1}{R_2} \right)$$

also die Kapazität

$$\boxed{C = 4\pi\varepsilon \frac{R_1 \cdot R_2}{R_2 - R_1}} \tag{5.32}$$

3. Energie des elektrischen Feldes:
   Wir betrachten die allgemeine Kondensatoranordnung der Bild 5.26.
   Zunächst seien beide Leiter neutral. Es existiert also auch kein elektrisches Feld. Der Endzustand (Ladung $+Q$ auf Leiter 1, Ladung $-Q$ auf Leiter 2) kann dadurch erzeugt werden, daß Ladungen $+\mathrm{d}q$ portionsweise von 2 nach 1 transportiert werden. Dabei muß gegen das sich zunehmend aufbauende Feld Arbeit geleistet werden, und zwar gilt

$$\mathrm{d}W = \left(- \int\limits_1^2 \vec{E} \cdot \mathrm{d}\vec{s} \right) \cdot \mathrm{d}q = (\varphi_1 - \varphi_2) \cdot \mathrm{d}q$$

Nach Definition der Kapazität ist

$$\varphi_1 - \varphi_2 = \frac{q}{C}$$

wobei $+q$ bzw. $-q$ die bereits auf dem Leiter 1 bzw. dem Leiter 2 befindliche Ladung ist. Also gilt

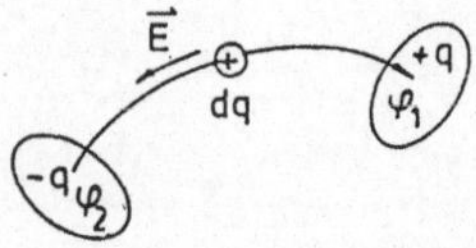

Bild 5.26
Zur Herleitung der Gl. (5.33)

$$\mathrm{d}W = \frac{1}{C}q \cdot \mathrm{d}q$$

Für die insgesamt zum Aufbau des Feldes (Ladung $+Q$ auf Leiter 1 und $-Q$ auf Leiter 2) zu leistende Arbeit erhält man durch Integration zu

$$W = \frac{1}{C}\int\limits_{0}^{Q} q \cdot \mathrm{d}q = \frac{Q^2}{2C}$$

Diese ist gleich dem gesamten Energieinhalt des elektrischen Feldes zwischen den beiden Leitern. Mit Gl. (5.15) ergibt sich also

$$W_e = \frac{Q^2}{2C} = \frac{1}{2}QU = \frac{1}{2}CU^2 \qquad (5.33)$$

Im Fall des Parallelplattenkondensators gilt für die Feldstärke zwischen den Platten (Dielektrikum mit Dielektrizitätskonstante ε) nach Gl. (5.30)

$$E = \frac{U}{d} \quad \text{und} \quad C = \varepsilon\frac{A}{d}$$

Das führt auf

$$\int E^2 \cdot \mathrm{d}V = \frac{U^2}{d^2}Ad = U^2\frac{A}{d} = \frac{1}{\varepsilon}CU^2$$

Der Vergleich mit Gl. (5.33) ergibt

$$W_e = \frac{1}{2}\int \varepsilon E^2 \cdot \mathrm{d}V \qquad (5.34)$$

Dieses Ergebnis gilt ganz allgemein für jede beliebige Anordnung, wobei das Volumenintegral über den gesamten felderfüllten Raum zu erstrecken ist.

Interpretation von Gl. (5.34): Die Dichte der im elektrischen Feld gespeicherten Energie ist gegeben durch

$$\frac{dW_e}{dV} = \frac{1}{2}\,\varepsilon E^2 = \frac{1}{2}\,DE \qquad (5.35)$$

5.3 Ergänzung*: Potential und Feldstärke polarisierter Materie

Rückblick   Körper mit Raum- und Oberflächen-Ladungen:

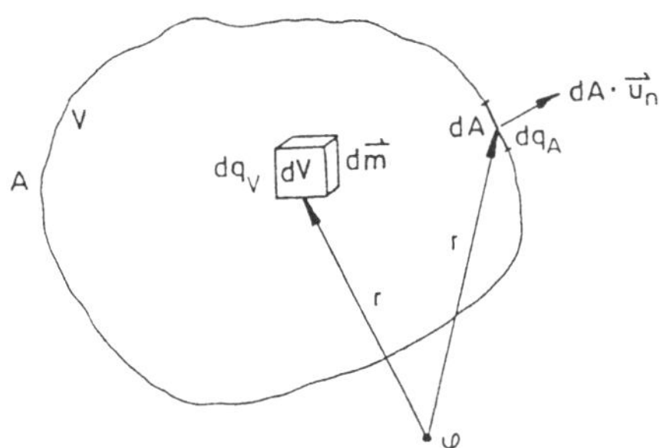

$$\varrho \;=\; \frac{dq_V}{dV} \;=\; \qquad \text{Raumladungsdichte}$$

$$\sigma \;=\; \frac{dq_A}{dA} \;=\; \qquad \text{(Ober-) Flächenladungsdichte}$$

Von dV und dA erzeugtes **Potential** im Aufpunkt:

$$d\varphi = \frac{1}{4\pi\varepsilon_0}\left(\frac{dq_V}{r} + \frac{dq_A}{r}\right) = \frac{1}{4\pi\varepsilon_0}\left(\frac{\varrho \cdot dV}{r} + \frac{\sigma \cdot dA}{r}\right)$$

Das vom gesamten Körper erzeugte Potential beträgt dann bis auf eine willkürlich wählbare Konstante:

$$\varphi = \frac{1}{4\pi\varepsilon_0} \left(\int_V \frac{\varrho}{r} \cdot dV + \oint_A \frac{\sigma}{r} \cdot dA \right) \tag{5.36}$$

Die **Feldstärke** ergibt sich aus dem Potential durch Gradienten-Bildung, d.h. es ist:

$$\vec{E} = -\operatorname{grad} \varphi + \vec{E}_0$$

wenn $\vec{E}_0$ die Feldstärke eines den **leeren** Raum erfüllenden zusätzlichen Grund-Feldes bezeichnet.
ϱ erzeugt Quellen für $\vec{E}$:

$$\operatorname{div} \vec{E} = \frac{\varrho}{\varepsilon_0}$$

Damit zusammenhängend gilt: Beim Passieren einer **geladenen** Trennfläche zwischen zwei Gebieten 1 und 2, also z.B. der Oberfläche eines Körpers, ändert sich die **Normalkomponente** von $\vec{E}$ **sprunghaft**:

$$(\vec{E}_2 - \vec{E}_1) \cdot \vec{u}_n = \frac{\sigma}{\varepsilon_0} \tag{5.37}$$

Der Körper ist zusätzlich **polarisiert**, d.h.: Das Volumenelement dV besitzt zusätzlich ein elektrisches **Dipolmoment** $d\vec{m}$.
Räumliche „Dipolmomentendichte":

$$\vec{P} = \frac{d\vec{m}}{dV} = \quad \text{Polarisation}$$

Das Potential eines Dipols mit dem Moment $d\vec{m} = \vec{P} \cdot dV$ im Abstand r beträgt, sofern der Ortsvektor vom Aufpunkt zum Dipol weist:

$$d\varphi_P = \frac{1}{4\pi\varepsilon_0} \cdot d\vec{m} \operatorname{grad} \frac{1}{r} = \frac{1}{4\pi\varepsilon_0} \vec{P} \left(\operatorname{grad} \frac{1}{r} \right) \cdot dV$$

Die Rechenregeln der Vektoranalysis liefern:

$$\operatorname{div}(a\vec{b}) = a \operatorname{div} \vec{b} + \vec{b} \operatorname{grad} a \tag{5.38}$$

Damit folgt:

$$\mathrm{d}\varphi_P = \frac{1}{4\pi\varepsilon_0}\left[\left(\mathrm{div}\,\frac{\vec{P}}{r}\right)\cdot\mathrm{d}V - \frac{\mathrm{div}\,\vec{P}}{r}\cdot\mathrm{d}V\right]$$

Das gesamte, durch ϱ, σ und $\vec{P}$ erzeugte Potential ist dann:

$$\mathrm{d}\varphi = \frac{1}{4\pi\varepsilon_0}\left[\frac{\varrho}{r}\cdot\mathrm{d}V + \frac{\sigma}{r}\cdot\mathrm{d}A + \left(\mathrm{div}\,\frac{\vec{P}}{r}\right)\cdot\mathrm{d}V - \frac{\mathrm{div}\,\vec{P}}{r}\cdot\mathrm{d}V\right]$$

oder

$$\varphi = \frac{1}{4\pi\varepsilon_0}\left[\int_V \frac{\varrho - \mathrm{div}\,\vec{P}}{r}\cdot\mathrm{d}V + \int_V \left(\mathrm{div}\,\frac{\vec{P}}{r}\right)\cdot\mathrm{d}V + \oint_A \frac{\sigma}{r}\cdot\mathrm{d}A\right]$$

Die Anwendung des Gaußschen Satzes der Vektoranalysis auf das zweite Integral liefert:

$$\int_V \left(\mathrm{div}\,\frac{\vec{P}}{r}\right)\cdot\mathrm{d}V = \oint_A \frac{\vec{P}\cdot\mathrm{d}\vec{A}}{r} = \oint_A \frac{\vec{P}\cdot\mathrm{d}\vec{A}}{r\cdot\mathrm{d}A}\cdot\mathrm{d}A = \oint \frac{\vec{P}\vec{u}_n}{r}\cdot\mathrm{d}A$$

Das ergibt:

$$\varphi = \frac{1}{4\pi\varepsilon_0}\left[\int_V \frac{\varrho - \mathrm{div}\,\vec{P}}{r}\cdot\mathrm{d}V + \oint_A \frac{\sigma + \vec{P}\vec{u}_n}{r}\cdot\mathrm{d}A\right] \qquad (5.39)$$

Ein Vergleich mit (5.36) zeigt: Als Folge der Polarisation ändert sich die Raumladungsdichte von ϱ auf:

$$\varrho' = \varrho - \mathrm{div}\,\vec{P} \qquad (5.40)$$

und die (Ober-) Flächenladungsdichte von σ auf

$$\sigma' = \sigma + \vec{P}\vec{u}_n \qquad (5.41)$$

Die Raumladungsdichte bildet die Quellen für $\vec{E}$:

$$\mathrm{div}\,\vec{E} = \frac{\varrho'}{\varepsilon_0} = \frac{\varrho - \mathrm{div}\,\vec{P}}{\varepsilon_0}$$

Also ist:

$$\operatorname{div}(\varepsilon_0 \vec{E} + \vec{P}) = \varrho \tag{5.42}$$

An der Oberfläche des Körpers (Außenwelt: Vakuum) erfährt die Normalkomponente von $\vec{E}$ nach (5.37) einen Sprung gemäß:

$$(\vec{E}_2 - \vec{E}_1) \cdot \vec{u}_n = \frac{\sigma'}{\varepsilon_0} = \frac{\sigma + \vec{P} \cdot \vec{u}_n}{\varepsilon_0}$$

Ist die Außenwelt ein ebenfalls polarisiertes Medium (Polarisation $\vec{P}_2$), dann ist

$$(\vec{E}_2 - \vec{E}_1)\vec{u}_n = \frac{\sigma + (\vec{P}_1 - \vec{P}_2) \cdot \vec{u}_n}{\varepsilon_0}$$

Das ergibt:

$$(\varepsilon_0 \vec{E}_2 + \vec{P}_2)\vec{u}_n - (\varepsilon_0 \vec{E}_1 + \vec{P}_1)\vec{u}_n = \sigma \tag{5.43}$$

Definition:

$$\vec{D} = \varepsilon_0 \vec{E} + \vec{P} \tag{5.44}$$

$\vec{D} = $ „Elektrische Verschiebungsdichte"
Aus (5.42) folgt:

$$\operatorname{div} \vec{D} = \varrho \tag{5.45}$$

Aus (5.43) folgt:

$$(\vec{D}_2 - \vec{D}_1)\vec{u}_n = \sigma \tag{5.46}$$

Die Normalkomponente der elektrischen Verschiebungsdichte erfährt an der Trennfläche zweier Medien einen Sprung um σ.

Stufenweise Spezialisierung

A.) Der Körper ist **ungeladen**: $\varrho = 0$; $\sigma = 0$ („Dielektrikum"). Aus (5.40), (5.41) und (5.39) folgt:

$$\varrho' = -\operatorname{div}\vec{P}, \quad \sigma' = \vec{P}\vec{u}_n \qquad \text{und} \qquad (5.47)$$

$$\varphi = \frac{1}{4\pi\varepsilon_0}\left[\int_V \frac{-\operatorname{div}\vec{P}}{r}\cdot \mathrm{d}V + \oint_A \frac{\vec{P}\vec{u}_n}{r}\cdot \mathrm{d}A\right] \quad (5.48)$$

Die Polarisation **allein** erzeugt also eine Raumladungsdichte der Größe $-\operatorname{div}\vec{P}$ und eine Oberflächenladungsdichte der Größe $\vec{P}\cdot\vec{u}_n$. Aus (5.45) folgt:

$$\operatorname{div}\vec{D} = 0 \qquad (5.49)$$

Das Vektorfeld der Verschiebungsdichte ist dann im Innern des Körpers überall **quellenfrei**.
Aus (5.46) folgt:

$$\vec{D}_1\cdot\vec{u}_n = \vec{D}_2\cdot\vec{u}_n \qquad (5.50)$$

Die Normalenkomponente der Verschiebungsdichte passiert dann die Trennfläche zweier Medien **stetig**.

B.) Die Polarisation $\vec{P}$ und die Feldstärke $\vec{E}$ sind zueinander **proportional**: $\vec{P} = k\vec{E}$ (Isotropes Dielektrikum).
Definition:

$$\chi = \frac{k}{\varepsilon_0} = \text{„Elektrische Suszeptibilität"}$$

Also ist:

$$\vec{P} = \chi\varepsilon_0\vec{E}$$

Aus (5.44) folgt:

$$\vec{D} = \varepsilon_0\vec{E} + \vec{P} = \varepsilon_0\vec{E} + \chi\varepsilon_0\vec{E} = \varepsilon_0(\chi+1)\vec{E}$$

Definition:

$$\varepsilon = \varepsilon_0(\chi+1) = \text{„Dielektrizitätskonstante"}$$
$$\varepsilon_r = \frac{\varepsilon}{\varepsilon_0} = \chi + 1 = \text{„Dielektrizitätszahl"}$$

(„Dielektrizitätszahl" = „relative" Dielektrizitätskonstante)
Damit ist:

$$\vec{D} = \varepsilon \vec{E} \tag{5.51}$$

Aus (5.49) folgt mit (5.38):

$$\operatorname{div} \vec{D} = \operatorname{div}(\varepsilon \vec{E}) = \varepsilon \operatorname{div} \vec{E} + \vec{E}\operatorname{grad} \varepsilon = 0$$

oder

$$\operatorname{div} \vec{E} = -\frac{\operatorname{grad} \varepsilon}{\varepsilon} \vec{E} \tag{5.52}$$

Aus (5.50) ergibt sich:

$$\varepsilon_1 \vec{E}_1 \vec{u}_n = \varepsilon_2 \vec{E}_2 \vec{u}_n \quad \text{oder} \quad \frac{\vec{E}_1 \vec{u}_n}{\vec{E}_2 \cdot \vec{u}_n} = \frac{\varepsilon_2}{\varepsilon_1}$$

Die Normalkomponenten der Feldstärke an der Trennfläche zweier
Medien stehen im umgekehrten Verhältnis zu den Dielektrizitätskonstanten beider Medien.

C.) Die Dielektrizitätskonstante ist eine vom Ort innerhalb des Körpers
unabhängige **Materialkonstante**. Dann ist grad $\varepsilon = 0$, und aus (5.52)
folgt:

$$\operatorname{div} \vec{E} = 0$$

Zusätzlich zum $\vec{D}$-Feld ist dann im Innern des Körpers also auch das
$\vec{E}$-Feld **quellenfrei**. Das ergibt zusammen mit (5.49):

$$\operatorname{div} \vec{D} = \operatorname{div}(\varepsilon_0 \vec{E} + \vec{P}) = \varepsilon_0 \operatorname{div} \vec{E} + \operatorname{div} \vec{P} = \operatorname{div} \vec{P} = 0$$

Damit folgt aus (5.47) und (5.48):

$$\varrho' = 0, \quad \sigma' = \vec{P}\vec{u}_n \tag{5.53}$$

und

$$\varphi = \frac{1}{4\pi\varepsilon_0} \oint\limits_A \frac{\vec{P}\vec{u}_n}{r} \cdot \mathrm{d}A$$

Der Körper ist also **raumladungsfrei**. Er trägt nur Oberflächenladungen mit der Flächenladungsdichte $\vec{P} \cdot \vec{u}_n$.

D.) Der Körper ist **homogen polarisiert**, d.h. es ist $\vec{P} = $ const. Sein (makroskopisches) Dipolmoment $\vec{m}$ beträgt dann:

$$\vec{m} = \int_V d\vec{m} = \int_V \vec{P} \cdot dV = \vec{P} \int_V \cdot dV \qquad \text{oder}$$

$$\vec{m} = \vec{P}V \tag{5.54}$$

5.3.1　Homogen polarisierte, unendlich ausgedehnte Platte

Vorgegeben: $\vec{P}$ senkrecht zur Plattenebene in Normalenrichtung. Flächenladungsdichte σ_1 der Oberfläche A_1:

$$\sigma_1 = \vec{P} \cdot \vec{u}_{n_1} = +P$$

Flächenladungsdichte σ_2 der Oberfläche A_2:

$$\sigma_2 = \vec{P}\vec{u}_{n_2} = \vec{P}(-\vec{u}_{n_1}) = -P$$

Feld der positiv geladenen Oberfläche A: Anwendung von (5.37) ergibt:

$$(\vec{E}_1^+ - \vec{E}^+)\vec{u}_{n_1} = \frac{\sigma_1}{\varepsilon_0} = \frac{P}{\varepsilon_0}$$

Aus Symmetriegründen ist: $\vec{E}^+ = -\vec{E}_1^+$. Damit folgt:

$$2\vec{E}_1^+ \vec{u}_{n_1} = 2E_1^+ = \frac{P}{\varepsilon_0} \quad \text{oder} \quad \vec{E}_1^+ = \frac{\vec{P}}{2\varepsilon_0}$$

Feld der negativ geladenen Oberfläche A_2:

$$(\vec{E}_2^- - \vec{E}^-)\vec{u}_{n_2} = \frac{\sigma_2}{\varepsilon_0} = -\frac{P}{\varepsilon_0}$$

Wegen $\vec{E}^- = -\vec{E}_2^-$ und $\vec{u}_{n_2} = -\vec{u}_{n_1}$ folgt:

$$-2\vec{E}_2^- \vec{u}_{n_1} = -2\vec{E}_2^- = -\frac{P}{\varepsilon_0} \quad \text{oder} \quad \vec{E}_2^- = \frac{\vec{P}}{2\varepsilon_0}$$

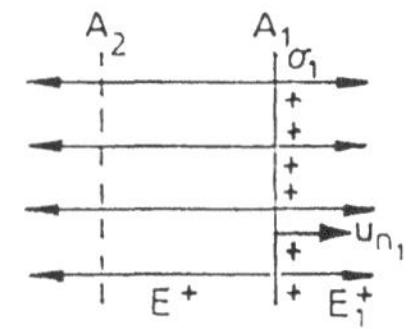

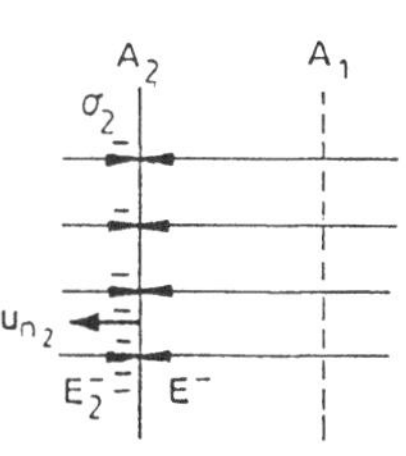

Das von der polarisierten Platte erzeugte Feld (Feldstärke $\vec{E}_P$) ist die Überlagerung der Felder beider Oberflächen A_1 und A_2.
Das durch die Polarisation $\vec{P}$ erzeugte Feld ist also auf das Platteninnere beschränkt und der Polarisation entgegengesetzt gerichtet.

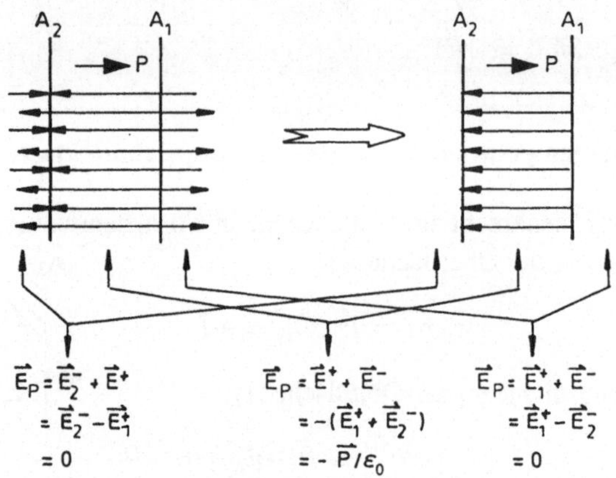

5.3.2 Ursprünglich unpolarisierte, unendlich ausgedehnte Platte im äußeren homogenen Feld

Unter der Wirkung eines elektrischen Feldes wird eine normalerweise unpolarisierte Substanz (Dielektrikum) polarisiert. Die mikroskopische Ursache hierfür ist die gegensinnige Verschiebung der negativen Elektronenwolke und der positiven Atomkerne in den Atomen oder Molekülen unter der Kraftwirkung des Feldes („Dielektrische" Polarisation) und die Ausrichtung der Moleküle mit permanenten Dipolmomenten durch das Feld („Parelektrische" Polarisation). Das resultierende elektrische Feld ($\vec{E}$) ist die Überlagerung des äußeren Feldes ($\vec{E}_0$) und des durch die induzierte Polarisation erzeugten Feldes ($\vec{E}_P$):

$$\vec{E} = \vec{E}_0 + \vec{E}_P$$

Vorgegeben: Homogenes äußeres Feld der Feldstärke $\vec{E}_0$ senkrecht zur Plattenebene in Normalenrichtung. Die Dielektrizitätskonstante ist eine Materialkonstante und bekannt. Ferner ist $\vec{P} \sim \vec{E}$.

Aus dem Ergebnis von Beispiel 5.3.1 folgt:

$$\vec{E} = \vec{E}_0 - \frac{\vec{P}}{\varepsilon_0}$$

oder

$$\varepsilon_0 \vec{E}_0 = \varepsilon_0 \vec{E} + \vec{P}$$

Mit (5.44) und (5.51) ist

$$\varepsilon_0 \vec{E}_0 = D = \varepsilon \vec{E}$$

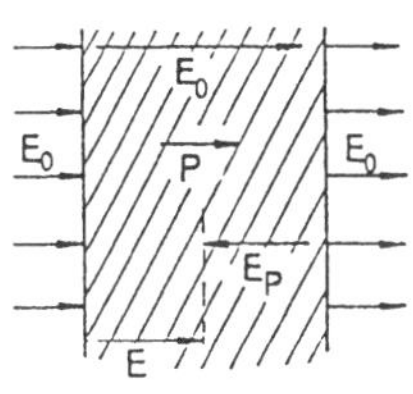

Das ergibt:

$$\vec{E} = \frac{\varepsilon_0}{\varepsilon} \vec{E}_0 = \frac{\vec{E}_0}{\varepsilon_r}$$

Die erzeugte Polarisation setzt also die Feldstärke im Innern der Substanz um den Faktor ε_r herab. Als Polarisation folgt:

$$\vec{P} = \varepsilon_0(\vec{E}_0 - \vec{E}) = \varepsilon_0(\varepsilon_r \vec{E} - \vec{E}) = \varepsilon_0(\varepsilon_r - 1)\vec{E}$$

oder auch:

$$\vec{P} = \varepsilon_0 \frac{\varepsilon_r - 1}{\varepsilon_r} \vec{E}_0$$

5.3.3 Mit einem Dielektrikum ausgefüllter Plattenkondensator

Vorgegeben: Plattenkondensator mit dem Plattenabstand d und den Ladungen $\pm Q_0$ auf den Platten.

Leerer Kondensator:

Feldstärke: $\vec{E}_0$

Spannung: $U_0 = E_0 d$

Kapazität:

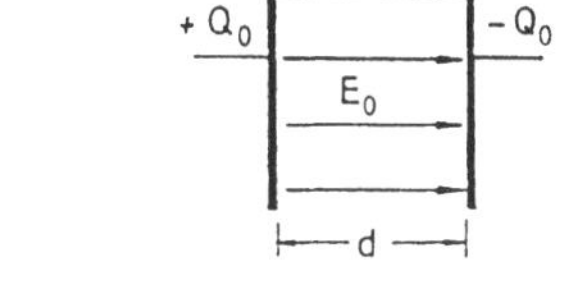

$$C_0 = \frac{Q_0}{U_0}$$

Gefüllter Kondensator:

Feldstärke:

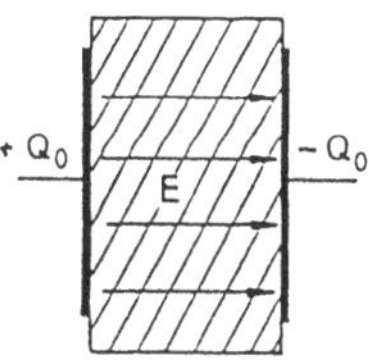

$$\vec{E} = \frac{\vec{E}_0}{\varepsilon_r}$$

Spannung:

$$U = Ed = \frac{E_0 d}{\varepsilon_r} = \frac{U_0}{\varepsilon_r}$$

Kapazität:

$$C = \frac{Q}{U} = \frac{Q_0}{U_0}\varepsilon_r = \varepsilon_r C_0$$

Die Kapazität erhöht sich also um den Faktor ε_r.

5.3.4 Geschichtete, unendlich ausgedehnte Platte im homogenen Feld

Vorgegeben: Aus zwei Schichten mit den bekannten Dielektrizitätskonstanten ε_1 und ε_2 aufgebaute Platte im homogenen Feld der Feldstärke $\vec{E}_0$ senkrecht zur Plattenebene.

Aus (5.50), d.h. aus der Stetigkeit der Normalkomponente der Verschiebungsdichte, folgt:

$$D_0 = D_1 = D_2$$

Verschiebungsdichte des Vakuums ($P_0 = 0$):

$$D_0 = \varepsilon_0 E_0 + P_0 = \varepsilon_0 E_0$$

Also ergibt sich mit (5.51):

$$\varepsilon_0 E_0 = \varepsilon_1 E_1 = \varepsilon_2 E_2$$

oder:

$$\vec{E}_1 = \frac{\vec{E}_0}{\varepsilon_{r_1}}, \qquad \vec{E}_2 = \frac{\vec{E}_0}{\varepsilon_{r_2}}$$

Flächenladungsdichten: Mit dem Endergebnis aus Beispiel 2 folgt:

$$\sigma_1 \;=\; -P_1 = -\varepsilon_0 \frac{\varepsilon_{r_1} - 1}{\varepsilon_{r_1}} E_0$$

$$\sigma_2 \;=\; P_1 - P_2 = \varepsilon_0 \left(\frac{\varepsilon_{r_1} - 1}{\varepsilon_{r_1}} - \frac{\varepsilon_{r_2} - 1}{\varepsilon_{r_2}} \right) E_0$$

$$\;=\; \varepsilon_0 \frac{\varepsilon_{r_1} - \varepsilon_{r_2}}{\varepsilon_{r_1} \varepsilon_{r_2}} E_0$$

$$\sigma_3 \;=\; P_2 = \varepsilon_0 \frac{\varepsilon_{r_2} - 1}{\varepsilon_{r_2}} E_0$$

5.3.5 Homogen polarisierte Kugel

Vorgegeben: Homogen in x-Richtung polarisierte Kugel (Polarisation $\vec{P} = P\vec{u}_x$) mit dem Radius R.
Nach (5.54) beträgt das Dipolmoment der gesamten Kugel:

$$\vec{m} \;=\; \vec{P}V = \frac{4\pi}{3} R^3 \vec{u}_x$$

$$\;=\; m\vec{u}_x$$

Das elektrische Feld $\vec{E}_a$ **außerhalb** der Kugel ist also identisch mit dem Feld eines in x-Richtung weisenden Dipols vom Moment $\vec{m}$ im Zentrum der Kugel. Das Potential φ_a dieses Feldes ist, wenn der Ortsvektor $\vec{r}$ vom Dipol zum Aufpunkt weist:

$$\varphi_a \;=\; -\frac{1}{4\pi\varepsilon_0} \vec{m}\,\mathrm{grad}\,\frac{1}{r} = -\frac{1}{4\pi\varepsilon_0} m_x \left(\mathrm{grad}\,\frac{1}{r} \right)_x$$

$$\;=\; -\frac{1}{4\pi\varepsilon_0} m \frac{\mathrm{d}}{\mathrm{d}r}\left(\frac{1}{r} \right) \frac{\partial r}{\partial x} = \frac{1}{4\pi\varepsilon_0} \frac{m}{r^2} \frac{\partial r}{\partial x}$$

$$\;=\; \frac{1}{4\pi\varepsilon_0} \frac{m}{r^2} \frac{\partial}{\partial x}(x^2 + y^2 + z^2)^{1/2} = \frac{1}{4\pi\varepsilon_0} \frac{m}{r^3} x$$

$$\;=\; \frac{P}{3\varepsilon_0} \frac{R^3}{r^3} x \quad (r \geq R)$$

Auf der Kugeloberfläche $(r = R)$ ist dann:

$$\varphi_a(R, x) = \frac{P}{3\varepsilon_0} x \equiv \varphi_A \tag{5.55}$$

Potentiale sind immer stetig und passieren auch ladungsbelegte Flächen stetig. Also muß das Potential φ_i des Kugelinneren an der Kugeloberfläche denselben Wert annehmen, d.h. es muß gelten:

$$\varphi_i(R, x) = \varphi_a(R, x) = \varphi_A \qquad (5.56)$$

Für Potentiale gilt folgender allgemeiner und grundlegender Zusammenhang:

Korollar 5.2 *Ist ein Körper oder allgemein ein Volumenbereich raumladungsfrei, so daß dort für das Potential $\varphi(\vec{r})$ die Laplace-Gleichung $\Delta\varphi = 0$ gilt, und ist $\phi(\vec{r})$ irgendeine, z.B. erratene oder vermutete Lösung der Laplace-Gleichung, und genügt $\phi(\vec{r})$ allen erforderlichen Randbedingungen an der Oberfläche des Körpers bzw. den Grenzen des Volumenbereichs, ist also insbesondere das Oberflächenpotential φ_A als Funktion der Orte $\vec{r}_A$ der Oberfläche bekannt und gilt $\phi(\vec{r}_A) = \varphi_A$, dann ist $\phi(\vec{r})$ zwangsläufig und eindeutig auch die einzig richtige Lösung der Laplace-Gleichung für alle Orte $\vec{r}$ im Innern des Körpers bzw. des Volumenbereichs, d.h. es ist $\varphi(\vec{r}) = \phi(\vec{r})$.*

Diese Aussage heißt der **Eindeutigkeitssatz** für Potentiale.

Voraussetzungsgemäß ist die betrachtete Kugel homogen polarisiert, ihr Inneres also wegen div $\vec{P} = 0$ raumladungsfrei. Die Randbedingungen für das Potential φ_i sind durch (5.55) und (5.56) festgelegt. Ein Potential, das diesen Bedingungen genügt und die Laplace-Gleichung erfüllt, ist leicht zu erraten:

$$\phi(r) = \frac{P}{3\varepsilon_0} x \qquad (5.57)$$

Damit sind alle Voraussetzungen für die Anwendbarkeit des Eindeutigkeitssatzes erfüllt. Es ist also:

$$\varphi_i = \frac{P}{3\varepsilon_0} x \qquad (5.58)$$

Zur Verdeutlichung: Für den Volumenbereich **außerhalb** der Kugel stellt (5.55) nur **eine** der dort erforderlichen Randbedingungen dar. Als **weitere** kommt hinzu, daß das Außenfeld im Unendlichen verschwinden muß ($\vec{E}_a \to 0$ für $r \to \infty$). Das Potential φ_a muß also im Unendlichen ebenfalls verschwinden oder zumindest gegen einen konstanten Wert laufen. Die erratene Lösung (5.57) erfüllt diese zweite Randbedingung **nicht**. (5.58) kann also im Außenraum nicht gelten:

Die Feldstärke innerhalb der Kugel ergibt sich aus (5.58) gemäß

$$\vec{E}_i = -\operatorname{grad} \varphi_i = -\frac{\partial \varphi_i}{\partial x}\vec{u}_x - \frac{\partial \varphi_i}{\partial y}\vec{u}_y - \frac{\partial \varphi_i}{\partial z}\vec{u}_z$$

Da φ_i nur von x abhängt, verbleibt:

$$\vec{E}_i = -\frac{\partial \varphi_i}{\partial x}\vec{u}_x = -\frac{P}{3\varepsilon_0}\vec{u}_x$$

oder

$$\vec{E}_i = -\frac{1}{3\varepsilon_0}\vec{P} \qquad (5.59)$$

Das Feld einer homogen polarisierten Kugel ist also **innerhalb** der Kugel ebenfalls homogen und zur Polarisation entgegengesetzt gerichtet, und es ist **außerhalb** der Kugel das Feld eines Dipols mit dem Moment $\vec{m} = \vec{P}V$.

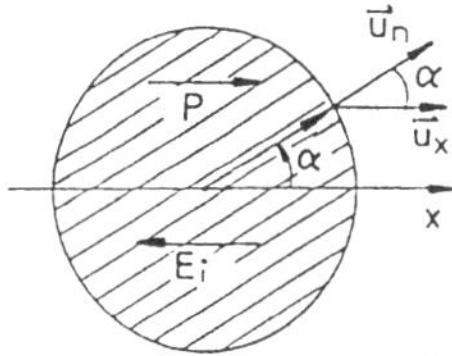

Die Verteilung der Flächenladungsdichte auf der Kugeloberfläche ergibt sich aus (5.53) mit $\vec{u}_n = \vec{u}_r$ und $\vec{P} = P\vec{u}_x$ zu:

$$\sigma = \vec{P}\vec{u}_n = P\vec{u}_x\vec{u}_r \qquad \text{oder} \qquad \sigma = P\cos\alpha$$

Dabei ist α der Winkel zwischen dem zum Aufpunkt auf der Kugeloberfläche führenden Ortsvektor und der x-Achse. σ ist also maximal positiv am $(+x)$-Pol $(\alpha = 0°)$, maximal negativ am $(-x)$-Pol $(\alpha = 180°)$ und Null am Äquator $(\alpha = 90°)$.

5.3.6 Ursprünglich unpolarisierte Kugel im äußeren homogenen Feld

Vorgegeben: Kugel mit dem Radius R aus einer isotropen Substanz mit der Dielektrizitätskonstanten ε in einem homogenen Außenfeld mit der

Feldstärke $\vec{E}_0$ in x-Richtung ($\vec{E}_0 = E_0\vec{u}_x$).

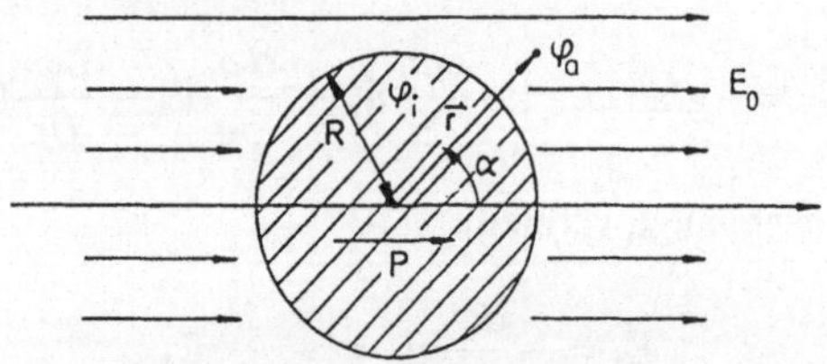

Vermutung: Das homogene äußere Feld erzeugt eine ebenfalls **homogene** Polarisation der Kugel in Feldrichtung. Die resultierende Feldverteilung ergäbe sich dann in einfacher Weise durch Überlagerung des homogenen Außenfeldes und des im Beispiel 5 diskutierten Polarisationsfeldes, d.h. es wäre unter Verwendung des Ergebnisses (5.59) **innerhalb** der Kugel:

$$\vec{E}_i = \vec{E}_0 - \frac{1}{3\varepsilon_0}\vec{P}$$

und **außerhalb** der Kugel:

$$\vec{E}_a = \vec{E}_0 + \quad \text{(Dipolfeld von } \vec{m}) = \vec{P}V$$

Die zu diesen Feldern gehörenden Potentiale sind mit (5.57) und dem Ergebnis für φ_a aus Beispiel 5:

$$\phi_i(\vec{r}) = \frac{P}{3\varepsilon_0}x - E_0 x$$

und

$$\phi_a(\vec{r}) = \frac{P}{3\varepsilon_0}\frac{R^3}{r^3}x - E_0 x \tag{5.60}$$

Der Übergang zu Polarkoordinaten ergibt mit $x = r\cos\alpha$:

$$\phi_i(r,\alpha) = \left(\frac{P}{3\varepsilon_0} - E_0\right)r\cos\alpha \tag{5.61}$$

und

$$\phi_a(r,\alpha) = \left(\frac{P}{3\varepsilon_0}\frac{R^3}{r^2} - E_0 r\right)\cos\alpha \tag{5.62}$$

Beide Potentiale gehorchen der Laplace-Gleichung $\Delta\phi = 0$. Um den Eindeutigkeitssatz anwenden zu können, muß überprüft werden, ob diese „erratenen" Potentiale alle Randbedingungen erfüllen. Davon gibt es drei:

1. Die Stetigkeit des Potentials verlangt für die Kugeloberfläche:

$$\phi_i(R, \alpha) = \phi_a(R, \alpha)$$

Diese Bedingung wird von (5.61) und (5.62) offensichtlich erfüllt.

2. Die Normalkomponente der Verschiebungsdichte muß gemäß (5.50) die Kugeloberfläche stetig passieren. Mit

$$\vec{D}_1 = \varepsilon_0 \vec{E}_i + \vec{P}, \ \vec{D}_2 = \varepsilon_0 \vec{E}_a \quad \text{und} \quad \vec{u}_n = \vec{u}_r$$

lautet (5.50):

$$\varepsilon_0 \vec{E}_i \cdot \vec{u}_r + \vec{P} \cdot \vec{u}_r = \varepsilon_0 \vec{E}_a \cdot \vec{u}_r$$

Ferner ist:

$$\begin{aligned}
\vec{P} \cdot \vec{u}_r &= P\vec{u}_x \cdot \vec{u}_r = \vec{P}\cos\alpha, \\
\vec{E}_i \cdot \vec{u}_r &= -\frac{\partial \phi_i}{\partial r} \quad \text{und} \quad \vec{E}_a \cdot \vec{u}_r = -\frac{\partial \phi_a}{\partial r}
\end{aligned}$$

Damit folgt als zweite Randbedingung für das Potential an der Kugeloberfläche:

$$\varepsilon_0 \left(\frac{\partial \phi_i}{\partial r} - \frac{\partial \phi_a}{\partial r} \right)_{r=R} = P\cos\alpha \qquad (5.63)$$

Aus (5.61) und (5.62) folgt:

$$\frac{\partial \phi_i}{\partial r} = \left(\frac{P}{3\varepsilon_0} - E_0 \right) \cos\alpha$$

und:

$$\frac{\partial \phi_a}{\partial r} = \left(-\frac{2P}{3\varepsilon_0} \frac{R^3}{r^3} - E_0 \right) \cos\alpha$$

Für $r = R$ ergibt die Differenz $(P/\varepsilon_0)\cos\alpha$. Somit ist also (5.63), d.h. die zweite Randbedingung, ebenfalls erfüllt.

3. Für $r \to \infty$ muß die Feldstärke E_a in die Feldstärke $\vec{E}_0$ des ungestörten Außenfeldes, d.h. das Potential ϕ_a in den Wert $-E_0 x$ übergehen. Wie aus (5.60) hervorgeht, ist auch diese letzte Randbedingung erfüllt.

Damit sind alle Voraussetzungen für die Anwendbarkeit des Eindeutigkeitssatzes gegeben, d.h. es ist

$$\varphi_i(r, \alpha) = \phi_i(r, \alpha) \quad \text{und} \quad \varphi_a(r, \alpha) = \phi_a(r, \alpha)$$

Die eingangs geäußerte Vermutung wird somit bestätigt. Die durch das Außenfeld induzierte Polarisation läßt sich, ausgehend von der Beziehung

$$\vec{E}_i = \vec{E}_0 - \frac{1}{3\varepsilon_0}\vec{P}$$

berechnen. Mit $\vec{P} = \chi\varepsilon_0\vec{E}_i$ und $\chi = \varepsilon_r - 1$ folgt:

$$\frac{1}{\chi\varepsilon_0}\vec{P} = \vec{E}_0 - \frac{1}{3\varepsilon_0}\vec{P}$$

oder:

$$\vec{P}\left(\frac{1}{\chi} + \frac{1}{3}\right) = \varepsilon_0\vec{E}_0 = \vec{P}\left(\frac{3+\chi}{3\chi}\right) = \vec{P}\frac{1}{3}\left(\frac{\varepsilon_0 + 2}{\varepsilon_r - 1}\right)$$

Das ergibt schließlich:

$$\vec{P} = 3\varepsilon_0\frac{\varepsilon_r - 1}{\varepsilon_r + 2}\vec{E}_0$$

Das Dipolmoment $\vec{m} = \vec{P}V$ der Kugel beträgt dann:

$$\vec{m} = 4\pi\varepsilon_0 R^3\frac{\varepsilon_r - 1}{\varepsilon_r + 2}\vec{E}_0$$

5.4 Amperescher Satz des Magnetfeldes

Die Ableitungen sind ganz analog zu denjenigen des Gaußschen Satzes und werden deshalb nur relativ kurz besprochen. Für das Linienintegral der magnetischen Induktion längs eines konzentrischen Kreises um eine geradlinige Strombahn der Stromstärke I ergibt sich nach Gl. (3.38)

$$\vec{B} = \frac{\mu_0 I}{2\pi r}\vec{u}_\vartheta$$

und somit

$$\oint_{\text{Kreis}} \vec{B} \cdot \mathrm{d}\vec{s} = \mu_0 I$$

unabhängig vom Radius der Kreisbahn (Bild 5.27). Das Ergebnis bleibt auch für einen beliebigen geschlossenen Integrationsweg in einer Ebene $\perp$ zur Strombahn richtig.

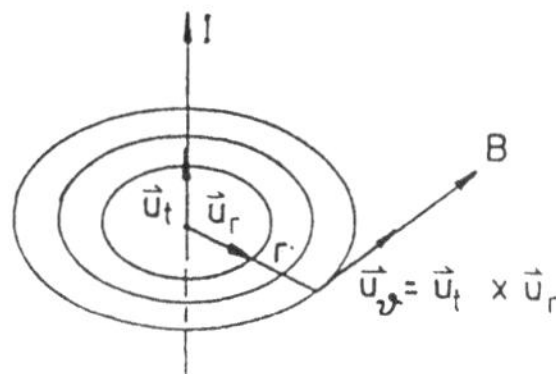

Bild 5.27
Magnetfeld um einen langen geraden Leiter

Mit den Bezeichnungen von Bild 5.28 folgt

$$\begin{aligned}
\vec{B}(r) \cdot \mathrm{d}\vec{s}_r &= B(r) \cdot \mathrm{d}s_r \cos\alpha \\
&= B(r)r \cdot \mathrm{d}\Theta = \frac{r}{R}B(r) \cdot \mathrm{d}s_R \\
&= B(R) \cdot \mathrm{d}s_R
\end{aligned}$$

und somit

$$\oint_{\text{Integr.Weg}} \vec{B} \cdot \mathrm{d}\vec{s} = \oint_{\text{Radius } R} \vec{B} \cdot \mathrm{d}\vec{s} = \mu_0 I$$

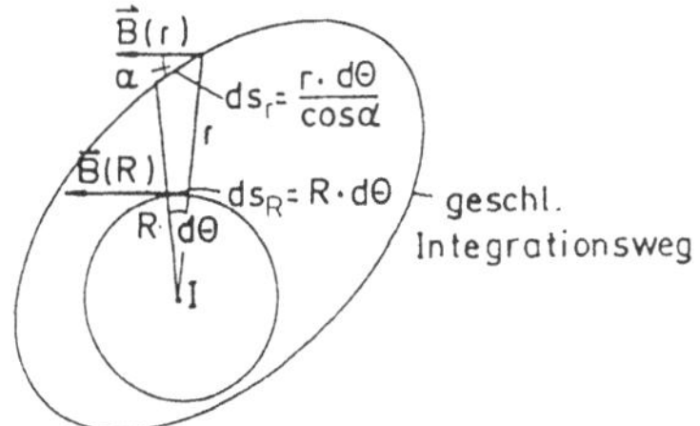

Bild 5.28
Zum Amvereschen Satz

Mit einer etwas aufwendigeren geometrischen Betrachtung läßt sich zeigen, daß die abgeleitete Gleichung auch bei beliebig gekrümmtem, geschlossenen Integrationsweg um I gültig ist. Aus der allgemeinen Form des Biot-Savartschen Gesetzes Gl. (3.35a) ergibt sich ferner und schließlich entsprechend: Längs eines **beliebig gekrümmten** geschlossenen Integrationsweges um einen **beliebig gekrümmten** Leiter mit der Stromstärke I gilt für die durch I bewirkte magnetische Induktion der Amperesche Satz

$$\oint \vec{B} \cdot \mathrm{d}\vec{s} = \mu_0 I \tag{5.64}$$

Vom Integrationsweg wird eine bestimmte Fläche O begrenzt, die durch die Strombahn I geschnitten wird.

Schneiden mehrere Strombahnen I_1, I_2, I_3 diese Fläche oder fließt der elektrische Strom in einem ausgedehnten Leiter, so bleibt Gl. (5.64) richtig, wenn wir gemäß Gl. (4.3) die Stromstärke I durch $\int \vec{j} \cdot \mathrm{d}\vec{o}$ ersetzen. Der Amperesche Satz in allgemeiner Form lautet dann (Bild 5.29):

$$\oint_{\text{Rand von } O} \vec{B} \cdot \mathrm{d}\vec{s} = \mu_0 \int_{O} \vec{j} \cdot \mathrm{d}\vec{o} \tag{5.65}$$

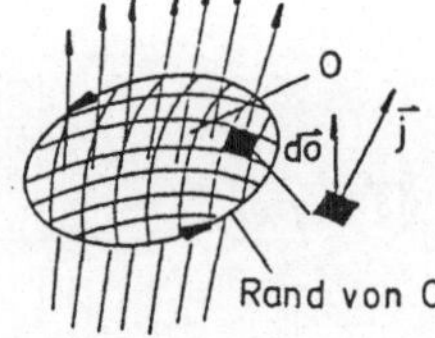

Bild 5.29
Zur allgemeinen Formulierung des Ampereschen Satzes

Anwendungsbeispiele

1. Biot-Savartsches Gesetz und Amperescher Satz.
   Genauso wie das Coulombsche Gesetz und der Gaußsche Satz des elektrischen Feldes, so sind auch das Biot-Savartsche Gesetz und der Amperesche Satz des Magnetfeldes einander äquivalent. Im vorstehenden ist der Amperesche Satz aus dem Biot-Savartschen Gesetz abgeleitet worden. Umgekehrt ergibt sich für einen geradlinigen Leiter nach Bild 5.27 wegen der Kreissymmetrie $B = B(r)\vec{u}_\vartheta$ aus dem Ampereschen Satz die Beziehung $B(r) = \mu_0 I/(2\pi r)$, also das Biot-Savartsche Gesetz für einen geradlinigen Leiter.

2. Berechnung der magnetischen Induktion im Innern einer sehr langen stromdurchflossenen Spule hoher Windungszahl.

Der Amperesche Satz läßt sich, genauso wie der Gaußsche Satz im Fall des elektrischen Feldes, immer dann leicht anwenden, wenn das Problem zu einer sofort einsichtigen Symmetrie der magnetischen Induktion führt. Im Fall einer langen Spule wollen wir die magnetische Induktion im Zentrum der Spule ausrechnen und wählen den in Bild 5.30 angegebenen Integrationsweg S_0.

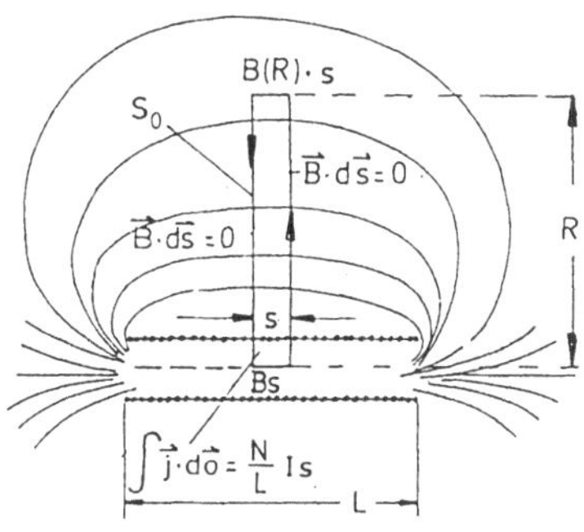

Bild 5.30
Zur Ableitung der magnetischen Induktion im Zentrum einer langen Spule

Es gilt sicher $B(R) \to 0$ für $R \to \infty$. Also wählen wir R hinreichend groß. Dann ist

$$\oint \vec{B} \cdot d\vec{s} = Bs = \mu_0 \frac{N}{L} I s$$

Das ergibt

$$B = \mu_0 \frac{N}{L} I$$

bei insgesamt N Windungen und der Stromstärke I.

Amperescher Satz in differentieller Form   Wir betrachten ein quadratisches Flächenelement senkrecht zur x-Richtung in einem B-Feld (Bild 5.31).

Das Flächenelement $\Delta O = \Delta z \cdot \Delta y$ sei so klein, daß überall $\vec{j} = $ const gilt. Damit wird

$$\int_{\Delta O} \vec{j} \cdot d\vec{o} = j_x \cdot \Delta y \cdot \Delta z$$

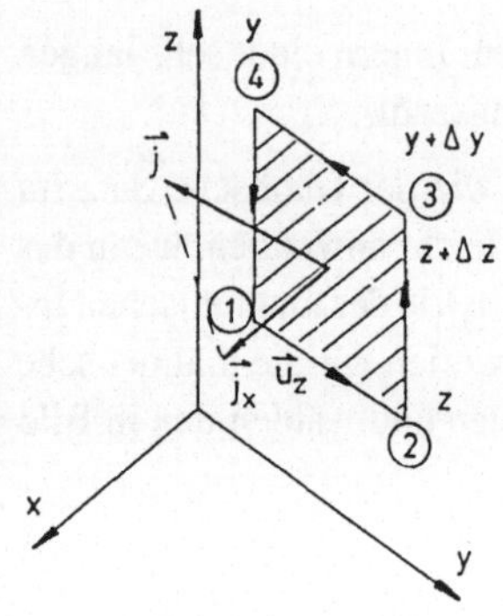

Bild 5.31
Zur Ableitung des Ampereschen Satzes in differentieller Form

Die Integration längs des Randes von ΔO führt auf vier Teilintegrale:

$$\oint \vec{B} \cdot \mathrm{d}\vec{s} \;=\; \int\limits_1^2 \vec{B}\vec{u}_y \cdot \mathrm{d}y + \int\limits_2^3 \vec{B}\vec{u}_z \cdot \mathrm{d}z$$

$$+ \int\limits_3^4 \vec{B}(-\vec{u}_y) \cdot \mathrm{d}y + \int\limits_4^1 \vec{B}(-\vec{u}_z) \cdot \mathrm{d}z$$

$$=\; B_y(z) \cdot \Delta y + B_z(y + \Delta y) \cdot \Delta z$$

$$-\, B_y(z + \Delta z) \cdot \Delta y - B_z(y) \cdot \Delta z$$

B_y, B_z sind die Komponenten der magnetischen Induktion in $y-$ und $z-$Richtung. B_y an der Stelle $z + \Delta z$ wird sich aber i.a. noch etwas von B_y an der Stelle z unterscheiden. Entsprechendes gilt für B_z. Nach Umstellung erhält man

$$\oint \vec{B} \cdot \mathrm{d}\vec{s} \;=\; \Big[B_z(y + \Delta y) - B_z(y)\Big] \cdot \Delta z$$

$$-\Big[B_y(z + \Delta z) - B_y(z)\Big] \cdot \Delta y$$

Die Anwendung des Ampereschen Satzes Gl. (5.65) ergibt nach Division durch $\Delta y \cdot \Delta z$

$$\frac{B_z(y + \Delta y) - B_z(y)}{\Delta y} - \frac{B_y(z + \Delta z) - B_y(z)}{\Delta z} = \mu_0 j_x$$

Der Grenzübergang $\Delta y, \Delta z \to 0$ liefert

$$\frac{\partial B_z}{\partial y} - \frac{\partial B_y}{\partial z} = \mu_0 j_x$$

Entsprechende Gleichungen ergeben sich, falls wir die Fläche ΔO senkrecht zur $y-$ bzw. $z-$Achse orientieren. Wir definieren zu einer ortsabhängigen Vektorfunktion $\vec{a}(\vec{r})$ die Rotation

$$\mathrm{rot}\,\vec{a} = \left(\frac{\partial a_z}{\partial y} - \frac{\partial a_y}{\partial z}\right)\vec{u}_x + \left(\frac{\partial a_x}{\partial z} - \frac{\partial a_z}{\partial x}\right)\vec{u}_y + \left(\frac{\partial a_y}{\partial x} - \frac{\partial a_x}{\partial y}\right)\vec{u}_z$$

$$(5.66)$$

und erhalten damit den Ampereschen Satz in differentieller Form

$$\mathrm{rot}\,\vec{B} = \mu_0 \vec{j}$$

$$(5.67)$$

Bei bekannter Stromdichteverteilung $\vec{j}(\vec{r})$ kann die magnetische Induktion als Lösung der Differentialgleichung (5.67) errechnet werden. Elektrisches Analogon: Bei bekannter Raumladungsverteilung $\varrho(\vec{r})$ kann $\vec{E}$ aus div $\vec{E} = \varrho/\varepsilon_0$ errechnet werden.

Zur Gegenüberstellung der Verhältnisse im elektrischen und magnetischen Feld sei noch ergänzt: Aus Gl. (4.32) folgt:

$$\mathrm{rot}\,\vec{E} = 0$$

$$(5.68)$$

Ferner gilt: Es gibt keine magnetische „Ladung". Magnetische „Monopole" sind nicht beobachtet worden. Die Kraftlinien des magnetischen Feldes sind also stets geschlossen.

Bild 5.32
Zum magnetischen Fluß

Daher ist der magnetische Fluß durch eine geschlossene Fläche stets gleich Null. Der mathematische Beweis kann mit dem Biot-Savartschen Gesetz Gl. (3.35a) geführt werden. Qualitativ anschaulich zeigt dies Bild 5.32.

Somit ist stets

$$\oint \vec{B} \cdot d\vec{o} = 0$$

und damit

$$\operatorname{div} \vec{B} = 0 \tag{5.69}$$

5.5   Materie im Magnetfeld

In den Abschnitten 3.1 und 3.3 wurde ausgeführt, daß jeder in sich geschlossene Strom einen magnetischen Dipol darstellt. Die Elektronenbewegung um den Atomkern bewirkt daher auch ein magnetisches Dipolmoment, und je nach Symmetrie und Orientierung der verschiedenen Elektronenbahnen kann ein Atom ein resultierendes permanentes Dipolmoment besitzen oder nicht.

Selbst im Fall eines vorhandenen permanenten Dipolmoments des einzelnen Atoms/Moleküls wird aber i.a. das resultierende Dipolmoment eines größeren Volumenelements der Materie wegen der regellosen Orientierung der Einzeldipole verschwinden. Eine Ausnahme bilden die noch zu besprechenden ferromagnetische Substanzen. Bei Einschalten eines äußeren Magnetfeldes erhalten wir stets induzierte Dipolmomente in den Einzelatomen/Molekülen (Diamagnetismus), und bei Vorhandensein permanenter Dipolmomente eine ebenfalls von der Stärke des Magnetfeldes abhängige Orientierung der Dipole in Feldrichtung (Paramagnetismus). Insgesamt ergibt sich in jedem Fall in einem Volumenelement dV mit vielen Atomen/Molekülen ein von 0 verschiedenes resultierendes Dipolmoment dm. Analog zur Polarisation im elektrischen Feld definieren wir als **Magnetisierung** $\vec{M}$

$$\boxed{\vec{M} = \frac{d\vec{m}}{dV}} \qquad \text{mit} \qquad [M] = \frac{\text{A}}{\text{m}} \tag{5.70}$$

Historisch bedingt wird nun die Magnetisierung nicht in Abhängigkeit von der magnetischen Induktion B beschrieben, so wie die elektrische Polarisation in Abhängigkeit von $\vec{E}$ (vgl. Gl. (5.21)), sondern von einer jetzt einzuführenden Größe $\vec{H}$. Sie ist physikalisch eher vergleichbar der elektrischen Verschiebungsdichte und wird konventionellerweise **magnetische Feldstärke** genannt. Es sollen daher zunächst der Zusammenhang zwischen $\vec{B}$, $\vec{M}$ und $\vec{H}$ erläutert werden. Dies geschieht im leicht zugänglichen Fall eines zylindrischen Stabes aus magnetischer Materie. Die daraus abgeleiteten Gleichungen gelten aber ganz allgemein. In Bild 5.33 ist das resultierende Dipolmoment jedes Volumenelements als Kreisstrom dargestellt. Diese heben sich im Innern alle gegeneinander auf. An der Oberfläche resultiert jedoch ein den Stab umkreisender scheinbarer Oberflächenstrom. Für diesen durch Magnetisierung entstandenen Strom I_m erhält man folgende Zusammenhänge:

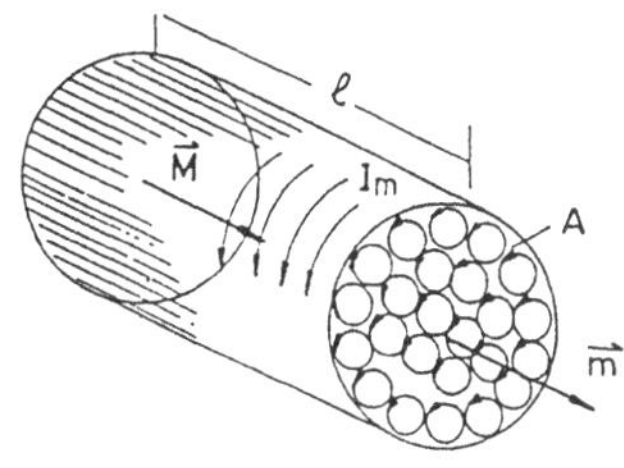

Bild 5.33
Oberflächenmagnetisierungsstrom in einem zylindrischen Stab. $\vec{M}$ ist parallel zur Zylinderachse.

Es sei $\vec{m}$ das resultierende Dipolmoment des gesamten Stabes. Mit Gl. (5.70) folgt

$$\vec{m} = \vec{M}A\ell$$

Andererseits führt Gl. (3.9) auf

$$m = I_m A$$

und

$$I_m = M\ell \quad \text{bzw.} \quad \frac{I_m}{\ell} = M$$

I_m/ℓ ist die Oberflächenstromdichte, bezogen auf die Länge des zylindrischen Stabes. Wir bringen diesen Stab nun in eine lange stromdurchflossene Spule. Wir denken uns also die Magnetisierung $\vec{M}$ durch das Feld der Spule erzeugt (Bild 5.34).

Zusätzlich zu dem in der Spule fließenden Strom I ist bei Anwendung des Ampereschen Gesetzes der durch die Magnetisierung erzeugte Oberflächenstrom I_m zu berücksichtigen, so daß man für den angegebenen Integrationsweg S_0 erhält: Der „freie Strom" im Leiter (Strom der frei beweglichen Ladungsträger) ist durch den Gesamtstrom (freier Strom + Oberflächenstrom)

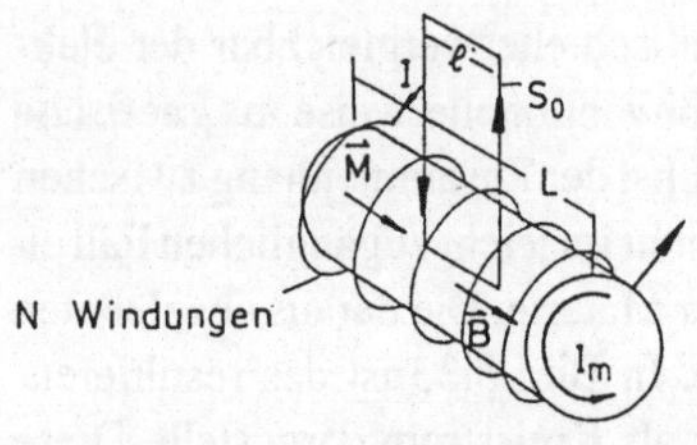

Bild 5.34
Materie im Magnetfeld (zur Herleitung von
Gl. (5.43))

zu ersetzen. Es sind die Ströme pro Längeneinheit zu addieren, und daher
wird

$$B = \mu_0 \left(\frac{N}{L} I + \frac{I_m}{L} \right)$$

und wegen $I_m/L = M$

$$\frac{N}{L} I = \frac{1}{\mu_0} B - M$$

Allgemein führen wir als Magnetfeldstärke die Größe $\vec{H}$ gemäß

$$\vec{H} = \frac{1}{\mu_0} \vec{B} - \vec{M} \tag{5.71}$$

ein mit

$$[H] = \frac{A}{m}$$

Die Magnetfeldstärke in einer langen stromdurchflossenen Spule ist also,
ob mit oder ohne Materie, stets

$$\boxed{H = \frac{N}{L} I} \tag{5.72}$$

Der Zusammenhang zwischen der Magnetisierung $\vec{M}$ und der Magnetfeldstärke $\vec{H}$ ist in vielen Fällen linear, so daß wir analog zu Gl. (5.21)
schreiben können

$$\boxed{\vec{M} = \chi_m \vec{H}} \tag{5.73}$$

$\vec{M}$ und $\vec{H}$ haben dieselbe Einheit. χ_m ist die sogenannte **magnetische Suszeptibilität**. Sie ist also eine reine Zahl. Gl. (5.73) ergibt

$$\vec{B} = \mu\vec{H}$$
$$\text{mit} \quad \mu = \mu_0(1 + \chi_m) \tag{5.74}$$

μ heißt **Permeabilität**.

Genauso, wie die elektrische Verschiebungsdichte mit den freien Oberflächenladungen verknüpft ist, ist die magnetische Feldstärke mit dem freien Srom verknüpft. Es läßt sich allgemein zeigen, daß folgende Beziehung gilt

$$\oint_{\text{Rand von } O} \vec{H} \cdot \mathrm{d}\vec{s} = \int_O \vec{j}_{\text{frei}} \cdot \mathrm{d}\vec{o} = I_{\text{frei}} \tag{5.75}$$

Im Fall des Bildes 5.34 ist dies offensichtlich. Also können wir, falls $\vec{B} = \mu\vec{H}0$ und $\mu = \text{const}$ gültig ist, den Ampereschen Satz auch schreiben

$$\oint \vec{B} \cdot \mathrm{d}\vec{s} = \mu I_{\text{frei}} \tag{5.76}$$

bzw. in differentieller Form

$$\operatorname{rot} \vec{B} = \mu\vec{j}_{\text{frei}} \tag{5.77}$$

Paramagnetische und diamagnetische Stoffe   Paramagnetische Stoffe sind solche, bei denen der Orientierungseffekt der vorhandenen atomaren/molekularen permanenten Dipolmomente im äußeren Feld den stets vorhandenen diamagnetischen Effekt (s.u.) überwiegt. Die permanenten Dipole richten sich im Feld aus, so daß ein zusätzliches magnetisches Moment in Feldrichtung erzeugt wird. Die magnetische Suszeptibilität ist **positiv**. Sie nimmt mit zunehmender Temperatur gemäß $\chi_m \sim 1/T$ ab, wie zu erwarten ist, da sich jeweils ein Gleichgewicht zwischen der Orientierung durch das Feld und der Aufhebung der Orientierung durch die thermische Bewegung der Atome/Moleküle einstellt.

Diamagnetische Stoffe Diamagnetisches Verhalten zeigen alle Stoffe, obwohl es in vielen durch den Paramagnetismus überdeckt ist. Auch im Fall eines nicht vorhandenen permanenten Dipolmoments der Atome/Moleküle wird durch die vom Feld „induzierten" Dipolmomente eine resultierende Magnetisierung erzeugt. Zur Erläuterung (Plausibilitätsbetrachtung, Berechnung erst quantenmechanisch möglich) werde Bild 5.35 betrachtet.

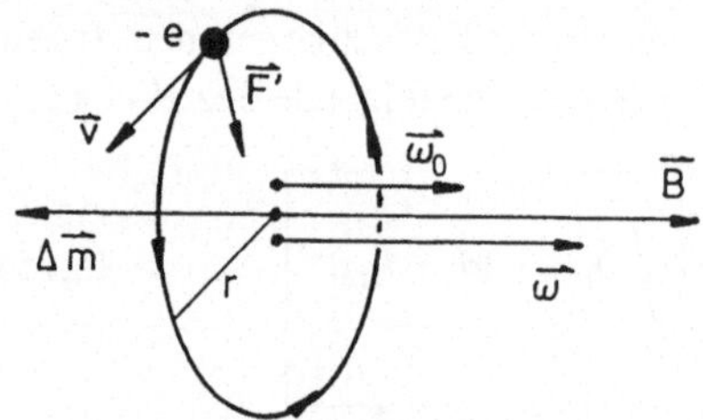

Bild 5.35
Qualitative Betrachtung zum induzierten Dipolmoment

Ein Hüllenelektron laufe auf seiner Bahn, die als senkrecht zu $\vec{B}$ angenommen wird, in der angegebenen Richtung um. Es sei zunächst $\vec{B} = 0$. Dann ist hierfür eine Kraft $\vec{F}$ erforderlich mit

$$F = m_e \omega_0^2 r$$

Es sei nun $B \neq 0$, dann wird gemäß Gl. (3.1) eine zusätzliche Kraft auf das Elektron ausgeübt, nämlich

$$\vec{F}' = q\vec{v} \times \vec{B}$$

Da $q = -e$ negativ ist, sind $\vec{F}'$ und $\vec{F}$ gleichgerichtet, so daß die Winkelgeschwindigkeit bei konstantem Bahnradius entsprechend

$$F + F' = m_e \omega^2 r$$

vergrößert wird. Damit wird ein zusätzliches Dipolmoment

$$\Delta\vec{m} = \frac{q}{2} r^2 (\vec{\omega} - \vec{\omega}_0)$$

erzeugt, das entgegengesetzt zu $\vec{B}$ gerichtet ist, da $q = -e$ negativ ist.

In diamagnetischen Substanzen ist die Magnetisierung also der Feldstärke entgegengerichtet. Das Feld wird geschwächt. Die magnetische Suszeptibilität ist **negativ**. Sie ist **temperaturunabhängig**.

Die magnetische Suszeptibilität paramagnetischer und diamagnetischer Stoffe ist i.a. $\ll 1$, so daß in den meisten Fällen $\mu \simeq \mu_0$ gesetzt werden kann, d.h. das mit Materie erfüllte Magnetfeld unterscheidet sich nicht vom materiefreien Fall.

Tabelle 5.2 Magnetische Suszeptibilität einiger diamagnetischer und paramagnetischer Stoffe

Diamagnetische Stoffe	χ_m	Paramagnetische Stoffe	χ_m
Wismut	$-1.7 \cdot 10^{-4}$	Eisenchlorid	$+3.7 \cdot 10^{-3}$
Blei	$-1.6 \cdot 10^{-5}$	Platin	$+2.6 \cdot 10^{-4}$
Kupfer	$-1 \ \cdot 10^{-5}$	Aluminium	$+2.3 \cdot 10^{-5}$
Wasser	$-9 \ \cdot 10^{-6}$	Sauerstoff (1 atm)	$+2 \ \cdot 10^{-6}$
Stickstoff (1 atm)	$-6.7 \cdot 10^{-9}$		

Trotz der geringen Größe der magnetischen Suszeptibilität lassen sich die Unterschiede zwischen diamagnetischen und paramagnetischen Substanzen doch sichtbar machen. Wir betrachten einen kleinen Körper einer paramagnetischen Substanz im inhomogenen Magnetfeld, z.B. in der Nähe des N-Pols eines Permanentmagneten. Das im Körper erzeugte Dipolmoment ist parallel zum äußeren Feld gerichtet. Es wirkt also eine resultierende anziehende Kraft (s. Bild 5.36). Im entgegengesetzten Fall einer diamagnetischen Substanz bekommen wir ein Dipolmoment entgegengesetzt zum äußeren Feld, also eine abstoßende Kraft.

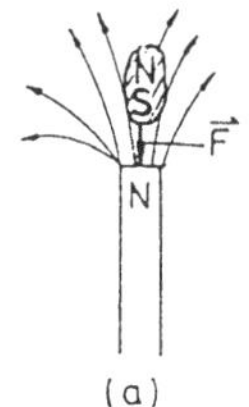

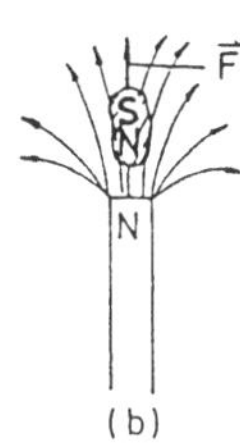

Bild 5.36
Anziehende bzw. abstoßende Kraftwirkung im inhomogenen Magnetfeld auf eine (a) paramagnetische, (b) diamagnetische Substanz

Ferromagnetismus ist eine Eigenschaft der kristallinen Struktur bestimmter Stoffe. Sie wird durch die Wechselwirkung zwischen den Elektronenspins bewirkt, wobei in diesen Substanzen der energetisch günstigere Zustand erreicht wird, wenn die Elektronenspins sich parallel ausrichten.

Auf diese Weise kommt es in relativ großen Bereichen der Materie (Weiß-sche Bezirke, $10^{-8} - 10^{-12}\,\mathrm{m}^3$, $10^{21} - 10^{17}$ Atome) zu einer vollständigen Ausrichtung. Ohne äußeres Feld können die resultierenden Dipolmomente der einzelnen Weißschen Bezirke regellos orientiert sein, so daß für die über einen größeren makroskopischen Bereich gemittelte Magnetisierung durchaus $\vec{M} = 0$ gelten kann, wie für paramagnetische Substanzen auch (Bild 5.37a).

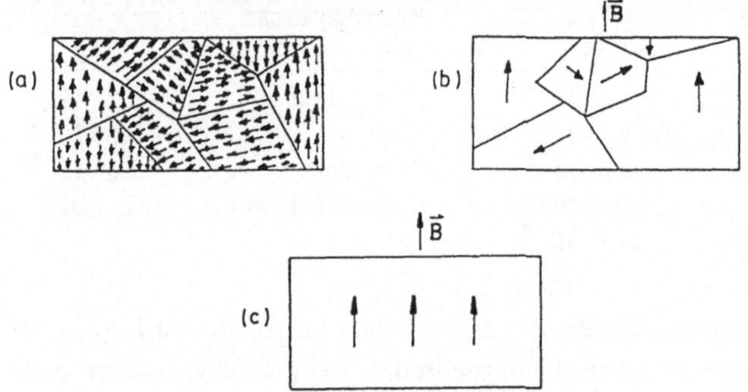

Bild 5.37 Ferromagnetismus und Weißsche Bezirke.
(a) Regellose Orientierung der Weißschen Bezirke bei $\vec{B} = 0$, $\vec{M}_{\mathrm{res}} = 0$. (b) Ver-größerung der Weißschen Bezirke mit $\vec{M} \parallel \vec{B}$ bei schwachem $\vec{B}$. (c) Vollständige Ausrichtung (Sättigungsmagnetisierung) bei starkem $\vec{B}$.

Bei Einschalten eines äußeren Magnetfeldes vergrößern sich die in Feld-richtung orientierten Weißschen Bezirke durch Umklappen der Elektro-nenspins an den Rändern (Bild 5.37b). Schließlich wird eine vollständige Ausrichtung der Dipolmomente erreicht (Sättigungsmagnetisierung, Bild 5.37c). Wird anschließend die äußere Feldstärke wieder auf den Wert Null reduziert, so kann eine mehr oder weniger starke Ausrichtung der Weißschen Bezirke erhalten bleiben. Man erhält eine Restmagnetisierung (Remanenz, Permanentmagnete). In ferromagnetischen Substanzen ist, wie aus dem Vorstehendem deutlich wird, die Magnetisierung nicht mehr der Feldstärke proportional, sie wird durch eine Hysteresiskurve beschrieben (Bild 5.38), auf die hier im Detail nicht eingegangen wird.

Aus der gegebenen qualitativen Beschreibung des Ferromagnetismus ist verständlich, daß diese Eigenschaft temperaturabhängig sein muß. Der Aus-richtung der magnetischen Dipole wirkt die thermische Bewegung entge-gen. Für jede ferromagnetische Substanz existiert eine bestimmte Tempera-

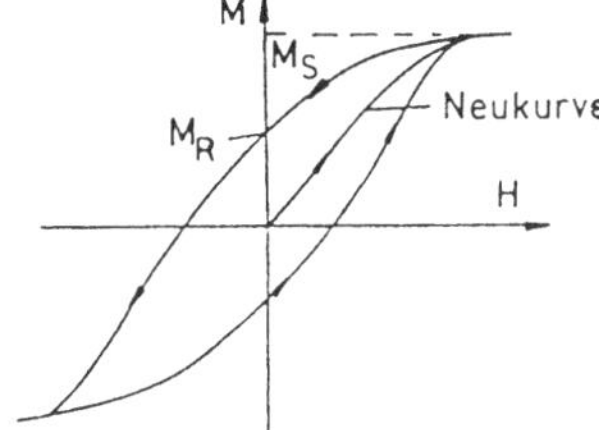

Bild 5.38
$M(H)$ wird durch eine Hysteresiskurve beschrieben. Neukurve ist diejenige Kurve, die
durchfahren wird, falls die Substanz bei $H = 0$
vollständig entmagnetisiert war. Die Kurve wird
bis zur Sättigungsmagnetisierung M_S durchfahren, bei Abnahme von H (Pfeilrichtung) ergibt
sich eine Restmagnetisierung M_R bei $H = 0$.

tur (Curie-Temperatur), oberhalb der der Ferromagnetismus verschwindet,
so daß ein normaler Paramagnetismus verbleibt. Die wichtigsten ferromagnetischen Substanzen sind Eisen, Nickel, Kobalt. Im Gegensatz zu paramagnetischen und diamagnetischen Stoffen kann die maximale Permeabilität,
die hier von H abhängt, sehr groß sein. Zum Beispiel ist für reines Eisen
$\mu_{\mathrm{max}}/\mu_0 \simeq 10^4$).

Ein dem Ferromagnetismus ähnliches Verhalten zeigen auch gewisse dielektrische Substanzen (**Ferroelektrizität**, Verweis auf Textbücher).

Neben dem Ferromagnetismus ist der **Antiferromagnetismus** (energetisch günstigster Zustand bei antiparalleler Spineinstellung) und der **Fer-
rimagnetismus** (magnetische Momente in einer Richtung $\neq$ magnetische
Momente in entgegengesetzter Richtung, sonst ähnlich Antiferromagnetismus, Substanzen heißen **Ferrite** = Permanentmagnete) von Bedeutung.

5.6 Zusammenfassung der Gesetzmäßigkeiten des statischen elektrischen und magnetischen Feldes

Elektrisches Feld   Die elektrische Feldstärke ist definiert durch die Kraft
$\vec{F}$ auf eine Probeladung q gemäß

$$\vec{E} = \vec{F}/q$$

Mit dem Stokesschen Satz und Gl. (5.68) folgt

$$\oint \vec{E} \cdot \mathrm{d}\vec{s} = 0 \quad \Leftrightarrow \quad \mathrm{rot}\, \vec{E} = 0$$

$\vec{E}$ kann aus einem skalaren Potential φ abgeleitet werden gemäß

$$\vec{E} = -\operatorname{grad}\varphi$$

Da stets rot (grad $\varphi = 0$) gilt, ist rot $\vec{E} = 0$ gewährleistet.
Mit dem Gaußschen Satz (Gl. (5.4) und (5.7)) folgt

$$\oint \vec{E}\cdot\mathrm{d}\vec{o} = \frac{q}{\varepsilon_0} \quad\Leftrightarrow\quad \operatorname{div}\vec{E} = \frac{\varrho}{\varepsilon_0}$$

Allgemein wird der Fluß der elektrischen Feldstärke durch die Fläche O definiert durch:

$$\phi_e = \int\limits_O \vec{E}\cdot\mathrm{d}\vec{o}$$

Die vorstehenden Gleichungen sind sowohl im Vakuum als auch im materieerfüllten Raum gültig. Zweckmäßigerweise unterscheidet man zwischen „freien" (Leiter) und „Polarisations"-Ladungen (Dielektrika). Man führt dazu die Größen $\vec{P}, \vec{D}, \chi_e$ bzw. ε ein.

Magnetisches Feld   Die magnetische Induktion $\vec{B}$ ist definiert durch die Kraft

$$\vec{F} = q\vec{v}\times\vec{B}$$

auf eine Probeladung q. Mit dem Stokesschen Satz (Amperescher Satz Gl. (5.65) und (5.67)) folgt

$$\oint \vec{B}\cdot\mathrm{d}\vec{s} = \mu_0 I \quad\Leftrightarrow\quad \operatorname{rot}\vec{B} = \mu_0\vec{j}$$

Mit dem Gaußschen Satz (Gl. (5.69)) folgt

$$\oint \vec{B}\cdot\mathrm{d}\vec{o} = 0 \quad\Leftrightarrow\quad \operatorname{div}\vec{B} = 0$$

$\vec{B}$ kann aus einem Vektorpotential $\vec{A}$ abgeleitet werden gemäß

$$\vec{B} = \text{rot } \vec{A}$$

Da stets div (rot $\vec{A}$) = 0 gilt, ist div $\vec{B}$ = 0 gewährleistet.

Für Interessierte folgt Näheres zum Vektorpotential für ein Magnetfeld in einem späteren Abschnitt.

Allgemein wird der Fluß der magnetischen Induktion durch die Fläche O definiert durch

$$\phi_m = \int\limits_O \vec{B} \cdot \text{d}\vec{o} \tag{5.78}$$

Die vorstehenden Gleichungen sind sowohl im Vakuum als auch im materieerfüllten Raum gültig. Zweckmäßigerweise unterscheidet man zwischen „freien" (Leiter) und „Magnetisierungs"-Strömen durch Einführung der Größen $\vec{M}, \vec{H}, \chi_m$ bzw. μ.

6 Zeitabhängige elektromagnetische Felder

In den vorangehenden Abschnitten wurde der Zusammenhang zwischen einer statischen Ladungsverteilung und dem durch sie erzeugten elektrischen Feld bzw. zwischen einer stationären Stromverteilung und dem hierdurch bewirkten Magnetfeld beschrieben. Wesentlich hierbei war die zeitliche Konstanz der Ladungs- bzw. Stromverteilung, d.h. die zeitliche Konstanz des elektrischen und magnetischen Feldes. Diese Voraussetzung muß im allgemeinen Fall aufgegeben werden. Dabei zeigt sich, daß der Gaußsche Satz des elektrischen und magnetischen Feldes (Gl. (5.4), (5.6) und (5.69)) erhalten bleibt. Ein sich zeitlich änderndes Magnetfeld bewirkt aber ein elektrisches Feld („Induktion"), und ebenso führt ein zeitlich variables elektrisches Feld zu einem Magnetfeld. Im folgenden werden diese Verknüpfungen zwischen elektrischem und magnetischem Feld näher erläutert. Die ihnen zugrundeliegenden Gesetzmäßigkeiten (Faraday-Henry-Satzund Ampere-Maxwell-Satz) bilden zusammen

mit den Gaußschen Sätzen die Maxwellschen Gleichungen.

6.1 Elektromagnetische Induktion, Faraday-Henry-Satz

Durch viele verschiedene Versuche (etwa: Spule im Magnetfeld bei Aus- und Einschalten des Magnetfeldes, Bewegung der Spule im zeitlichen konstanten Magnetfeld, Bewegung eines Permanentmagneten gegen eine Spule, Veränderung der Fläche einer Drahtschleife im zeitlich konstanten Magnetfeld) läßt sich demonstrieren, daß infolge der angegebenen zeitlichen Variationen eine Spannung U_{emk} im geschlossenen Leiter (Spule oder Drahtschlaufe) entsteht, aufgrund derer dann ein meßbarer Strom fließt. Man nennt diesen Vorgang „Induktion", leider in unsauberer Identität mit der das magnetische Feld beschreibenden Größe $\vec{B}$. Bei allen angegebenen Anordnungen zeigt sich, daß die **„Induktionsspannung"** U_{emk} direkt proportional zur zeitlichen Änderung des magnetischen Flusses $\mathrm{d}\phi_m/\mathrm{d}t$ ist. Hierbei ist

$$\phi_m = \int_O \vec{B} \cdot \mathrm{d}\vec{o} \tag{6.1}$$

der Fluß des Magnetfeldes $\vec{B}$ durch die vom geschlossenen Leiter berandete Fläche O (Gl. (5.78) und Bild 6.1).
Der Zusammenhang wird durch den Faraday-Henry-Satz (Induktionsgesetz)

$$\boxed{U_{\text{emk}} = -\frac{\mathrm{d}\phi_m}{\mathrm{d}t}} \tag{6.2}$$

beschrieben.

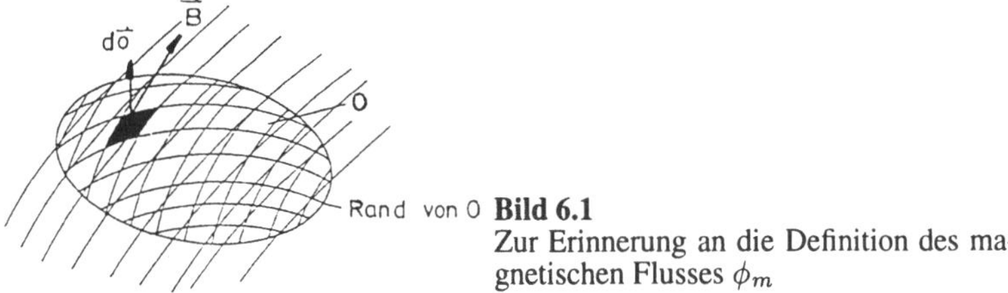

Bild 6.1
Zur Erinnerung an die Definition des magnetischen Flusses ϕ_m

Bemerkungen zum Vorzeichen: Nach Bild 5.1 ist der positive Umlaufsinn einer geschlossenen Randkurve und die Richtung des Oberflächenvektors definitionsgemäß durch den Rechtsschraubensinn miteinander verknüpft (Bild 6.2).

Bild 6.2
Umlaufsinn und Flächenvektor

Andererseits ist $U_{\text{emk}} = RI$, wobei I der im geschlossenen Leiter fließende Strom und R der Widerstand des Leiters ist. Nach Gl. (6.2) gelten also die in Bild 6.3 dargestellten Zusammenhänge.

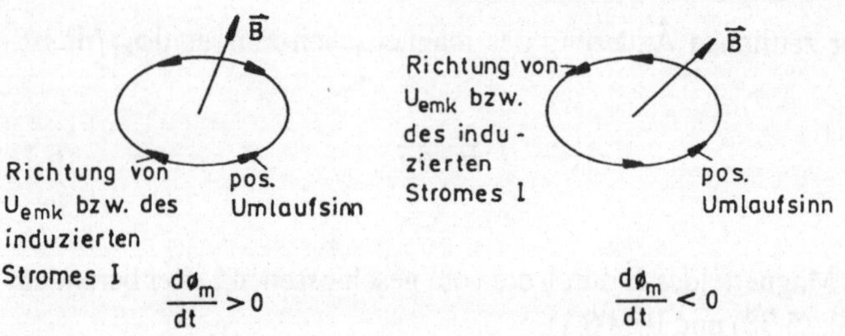

Bild 6.3 Zur Festlegung des Vorzeichens in Gl. (6.2)

Induktion in einer Spule Handelt es sich insbesondere um eine eng
gewickelte Spule aus n Windungen desselben Querschnitts und ist die Län-
genausdehnung der Spule zu vernachlässigen, so ist nach Gl. (6.1)

$$\phi_m = \int_O \vec{B} \cdot \mathrm{d}\vec{o} = n \times \int_{\text{Querschn.}} \vec{B} \cdot \mathrm{d}\vec{o} = n\phi_{m,q}$$

und somit

$$U_{\text{emk}} = -n\frac{\mathrm{d}\phi_{m,q}}{\mathrm{d}t} \quad \text{mit} \quad \phi_{m,q} = \int_{\text{Querschn.}} \vec{B} \cdot \mathrm{d}\vec{o}$$

Spannungsstoß Wird der magnetische Fluß im Zeitintervall (t_1, t_2) geänder
so erhält man durch Integration von Gl. (6.2) für den induzierten „Spannungsstoß"

$$\int_{t_1}^{t_2} U \cdot \mathrm{d}t = -\left[\phi(t_2) - \phi(t_1)\right] = \phi(t_1) - \phi(t_2)$$

Allgemeine Formulierung des Faraday-Henry-Satzes Nach Gl. (4.18)
ist

$$U_{\text{emk}} = \oint \vec{E} \cdot \mathrm{d}\vec{s}$$

d.h. nach Gl. (6.2): Ein zeitabhängiges Magnetfeld bedingt die Existenz eines elektrischen Feldes. Dies gilt unabhängig davon, ob ein geschlossener Leiter vorhanden ist oder nicht. Falls, wie zunächst angenommen, dies der Fall ist, kann die Existenz des elektrischen Feldes durch die Kraftwirkung auf freie Ladungsträger, also einen Strom, nachgewiesen werden. Mit Gl. (4.18) wird dann aus (6.2)

$$\int\limits_{\text{Rand v. O}} \vec{E} \cdot d\vec{s} = -\frac{d}{dt} \int\limits_{O} \vec{B} \cdot d\vec{o} \tag{6.3}$$

Ein elektrisches Feld kann also nicht nur durch die Existenz bestimmter Ladungen (Gaußscher Satz), sondern nach Gl. (6.3) auch durch ein sich änderndes Magnetfeld erzeugt werden. Für ein derartiges elektrisches Feld ist allerdings $\oint \vec{E} \cdot d\vec{s} \neq 0$, also rot $\vec{E} \neq 0$. Dies ist gleichbedeutend damit, daß $\vec{E}$ nicht mehr als Gradient eines skalaren Potentials darstellbar ist. Die Darstellung $\vec{E} = - \operatorname{grad} \varphi$ ist also tatsächlich auf den Fall statischer Felder ($\vec{E}, \vec{B}$ zeitlich konstant) beschränkt.

Differentielle Form des Faraday-Henry-Satzes Die Ableitung von (6.4) aus (6.3) ist der entsprechenden vorangehenden völlig analog und wird im folgenden nur kurz skizziert (vgl. Bild 6.4). Es ist

$$\begin{aligned}
\oint \vec{E} \cdot d\vec{s} &= \int\limits_{1}^{2} \vec{E} \cdot d\vec{s} + \int\limits_{2}^{3} \vec{E} \cdot d\vec{s} + \int\limits_{3}^{4} \vec{E} \cdot d\vec{s} + \int\limits_{4}^{1} \vec{E} \cdot d\vec{s} \\
&= E_y(z) \cdot dy + E_z(y + dy) \cdot dz \\
&\quad - E_y(z + dz) \cdot dy - E_z(y) \cdot dz \\
&= \left(\frac{\partial E_z}{\partial y} - \frac{\partial E_y}{\partial z} \right) \cdot dy \cdot dz
\end{aligned}$$

Wegen

$$\int\limits_{O} \vec{B} \cdot d\vec{o} = B_x dy \cdot dz$$

folgt mit Gl. (6.3)

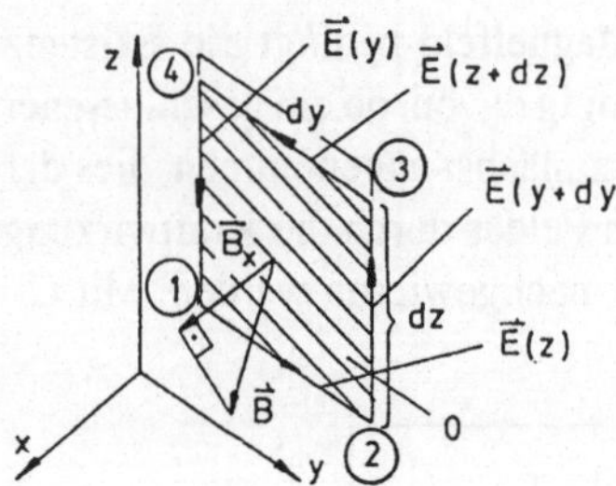

Bild 6.4
Zur Ableitung von Gl. (6.4)

$$\frac{\partial E_z}{\partial y} - \frac{\partial E_y}{\partial z} = -\frac{\partial B_x}{\partial t}$$

Entsprechende Gleichungen gelten auch für die y- und z-Komponenten von $\vec{B}$. Die speziell gewählte Fläche O wird dazu senkrecht zur y- bzw. z-Achse orientiert. Mit der Definition Gl. (5.66) erhält man also den Faraday-Henry-Satz in differentieller Form

$$\boxed{\operatorname{rot} \vec{E} = -\frac{\partial \vec{B}}{\partial t}} \qquad (6.4)$$

Anwendungen

1. Selbstinduktion:
   Wir betrachten einen stromdurchflossenen geschlossenen Leiter (Bild 6.5). Das hierdurch erzeugte Magnetfeld $\vec{B}$ ist nach dem Biot-Savart-schen Gesetz (Gl. (3.35a)) oder dem Ampereschen Satz (Gl. (5.64)) proportional zur Stromstärke I.

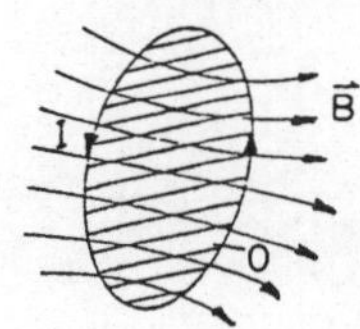

Bild 6.5
Zur Definition der Selbstinduktion

Für den magnetischen Fluß ϕ von $\vec{B}$ durch die vom geschlossenen Leiter aufgespannte Fläche O gilt dann wegen

$$\vec{B} \sim I$$

auch

$$\phi = \int\limits_{O} \vec{B} \cdot \mathrm{d}\vec{o} \sim I$$

Also ist

$$\boxed{\phi = LI} \tag{6.5}$$

Die Proportionalitätskonstante L heißt **Selbstinduktionskoeffizient**. Sie ist eine allein von der Geometrie und dem Material, in dem $\vec{B}$ erzeugt wird, abhängige Größe. Für die Einheiten von ϕ (nach Gl. (6.1)) und L (Gl. (6.5)) gilt folgendes: Es war $[B] = \mathrm{T}$ (Tesla), also ist

$$\boxed{[\phi] = \mathrm{T\,m}^2} \tag{6.6}$$

Die SI-Einheit $\mathrm{T\,m}^2$ wird häufig auch mit Wb abgekürzt und heißt „Weber", d.h. es ist

$$1\,\mathrm{T\,m}^2 = 1\,\mathrm{Wb} = 1\,\mathrm{Vs}$$

Somit folgt

$$\boxed{[L] = \frac{\mathrm{T\,m}^2}{\mathrm{A}}} \tag{6.7}$$

Die Einheit $(\mathrm{T\,m}^2)/\mathrm{A}$ wird auch mit H abgekürzt und heißt „Henry", d.h. es ist

$$1\,\frac{\mathrm{T\,m}^2}{\mathrm{A}} = 1\,\frac{\mathrm{Wb}}{\mathrm{A}} = 1\,\frac{\mathrm{V\,s}}{\mathrm{A}} = 1\,\mathrm{H}$$

Der Zusammenhang Gl. (6.5) hat dann große Bedeutung, wenn L oder I zeitlich variabel sind. Dann wird nach Gl. (6.2) im geschlossenen Leiter selbst eine Spannung U_L induziert. Für sie gilt

$$\boxed{U_L = -\frac{\mathrm{d}}{\mathrm{d}t}(LI)} \tag{6.8}$$

bzw. falls $L = \text{const}$ ist

$$U_L = -L\frac{\mathrm{d}I}{\mathrm{d}t} \qquad (6.8a)$$

Nach Gl. (6.8a) wird in einem stromdurchflossenen geschlossenen Leiter bei Stromänderung durch die induzierte Spannung ein Strom erzeugt, der der zeitlichen Änderung des Magnetfeldes entgegenwirkt (vgl. Bild 6.6).

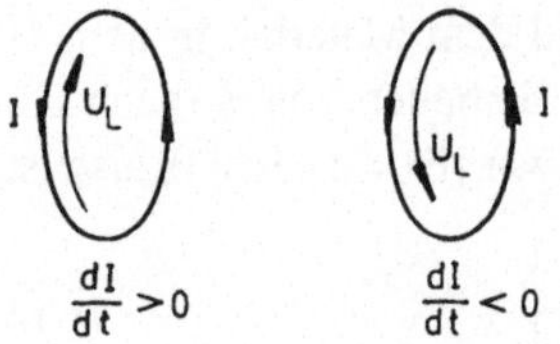

$\dfrac{\mathrm{d}I}{\mathrm{d}t} > 0$ $\dfrac{\mathrm{d}I}{\mathrm{d}t} < 0$

Bild 6.6
Vorzeichen der Selbstinduktionsspannung

Ein Magnetfeld kann also nie abrupt ein- oder ausgeschaltet werden. Aufgrund des Selbstinduktionskoeffizienten L hat es eine bestimmte Trägheit.

2. Einschalten einer Selbstinduktion; Energie des magnetischen Feldes: Die Trägheit des Magnetfeldes wird im folgenden Beispiel (Bild 6.7) deutlich. Hierbei sei zunächst bemerkt, daß eine Selbstinduktion niemals unabhängig von einem Ohmschen Widerstand (Widerstand der Spule im Gleichstrombetrieb) zu realisieren ist. Im „Ersatzschaltbild" können wir zwar die Selbstinduktion L und den Ohmschen Widerstand R isoliert voneinander betrachten, müssen sie dann aber, da sie von demselben Strom durchflossen werden, hintereinanderschalten. Liegt noch ein weiterer Ohmscher Widerstand im Kreis, so ist die Serienschaltung von L und $R = R_{\text{Kreis}} + R_{\text{Spule}}$ zu betrachten.

Bei $L = 0$ ist

$$I = 0 \quad \text{für} \quad t < 0$$

$$\text{und} \qquad I = \frac{U_B}{R} \quad \text{für} \quad t \geq 0$$

Ist $L \neq 0$, dann folgt

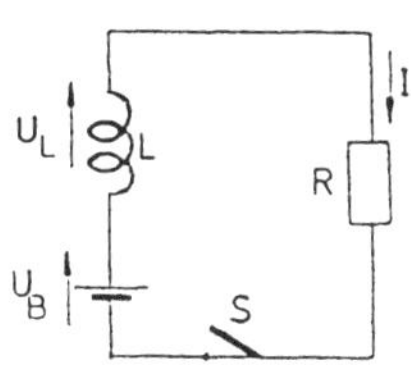

Bild 6.7
Einschalten einer Selbstinduktion.
U_B = Batteriespannung
U_L = Selbstinduktionsspannung
$t < 0$ Schalter S offen
$t \geq 0$ Schalter S geschlossen

$$I = 0 \quad \text{für} \quad t < 0$$

$$\text{und} \qquad U_B + U_L = RI \quad \text{für} \quad t \geq 0$$

Nach Gl. (6.8a) ist

$$U_L = -L\frac{\mathrm{d}I}{\mathrm{d}t}$$

Das ergibt für I die Differentialgleichung

$$U_B - L\frac{\mathrm{d}I}{\mathrm{d}t} = RI \tag{6.9}$$

Die Lösung dieser Differentialgleichung gelingt durch „Separation der Variablen". Durch Umstellung erhält man

$$R\left(I - \frac{U_B}{R}\right) = -L\frac{\mathrm{d}I}{\mathrm{d}t}$$

$$\text{bzw.} \qquad \frac{dI}{I - \dfrac{U_B}{R}} = -\frac{R}{L}\cdot\mathrm{d}t$$

Die Integration auf beiden Seiten ergibt

$$\int_{I(0)}^{I(t)} \frac{\mathrm{d}I}{I - \dfrac{U_B}{R}} = -\frac{R}{L}\int_{0}^{t}\mathrm{d}t = -\frac{R}{L}t$$

oder

$$\ln\frac{I(t) - \dfrac{U_B}{R}}{I(0) - \dfrac{U_B}{R}} = -\frac{R}{L}t$$

und somit schließlich

$$I(t) = \frac{U_B}{R} + \left[I(0) - \frac{U_B}{R} \right] e^{-\frac{R}{L}t}$$

Dies ist die allgemeine Lösung. Die Integrationskonstante $I(0)$ erhält man durch die physikalisch bedingte Randbedingung:

$$I(t) \to \frac{U_B}{R} \qquad \text{für } t \to \infty$$

Daraus folgt $I(0) = 0$ und damit als Lösung

$$\boxed{I = \frac{U_B}{R} \left(1 - e^{-t/\tau} \right)} \tag{6.10}$$

mit der „Zeitkonstanten" $\tau = L/R$.

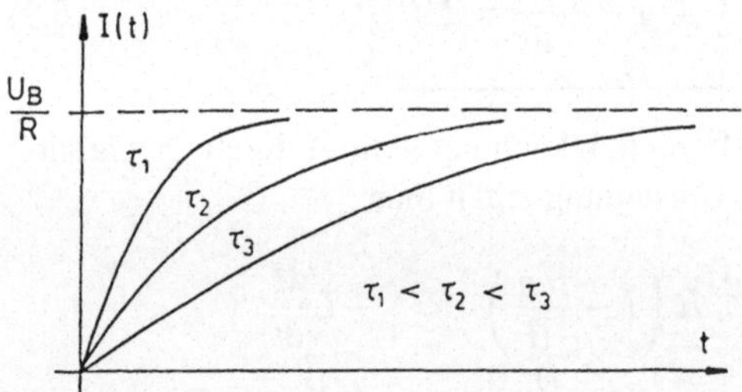

Bild 6.8 Stromanstieg beim Einschalten einer Selbstinduktion

3. Energie eines Magnetfeldes:
   In einem Stromkreis (Batteriespannung U_B, Strom I) wird pro Zeiteinheit die Energie $U_B I$ verbraucht (s. Gl. (4.18)). Für den Stromkreis des Bildes 6.7 erhalten wir nach Gl. (6.9):

$$U_B I = R I^2 + L I \frac{dI}{dt}$$

Hierin ist RI^2 die pro Zeiteinheit in R umgesetzte Joulesche Wärme. $LI \cdot dI/dt$ muß dann offenbar die zur Aufrechterhaltung des Stroms durch L zur Herstellung des Magnetfeldes pro Zeiteinheit benötigte Energie sein. Damit folgt

$$\frac{\mathrm{d}W_m}{\mathrm{d}t} = LI\frac{dI}{dt} = \frac{1}{2}\,L\frac{\mathrm{d}}{\mathrm{d}t}(I^2)$$

Die Integration ergibt für die magnetische Energie, die zum Anstieg des Spulenstroms von $I = 0$ auf den Endwert I benötigt wird

$$\boxed{W_m = \frac{L}{2}I^2} \tag{6.11}$$

Im Vergleich hierzu ist die elektrische Energie, die zum Aufladen eines Kondensators von der Anfangsspannung $U = 0$ auf den Endwert U benötigt wird, gegeben durch $W_e = CU^2/2$. Analog zu Gl. (5.34) läßt sich allgemein zeigen, daß die Energie des Magnetfeldes beschrieben wird durch

$$\boxed{W_m = \frac{1}{2}\int \frac{1}{\mu}B^2 \cdot \mathrm{d}V} \tag{6.12}$$

wobei sich das Volumenintegral über den gesamten Raum erstreckt, in dem B existiert. Gl. (6.12) läßt sich im Beispiel einer langgestreckten Spule sehr leicht verifizieren. Die allgemeine Ableitung unterbleibt. Wir betrachten den mittleren Teil der Länge ℓ' einer langgestreckten, dicht gewickelten Spule mit Querschnitt O. Die Länge der Spule sei ℓ, die Zahl der Windungen N. Ferner sei $\mu = \mu_0$. Das Magnetfeld ist nahezu auf das Volumen innerhalb der Spule beschränkt. Daher gilt

$$\frac{1}{2}\int \frac{1}{\mu_0}B^2 \cdot \mathrm{d}V = \frac{1}{2\mu_0}\left(\mu_0\frac{N}{\ell}I\right)^2 \ell' O$$

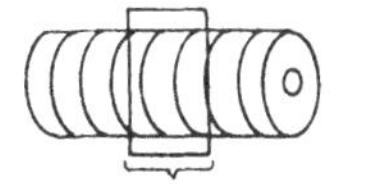

Bild 6.9
Zur Feldenergie bei langer gerader Spule

Andererseits ist wegen

$$B = \mu_0\frac{N}{\ell}I$$

der Fluß gegeben durch

$$\phi_{\ell'} = \mu_0 \frac{N}{\ell} I N' O$$

Das ergibt schließlich

$$W_m = \frac{L_{\ell'}}{2} I^2 = \frac{1}{2} \mu_0 \frac{N^2}{\ell^2} I^2 \ell' O$$

Nach Gl. (6.12) kann man dann wieder eine Energiedichte des Magnetfeldes definieren, nämlich

$$\boxed{\frac{\mathrm{d}W_m}{\mathrm{d}V} = \frac{1}{2\mu} B^2 = \frac{1}{2} BH} \tag{6.13}$$

Als Energiedichte des **elektromagnetischen** Feldes erhalten wir schließlich aus Gl. (5.35) und (6.13)

$$\boxed{\frac{\mathrm{d}W}{\mathrm{d}V} = \frac{1}{2} \varepsilon E^2 + \frac{1}{2\mu} B^2} \tag{6.14}$$

Lenzsche Regel   Mit den hier angestellten Überlegungen zum Energieinhalt des magnetischen Feldes läßt sich auch sehr leicht das Vorzeichen im Faraday-Henry-Gesez (Gl. (6.2) verstehen. Ein Stabmagnet werde etwa einer Spule genähert, so daß eine Spannung induziert wird, die einen Strom in der Spule erzeugt. Zum Aufbau des hierdurch erzeugten Magnetfeldes der Spule wie zur Aufrechterhaltung des Stroms im Ohmschen Widerstand wird Energie benötigt, die offenbar nur der Relativbewegung zwischen Stabmagnet und Spule entnommen werden kann. Dann verlangt der Energieerhaltungssatz, daß bei Näherung des Stabmagneten an die Spule die Arbeit gegen eine Kraft zu leisten ist. Folglich muß das induzierte Magnetfeld der Spule entgegengesetzt demjenigen des Stabmagneten gerichtet sein. Entsprechende Überlegungen gelten für alle Induktionsvorgänge und führen zur Lenzschen Regel: Die induzierte Spannung ist stets so gerichtet, daß sie der Änderung des magnetischen Flusses entgegenwirkt.

Bevor im folgenden kurz auf elektromagnetische Schwingungen eingegangen wird, soll zunächst der dem Ein- und Ausschalten einer Selbstinduktion analoge elektrische Vorgang nachgetragen werden.

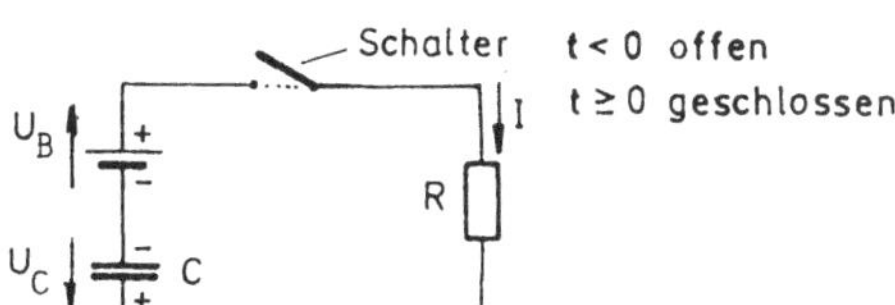

Bild 6.10
Aufladung eines Kondensators

4. Aufladung eines Kondensators:

Aus Bild 6.10 ist abzulesen

$$I = 0 \quad \text{für} \quad t < 0$$

und
$$U_B - U_C = RI \quad \text{für} \quad t \geq 0$$

Wegen

$$U_C = \frac{Q}{C} = \frac{1}{C} \int_0^t I \cdot \mathrm{d}t$$

folgt

$$U_B - \frac{1}{C} \int_0^t I \cdot \mathrm{d}t = RI$$

Die Differentiation nach t führt wegen $U_B = \text{const}$ und damit wegen $\mathrm{d}U_B/\mathrm{d}t = 0$ zur Differentialgleichung

$$-\frac{1}{C}I = R\frac{\mathrm{d}I}{\mathrm{d}t} \quad \text{bzw.} \quad \frac{\mathrm{d}I}{I} = -\frac{\mathrm{d}t}{RC}$$

für die Stromstärke I. Ihre Lösung ist

$$I = I_0 e^{-t/RC}$$

Die Randbedingung ist $U_C = 0$ für $t = 0$, da $Q = 0$ für $t = 0$. Also ist $U_B - 0 = RI(0)$. Damit folgt

$$I_0 = \frac{U_B}{R}$$

und schließlich

$$I = \frac{U_B}{R} e^{-t/\tau} \qquad\qquad (6.15)$$

mit der Zeitkonstanten $\tau = RC$.

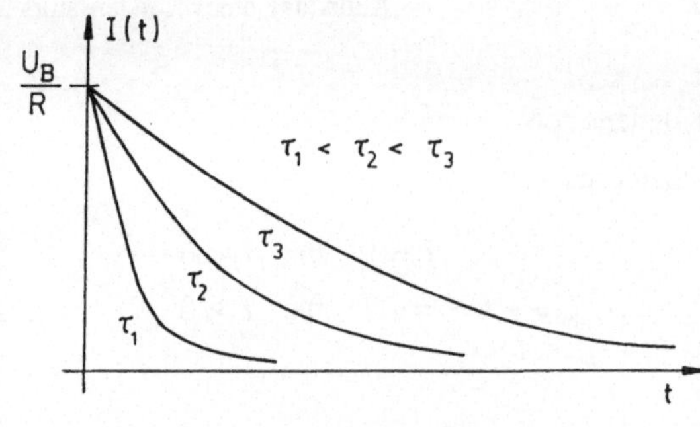

Bild 6.11
Stromverlauf beim Aufladen eines Kondensators

5. Serienschwingkreis:

Elektromagnetische Schwingungen nehmen heute in den vielfältigen Anwendungen einen so breiten Raum ein, daß eine auch nur übersichtsmäßige Darstellung aller hiermit zusammenhängender Eigenschaften unterbleiben muß. Die wesentlichen Grundlagen sollen am Beispiel eines L, C, R-Serienschwingkreis erläutert werden (Bild 6.12). Es gilt

$$U_C + U_L = RI$$

und

$$U_C = -\frac{Q}{C} = -\frac{1}{C} \int_0^t I \cdot dt + U_C(0)$$

und

$$U_L = -L \frac{dI}{dt}$$

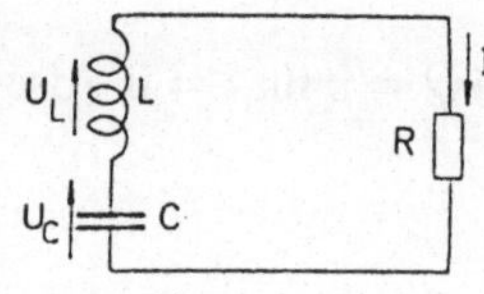

Bild 6.12
Serienschwingkreis

Die Differentiation nach t ergibt für I die Differentialgleichung

$$L\frac{\mathrm{d}^2 I}{\mathrm{d}t^2} + R\frac{\mathrm{d}I}{\mathrm{d}t} + \frac{1}{C}I = 0 \qquad (6.16)$$

Gl. (6.16) ist die Differentialgleichung einer gedämpften harmonischen Schwingung. (Zur Lösung siehe „Harmonische Schwingungen"; Teil 2). Die Lösung lautet

$$I = I_0 e^{-\delta t}\sin(\omega t + \alpha) \qquad (6.17)$$

mit

$$\delta = \frac{R}{2L},\ \omega_0 = \frac{1}{\sqrt{LC}},\ \omega = \sqrt{\omega_0^2 - \delta^2} \qquad (6.17a)$$

Energiebetrachtung: Als Anfangsbedingung gelte etwa:

$$\left.\begin{array}{rcl} U_C(t=0) &=& U_0 \\ I(t=0) &=& 0 \end{array}\right\} \Rightarrow \begin{array}{rcl} U_L(0) &=& -U_0 \\ -L\dfrac{\mathrm{d}I}{\mathrm{d}t}(0) &=& -U_0 \end{array}$$

Gleichbedeutend ist

$$\begin{array}{rcl} I(t=0) &=& 0 \qquad \Rightarrow \quad \alpha = 0 \\[2mm] \dfrac{\mathrm{d}I}{\mathrm{d}t}(t=0) &=& \dfrac{U_0}{L} \qquad \Rightarrow \quad I_0 = \dfrac{U_0}{\omega \cdot L} \end{array}$$

Die Lösung ist dann

$$I = \frac{U_0}{\omega L}e^{-\delta t}\sin\omega t$$

Im Fall der ungedämpften Schwingung, d.h. für $\delta \ll \omega_0$ (Gl. (6.11)), folgt

$$I = U_0\sqrt{\frac{C}{L}}\sin\omega_0 t \quad \text{und} \quad W_m = \frac{C}{2}U_0^2\sin^2\omega_0 t$$

Für die Kondensatorspannung erhält man:

$$U_C \;=\; U_0 - \frac{1}{C}\int_0^t I\cdot \mathrm{d}t = U_0 - \frac{1}{C}U_0\frac{C}{L}\int_0^t \sin\omega_0 t\cdot \mathrm{d}t$$

$$\;=\; U_0\Big[1 + (\cos\omega_0 t - 1)\Big]$$

oder schließlich

$$U_C = U_0\cos\omega_0 t \quad \text{und}\quad W_e = \frac{C}{2}U_0^2\cos^2\omega_0 t \quad (\text{s. Gl.(5.33)})$$

Es gilt also

$$W_{\text{ges}} = W_e + W_m = \frac{C}{2}U_0^2(\sin^2\omega_0 t + \cos^2\omega_0 t) = \frac{C}{2}U_0^2$$

d.h. die Gesamtenergie ist zeitunabhängig (Energieerhaltung). Die Gesamtenergie oszilliert zwischen Kondensator (elektrisches Feld) und Spule (magnetisches Feld).

Grenzfälle: Ungedämpfte Schwingung und aperiodischer Grenzfall. Der Fall der ungedämpften Schwingung $\delta \ll \omega_0$ wurde bereits erwähnt. Man erhält eine reine Sinusschwingung. Andererseits erhält man für $\delta = \omega_0$, d.h. für $R = 2\sqrt{L/C}, \omega = 0$, also nach Gl. (6.17) eine rein exponentiell abfallende Funktion (aperiodischer Grenzfall). Im übrigen siehe „Schwingungen"; Teil 2.

6. Gegeninduktion und Transformator:
   Häufig, wie etwa im Fall des Transformators, ist eine feste Anordnung zweier Spulen zueinander gegeben (Bild 6.13).

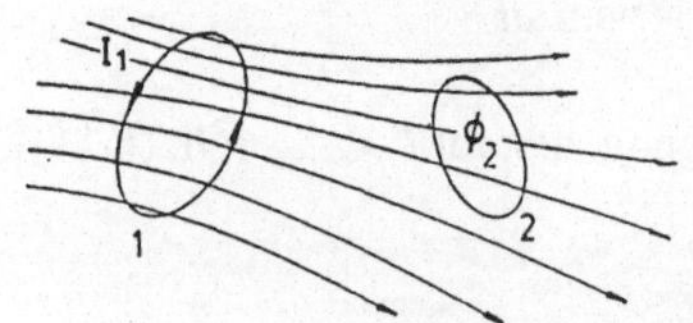

Bild 6.13
Zur Definition der Gegeninduktion

Der durch den geschlossenen Leiter 1 („Primärspule" beim Trafo) fließende Strom I_1 erzeugt ein auch durch den geschlossenen Leiter 2 („Sekundärspule" beim Trafo) durchgreifendes Magnetfeld $\vec{B} \sim I_1$.

Der hierdurch in 2 bewirkte Fluß ϕ_2 ist also bei fester Geometrie proportional zu I_1. Der Proportionalitätsfaktor wird als **Gegeninduktionskoeffizient** L^* bezeichnet (vgl. Gl. (6.5)). Dann ist

$$\phi_2 = L^* I_1 \qquad (6.18)$$

Fließt ein Strom I_2 durch die Spule 2, so erhält man für den magnetischen Fluß ϕ_1 in Spule 1 entsprechend Gl. (6.18):

$$\phi_1 = L^* I_2$$

mit demselben Gegeninduktionskoeffizienten L^*. L^* hängt also nur von der geometrischen Anordnung der geschlossenen Leiter zueinander und vom Material im Magnetfeld ab. Sind z.B. die beiden Spulen auf einen gemeinsamen Weicheisenkern ($\mu \gg \mu_0$) gewickelt, so daß das von der Primärspule erzeugte Magnetfeld nahezu auf den Querschnitt des Eisenkerns konzentriert ist, d.h. die beiden Spulenquerschnitte vom selben Fluß durchsetzt werden, so erhält man für L^* in der Näherung langer Spulen (Bild 6.14), ausgehend von

$$B_1 = \mu \frac{N_1}{\ell} I_1 \quad \text{und} \quad \phi_2 = \mu \frac{N_1}{\ell} I_1 N_2 O$$

den Ausdruck

$$L^* = \mu \frac{N_1 N_2}{\ell} O \qquad (6.19)$$

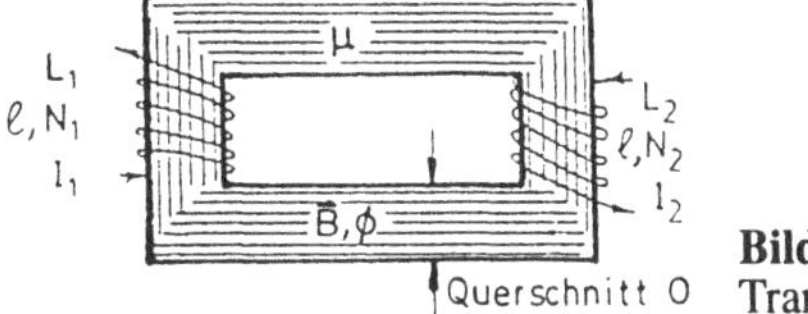

Bild 6.14
Transformator

Für die Selbstinduktionskoeffizienten gilt

$$L_1 = \mu \frac{N_1^2}{\ell} O \quad \text{und} \quad L_2 = \mu \frac{N_2^2}{\ell} O \qquad (6.20)$$

Transformator ohne Belastung (Leerlaufbetrieb) An die Primärspule werde eine reine Sinus-Spannung angelegt, nämlich $U_1(t) = U_{0,1} \sin \omega t$. Der Ohmsche Widerstand der Spule werde vernachlässigt. Dann gilt entsprechend Gl. (6.9)):

$$U_{0,1} \sin \omega t \quad - \quad L_1 \frac{\mathrm{d}I_1}{\mathrm{d}t} = 0$$

$$\text{oder} \qquad \frac{\mathrm{d}I_1}{\mathrm{d}t} = \frac{U_{0,1}}{L_1} \sin \omega t$$

Die Sekundärspule sei offen. Also ist $I_2 = 0$. Nach dem Faraday-Henry-Gesetz Gl. (6.2) und (6.19) gilt

$$U_2(t) = -L^* \frac{\mathrm{d}I_1}{\mathrm{d}t}$$

Setzt man aus obiger Beziehung $\mathrm{d}I_1/\mathrm{d}t$ ein, so wird

$$U_2(t) = -\frac{L^*}{L_1} U_{0,1} \sin \omega t = U_{0,2} \sin \omega t$$

und mit (6.19), (6.20)

$$\boxed{\frac{U_{0,2}}{U_{0,1}} = -\frac{N_2}{N_1}} \qquad (6.21)$$

Ein Transformator erzeugt also aus einer sinusförmigen Spannung eine wiederum sinusförmige Sekundärspannung, und die Amplituden werden im Übersetzungsverhältnis der Windungszahlen transformiert.

6.2 Ampere-Maxwell-Satz

Das Farady-Henry-Gesetz Gl. (6.3) lautet

$$\oint \vec{E} \cdot \mathrm{d}\vec{s} = -\frac{\mathrm{d}}{\mathrm{d}t} \int_O \vec{B} \cdot \mathrm{d}\vec{o}$$

wobei das linke Integral über den Rand von O zu erstrecken ist. Wir suchen nach einem analogen Zusammenhang zwischen einem zeitlich variablen elektrischen Feld und einem hierdurch erzeugten Magnetfeld der Form

$$\oint \vec{B} \cdot d\vec{s} = ?$$

Im statischen Fall galt hierfür der Amperesche Satz Gl. (5.65), nämlich

$$\oint_{\text{Randv.}O} \vec{B} \cdot d\vec{s} = \mu_0 \int_O \vec{j} \cdot d\vec{o}$$

Dieser ist jetzt auf den Fall eines zeitlich variablen elektrischen Feldes zu erweitern. Zur Vorbereitung dient der folgende Abschnitt.

Ladungserhaltung bei Zeitabhängigkeit Wir betrachten eine geschlossene Fläche, die ein bestimmtes Volumen einschließt. Der Gesamtstrom durch die geschlossene Fläche muß bei Zeitunabhängigkeit = 0 sein, um Ladungserhaltung für alle Zeiten zu garantieren (vgl. Gl. (4.4)). Im hier zu betrachtenden nichtstationären Fall wird die Ladungserhaltung offenbar durch die Gleichung

$$I = \oint \vec{j} \cdot d\vec{o} = -\frac{dq}{dt} \tag{6.22}$$

erzwungen, wobei q die insgesamt im Volumen V vorhandene Ladung ist. Ist also $I > 0$, so nimmt entsprechend die Gesamtladung im Innern von V ab ($dq/dt < 0$ etc.). Andererseits gilt nach dem Gaußschen Satz (Gl. (5.4))

$$\oint \vec{E} \cdot d\vec{o} = \frac{q}{\varepsilon_0}$$

Wir können daher die Ladungserhaltung Gl. (6.22) auch in der Form

$$\oint \vec{j} \cdot d\vec{o} + \varepsilon_0 \frac{d}{dt} \oint \vec{E} \cdot d\vec{o} = 0 \tag{6.23}$$

angeben.

Plausibilitätsbetrachtung zum Ampere-Maxwell-Satz   Wir stellen uns eine Fläche O der Art in Bild 6.13 vor. Sicherlich gilt dann im Grenzfall der zu einem Punkt zusammenschrumpfenden Randkurve, da die Länge der Randkurve dann selbst gegen 0 geht.

$$\oint_{\text{Randv.O}} \vec{B} \cdot \mathrm{d}\vec{s} \to 0$$

für Rand von O → Punkt. In diesem Fall wird aus dem Ampereschen Satz (O geht in geschlossene Oberfläche über).

$$\oint \vec{j} \cdot \mathrm{d}\vec{o} = 0$$

d.h. Ladungserhaltung im stationären Fall.

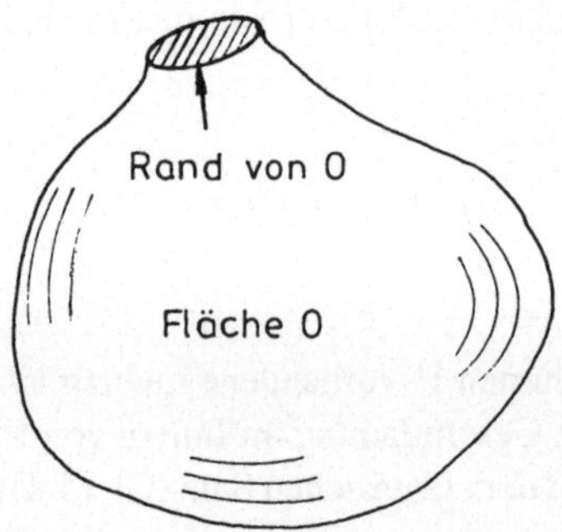

Bild 6.15
Zur Herleitung des Ampere-Maxwell-Satzes

Der Amperesche Satz beinhaltet also die Ladungserhaltung. Dann ist es plausibel anzunehmen, daß dies auch im nichtstationären Fall so sein muß. Hier ist die Ladungserhaltung aber durch Gl. (6.23) gegeben, so daß man offensichtlich im Ampereschen Satz den Ausdruck

$$\int_O \vec{j} \cdot \mathrm{d}\vec{o} \quad \text{durch} \quad \int_O \vec{j} \cdot \mathrm{d}\vec{o} + \varepsilon_0 \frac{\mathrm{d}}{\mathrm{d}t} \int_O \vec{E} \cdot \mathrm{d}\vec{o}$$

ersetzen muß. Damit wird der **Ampere-Maxwell-Satz** (Gl. (6.24) s.u.) verständlich. Eine Herleitung ist dies natürlich nicht. Es handelt sich, wie bei den anderen bereits besprochenen Gesetzmäßigkeiten (Gaußsche Sätze des elektrischen und magnetischen Feldes, Faraday-Henry-Satz) um ein Grundgesetz der Elektrodynamik und lautet

$$\oint_{\text{Rand v. O}} \vec{B} \cdot \mathrm{d}\vec{s} = \mu_0 \int_O \vec{j} \cdot \mathrm{d}\vec{o} + \varepsilon_0 \mu_0 \frac{\mathrm{d}}{\mathrm{d}t} \int_O \vec{E} \cdot \mathrm{d}\vec{o} \qquad (6.24)$$

Da ein Magnetfeld bereits durch einen stationären Strom erzeugt wird (Amperescher Satz), kommt die Analogie zwischen dem Ampere-Maxwell-Satz und dem Faraday-Henry-Satz besser zum Ausdruck, wenn wir den Fall $I = 0$ (etwa Vakuum; keine Materie, also auch keine Ladungsträger) betrachten. Hierfür ergibt sich nach Gl. (6.24) für $\vec{j} = 0$

$$\oint_{\text{Rand v. O}} \vec{B} \cdot \mathrm{d}\vec{s} = \varepsilon_0 \mu_0 \frac{\mathrm{d}\phi_e}{\mathrm{d}t} \qquad (6.25)$$

$\phi_e = \int_O \vec{E} \cdot \mathrm{d}\vec{o}$ ist der Fluß der elektrischen Feldstärke $\vec{E}$ durch die Oberfläche O. **Die Änderung des elektrischen Flusses erzeugt ein Magnetfeld**. (Faraday-Henry-Satz: Die Änderung des magnetischen Flusses erzeugt ein elektrisches Feld).

Nach den vielfach gegebenen Ableitungen der differentiellen Form aus der integralen Form eines Satzes wird hier die differentielle Form des Ampere-Maxwell-Satzes ohne weitere Erläuterung angefügt. Sie lautet

$$\operatorname{rot} \vec{B} = \mu_0 \left(\vec{j} + \varepsilon_0 \frac{\partial \vec{E}}{\partial t} \right) \qquad (6.26)$$

6.3 Maxwell-Gleichungen

In den vorangegangenen Kapiteln 2–6 ist gezeigt worden, daß es eine bestimmte Wechselwirkung (**elektromagnetische Wechselwirkung**) zwischen Elementarteilchen gibt, die aufgrund der Eigenschaft „elektrische Ladung" verstanden werden kann. Zur Beschreibung dieser Wechselwirkung werden zwei Vektorfelder, das elektrische Feld $\vec{E}$ und das magnetische Feld $\vec{B}$ eingeführt. Die Kraft auf ein Teilchen der Ladung q und Geschwindigkeit $\vec{v}$ ist dann durch die Lorentz-Kraft (Gl. (3.3))

$$\vec{F} = q(\vec{E} + v \times \vec{B})$$

gegeben. Für die das elektrische bzw. magnetische Feld beschreibenden Größen $\vec{E}$ und $\vec{B}$ gelten die nachfolgenden sogenannten **Maxwellschen Gleichungen** (Gl. (5.4), (5.69), (6.3), (6.24) sowie die entsprechenden differentiellen Formen)

	Integrale Form	Differentielle Form
Gaußscher Satz des elektrischen Feldes	$\oint \vec{E} \cdot d\vec{o} = \dfrac{q}{\varepsilon_0}$	$\operatorname{div} \vec{E} = \dfrac{\varrho}{\varepsilon_0}$
Gaußscher Satz des magnetischen Feldes	$\oint \vec{B} \cdot d\vec{o} = 0$	$\operatorname{div} \vec{B} = 0$
Faraday-Henry-Satz	$\oint \vec{E} \cdot d\vec{s} = -\dfrac{d}{dt} \int \vec{B} \cdot d\vec{o}$	$\operatorname{rot} \vec{E} = -\dfrac{\partial \vec{B}}{\partial t}$
Ampere-Maxwell-Satz	$\oint \vec{B} \cdot d\vec{s} = \mu_0 I$ $+ \varepsilon_0 \mu_0 \dfrac{d}{dt} \int \vec{E} \cdot d\vec{o}$	$\operatorname{rot} \vec{B} = \mu_0 \vec{j}$ $+ \varepsilon_0 \mu_0 \dfrac{\partial \vec{E}}{\partial t}$

Für den Spezialfall des Vakuums lassen sich die Maxwell-Gleichungen stark vereinfachen. Hier gilt $\varrho = 0$ und $\vec{j} = 0$, so daß man in differentieller Form

$$\boxed{\begin{aligned} \operatorname{div}\vec{E} &= 0 & \operatorname{div} \vec{B} &= 0 \\ \operatorname{rot} \vec{E} &= -\frac{\partial \vec{B}}{\partial t}; & \operatorname{rot} \vec{B} &= +\frac{1}{c^2} \cdot \frac{\partial \vec{E}}{\partial t} \end{aligned}} \qquad (6.27)$$

erhält. Hierin ist $\varepsilon_0 \mu_0$ durch $1/c^2$ (c = Lichtgeschwindigkeit im Vakuum) ersetzt worden.

6.4 Ergänzung*: Hochfrequente Wechselströme in Drähten

Betrachtet wird ein homogener, gerader, unendlich langer Draht in z-Richtung aus einem Metall mit der spezifischen Leitfähigkeit σ, der von einem Wechselstrom

$$I(t) = \int_A \vec{j} \cdot \mathrm{d}\vec{A} = \int_A \vec{j}_0 e^{i\omega t} \cdot \mathrm{d}\vec{A}$$

durchflossen wird. Der Drahtquerschnitt A sei kreisförmig vom Radius R. Aus Symmetriegründen muß die Stromdichte $\vec{j}$ in z-Richtung weisen, d.h. es ist

$$\begin{aligned} \vec{j} &= j\vec{u}_z \quad \text{mit} \\ j &= j_0 e^{i\omega t} \end{aligned} \tag{6.28}$$

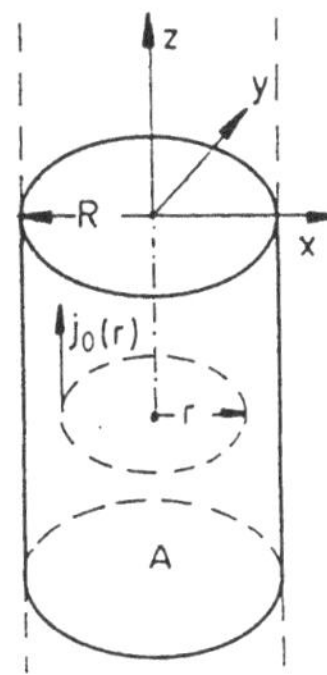

Bild 6.16
Ausgangssituation beim Skin-Effekt

Das **Ziel** ist die Berechnung der radialen Verteilung $j_0(r)$ der Stromdichte-Amplitude. **Ausgangspunkt** sind die beiden in homogenen, isotropen und neutralen Leitermaterialen gültigen Maxwellschen Gleichungen

$$\operatorname{rot} \vec{B} = \varepsilon\mu \frac{\partial \vec{E}}{\partial t} + \mu\sigma \vec{E} \tag{6.29}$$

und

$$\operatorname{rot} \vec{E} = -\frac{\partial \vec{B}}{\partial t} \tag{6.30}$$

und das sogenannte „Ohmsche Gesetz in differentieller Form":

$$\vec{j} = \sigma \vec{E} \tag{6.31}$$

$\varepsilon = \varepsilon_r \varepsilon_0$ und $\mu = \mu_r \mu_0$ sind die Dielektrizitätskonstante und die Permeabilität des Materials. ε_r und μ_r sind die Dielektrizitätszahl und die Permeabilitätszahl. Die Elimination von $\vec{E}$ aus (6.29) und (6.30) mittels (6.31) ergibt

$$\operatorname{rot} \vec{B} = \frac{\varepsilon\mu}{\sigma}\frac{\partial \vec{j}}{\partial t} + \mu j \qquad (6.32)$$

und

$$\operatorname{rot} \vec{j} = -\sigma\frac{\partial \vec{B}}{\partial t} \qquad (6.33)$$

Aus (6.28) folgt:

$$\frac{\partial \vec{j}}{\partial t} = \vec{u}_z \frac{\partial j}{\partial t} = i\omega j\vec{u}_z = i\omega\vec{j}$$

Damit lautet (6.32):

$$\operatorname{rot} \vec{B} = \left(i\frac{\varepsilon\omega}{\sigma} + 1 \right) \mu\vec{j} \qquad (6.34)$$

Die Dielektrizitätskonstante von Metallen läßt sich mit den vertrauten elektrostatischen Methoden nicht bestimmen, da die Influenzerscheinungen die gesuchten Effekte überdecken. Es müssen optische oder Hochfrequenz-Verfahren angewendet werden. Die Meßergebnisse zeigen, daß die Dielektrizitätskonstante von Metallen in derselben Größenordnung liegt, wie die von Isolatoren. Für Abschätzungen wird im folgenden $\varepsilon_r = 10$ angenommen. Das bekannteste Leitermetall Cu besitzt eine spezifische Leitfähigkeit von rund $\sigma = 1.5 \cdot 10^7$ A V^{-1}m^{-1}. Für einen Wechselstrom der Frequenz $\nu = 1$ GHz $= 10^9$ Hz, also der Kreisfrequenz $\omega = 2\pi \cdot 10^9$ s^{-1}, ist dann

$$\frac{\varepsilon \cdot \omega}{\sigma} = 3.7 \cdot 10^{-8}$$

Dieser Wert ist vernachlässigbar klein gegen Eins. Unter diesen Voraussetzungen und damit erst recht bei tieferen Frequenzen kann also die Gleichung (6.34) in ihrer „quasistationären" Näherung

$$\operatorname{rot} \vec{B} = \mu\vec{j} \qquad (6.35)$$

verwendet werden. Anwendung des Rotationsoperators auf (6.33) und Vertauschung von örtlicher und zeitlicher Differentiation ergeben:

$$\operatorname{rot}(\operatorname{rot} \vec{j}) = \operatorname{rot}\left(-\sigma\frac{\partial \vec{B}}{\partial t} \right) = -\sigma\frac{\partial}{\partial t}(\operatorname{rot} \vec{B})$$

Einsetzen von (6.35) führt auf:

$$\text{rot}(\text{rot}\,\vec{j}) = -\mu\sigma\frac{\partial\vec{j}}{\partial t}$$

Die Vektoranalysis lehrt für die zweifache Anwendung des Rotationsoperators auf einen Vektor:

$$\text{rot}(\text{rot}\,\vec{j}) = \text{grad}(\text{div}\,\vec{j}) - \Delta\vec{j}$$

Damit ist:

$$\Delta\vec{j} = \mu\sigma\frac{\partial\vec{j}}{\partial t} - \text{grad}(\text{div}\,\vec{j})$$

Die Kontinuitätsgleichung $\text{div}\,\vec{j} = d\varrho/dt$ für elektrische Ladungen sagt aus, daß $\vec{j}$ nur dann Quellen aufweist, wenn sich vorhandene Raumladungsdichten zeitlich ändern. Das ist hier nicht der Fall. Also ist $\text{div}\,\vec{j} = 0$ und somit

$$\Delta\vec{j} = \mu\sigma\frac{\partial\vec{j}}{\partial t}$$

Diese (Vektor-) Gleichung repräsentiert drei (Skalar-) Gleichungen für die drei Komponenten j_x, j_y und j_z von $\vec{j}$. Wegen $j_x = j_y = 0$ und $j_z = j$ verbleibt

$$\Delta j = \mu\sigma\frac{\partial j}{\partial t} \tag{6.36}$$

Im kartesischen Koordinatensystem ist

$$\Delta j = \frac{\partial^2 j}{\partial x^2} + \frac{\partial^2 j}{\partial y^2} + \frac{\partial^2 j}{\partial z^2}$$

j ist – außer von der Zeit t – nur von $r = \sqrt{x^2 + y^2}$ abhängig, nicht dagegen von z. Also verbleibt:

$$\Delta j = \frac{\partial^2 j}{\partial x^2} + \frac{\partial^2 j}{\partial y^2}$$

Es ist:

$$\frac{\partial j}{\partial x} = \frac{d j}{d r}\frac{\partial r}{\partial x}$$

und damit:

$$\frac{\partial^2 j}{\partial x^2} = \frac{\partial}{\partial x}\left(\frac{\mathrm{d}j}{\mathrm{d}r}\right)\frac{\partial r}{\partial x} + \frac{\mathrm{d}j}{\mathrm{d}r}\frac{\partial^2 r}{\partial x^2} = \frac{\mathrm{d}^2 j}{\mathrm{d}r^2}\left(\frac{\partial r}{\partial x}\right)^2 + \frac{\mathrm{d}j}{\mathrm{d}r}\frac{\partial^2 r}{\partial x^2}$$

Mit

$$\frac{\partial r}{\partial x} = \frac{x}{r} \qquad \text{und} \qquad \frac{\partial^2 r}{\partial x^2} = \frac{1}{r} - \frac{x^2}{r^2}$$

folgt dann:

$$\frac{\partial^2 j}{\partial x^2} = \frac{x^2}{r^2}\frac{\mathrm{d}^2 j}{\mathrm{d}r^2} + \frac{1}{r}\frac{\mathrm{d}j}{\mathrm{d}r} - \frac{x^2}{r^2}\frac{\mathrm{d}j}{\mathrm{d}r} \tag{6.37}$$

In analoger Weise erhält man:

$$\frac{\partial^2 j}{\partial y^2} = \frac{y^2}{r^2}\frac{\mathrm{d}^2 j}{\mathrm{d}r^2} + \frac{1}{r}\frac{\mathrm{d}j}{\mathrm{d}r} - \frac{y^2}{r^2}\frac{\mathrm{d}j}{\mathrm{d}r} \tag{6.38}$$

Addition von (6.37) und (6.38) ergibt mit $x^2 + y^2 = r^2$:

$$\Delta j = \frac{\mathrm{d}^2 j}{\mathrm{d}r^2} + \frac{1}{r}\frac{\mathrm{d}j}{\mathrm{d}r}$$

Damit lautet (6.36):

$$\frac{\mathrm{d}^2 j}{\mathrm{d}r^2} + \frac{1}{r}\frac{\mathrm{d}j}{\mathrm{d}r} = \mu\sigma\frac{\partial j}{\partial t}$$

Einsetzen von (6.28) ergibt:

$$\frac{\mathrm{d}^2 j_0}{\mathrm{d}r^2} + \frac{1}{r}\frac{\mathrm{d}j_0}{\mathrm{d}r} - i\mu\sigma\omega j_0 = 0 \tag{6.39}$$

Mit den Abkürzungen

$$\mu\sigma\omega = a^2 \qquad \text{und} \qquad \varrho = \sqrt{-i}\,ar \tag{6.40}$$

folgt:

$$\frac{\mathrm{d}j_0}{\mathrm{d}r} = \sqrt{-i}\,a\frac{\mathrm{d}j_0}{\mathrm{d}\varrho} \qquad \text{und} \qquad \frac{\mathrm{d}^2 j_0}{\mathrm{d}r^2} = -ia^2\frac{\mathrm{d}^2 j_0}{\mathrm{d}\varrho^3}$$

Einsetzen in (6.39) liefert:

$$-ia^2\frac{\mathrm{d}^2 j_0}{\mathrm{d}\varrho^2} - \frac{ia^2}{\varrho}\frac{\mathrm{d}j_0}{\mathrm{d}\varrho} - ia^2 j_0 = 0$$

oder:

$$\frac{d^2 j_0}{d\varrho^2} + \frac{1}{\varrho}\frac{dj_0}{d\varrho} - j_0 = 0$$

Diese Gleichung ist ein Spezialfall der sogenannten **Besselschen Differentialgleichung**. Ihre Lösung ist proportional zur sogenannten **Besselfunktion nullter Ordnung**, die im folgenden mit $J_0(\varrho)$ bezeichnet wird, d.h. es ist:

$$j_0(\varrho) = N J_0(\varrho) \tag{6.41}$$

Der Faktor N dient zur Umrechnung der „mathematischen" Funktion J_0 in die „physikalische" Größe j_0.

Die Bessel-Funktionen lassen sich nicht in geschlossener mathematischer Form angeben. Sie können durch Integrale oder durch Rekursionsformeln oder durch unendliche Reihen dargestellt werden. Zahlenwerte sind in den meisten mathematischen Tabellen-Büchern zu finden. Im folgenden wird von der Reihenentwicklung ausgegangen. Sie lautet:

$$J_0(\varrho) = \sum_{n=0}^{\infty} \frac{(-1)^n}{(n!)^2}\left(\frac{\varrho}{2}\right)^{2n}$$

Ferner wird angenommen, daß die Summe aus den ersten sechs Gliedern dieser Reihe für die hier angestellten Betrachtungen eine ausreichend gute Näherung darstellt. Es wird also vorausgesetzt:

$$\begin{aligned}
J_0(\varrho) &= \sum_{n=0}^{5} \frac{(-1)^n}{(n!)^2 2^{2n}}\cdot\varrho^{2n}\\[2mm]
&= 1 - \frac{\varrho^2}{4} + \frac{\varrho^4}{64} - \frac{\varrho^6}{2304} + \frac{\varrho^8}{147456} - \frac{\varrho^{10}}{14745600}
\end{aligned}$$

Die Variable ϱ ist eine **komplexe** Zahl. Aus (6.40) folgt:

$$\varrho^2 = -i(ar)^2; \quad \varrho^4 = -(ar)^4 \qquad \text{u.s.w.}$$

Damit ist:

$$\begin{aligned}
J_0(r) &= 1 + i\frac{(ar)^2}{4} - \frac{(ar)^4}{64} - i\frac{(ar)^6}{2304} + \frac{(ar)^8}{147456}\\[2mm]
&\quad + i\frac{(ar)^{10}}{14745600}\\[2mm]
&= 1 - \frac{(ar)^4}{64} + \frac{(ar)^8}{147456} + i\left[\frac{(ar)^2}{4} - \frac{(ar)^6}{2304} + \frac{(ar)^{10}}{14745600}\right]
\end{aligned}$$

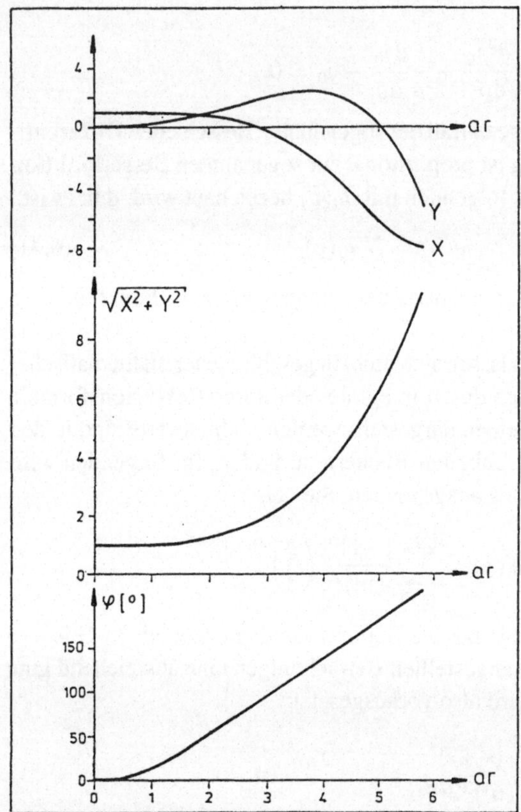

Bild 6.17 Zur komplexen Bessel-Funktion nullter Ordnung

$J_0(r)$ ist also ebenfalls **komplex**. Bezeichnet

$$X = 1 - \frac{(ar)^4}{64} + \frac{(ar)^8}{147456}$$

den **Realteil** und

$$Y = \frac{(ar)^2}{4} - \frac{(ar)^6}{2304} + \frac{(ar)^{10}}{14745600}$$

den **Imaginärteil**, dann ist:

$$J_0(r) = X + iY = \sqrt{X^2 + Y^2}\,e^{i\varphi}$$

Dabei gilt für den Phasenwinkel:

$$\varphi = \arctan \frac{Y}{X}$$

(6.28) und (6.41) ergeben somit für die Stromdichte:

$$\begin{aligned} j(r,t) &= j_0(r)e^{i\omega t} = N J_0(r)e^{i\omega t} \\ &= N\sqrt{X^2 + Y^2}\,e^{i(\omega t + \varphi)} \end{aligned} \qquad (6.42)$$

Zur Veranschaulichung der Eigenschaften bzw. des Verlaufs der komplexen Bessel-Funktion nullter Ordnung sind in der Graphik Bild 6.17 die Größen $X, Y\sqrt{X^2 + Y^2}$ und φ als Funktion von (ar) aufgetragen. Hieraus ist in Verbindung mit (6.42) abzulesen, daß der „Betrag" $|j_0(r)| = N\sqrt{X^2 + Y^2}$ der Amplitude der Stromdichte $j(r,t)$ und deren Phasenverschiebung φ mit wachsendem Abstand r von der Drahtachse ansteigen.

Die Stromdichte wird von der Drahtmitte zur Drahtoberfläche („Haut"; engl.: Skin) gedrängt. Das Bild 6.18 zeigt in Teil a.) die Verteilung des Amplitudenbetrages $|j_0(r)|$ der Stromdichte entlang des Durchmessers eines 3 mm dicken Kupfer-Drahtes ($R = 1.5 \cdot 10^{-3}$ m) relativ zum Wert $|j_0(0)|$ auf der Drahtachse für eine Frequenz von $\nu = 0.1$ MHz $= 100$ kHz. Dabei wurde näherungsweise $\mu = \mu_0$ gesetzt, da – mit Ausnahme der ferromagnetischen Substanzen – die Permeabilitätszahlen μ_r von Metallen nahe bei Eins liegen.

Die Stärke des Skin-Effekts ist von der Frequenz ν des hindurchfließenden Wechselstroms abhängig. Diese Abhängigkeit steckt in der durch (6.40) definierten Größe $a = (\mu\sigma 2\pi\nu)^{1/2}$, die im Argument (ar) der Bessel-Funktion enthalten ist. Hierzu zeigt der Teil b.) des Bildes – wiederum für einen 3 mm dicken Kupfer-Draht – den Amplitudenbetrag $|j_0(R)|$ der Stromdichte an der Drahtoberfläche ($r = R$) relativ zum Wert $|j_0(0)|$ auf der Drahtachse als Funktion der Frequenz ν. Der Stromfluß verlagert sich also mit steigender Frequenz immer mehr in die Haut des Drahtes.

Die Integration von (6.42) über den Drahtquerschnitt A ergibt die Stromstärke $I(t)$, d.h. es ist

$$I(t) = \int_A j(r,t) \cdot dA = N \int_A J_0(r) \cdot dA\, e^{i\omega t} = I_0 e^{i\omega t}$$

mit

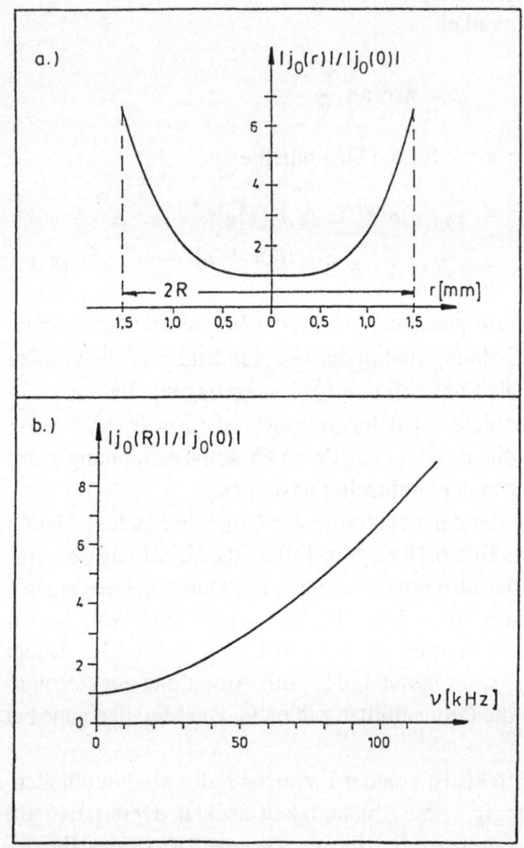

Bild 6.18   Zum Skin-Effekt: a.) Stromdichte-Verteilung,
b.) Frequenzabhängigkeit

$$I_0 = N \int\limits_A J_0(r)\,\mathrm{d}A$$

Ist die Stromamplitude I_0 vorgegeben oder durch Messung bestimmbar,
dann kann der Umrechnungsfaktor N aus dem Integral der Bessel-Funktion
berechnet werden. Mit $\mathrm{d}A = 2\pi r\,\mathrm{d}r$ folgt:

$$N = \frac{I_0}{2\pi \int\limits_0^R J_0(r)r\,\mathrm{d}r}$$

N hat die Maßeinheit der Stromdichte, also A m^{-2}.

6.5 Ergänzung*: Selbsterregte Oszillatoren für elektrische Schwingungen

Ein Kreis aus einer Spule (Induktivität: L) und einem Kondensator (Kapazität: C) bildet einen (idealen) elektrischen Schwingkreis. Die Stromstärke $I(t)$ variiert zeitlich harmonisch mit der Kreisfrequenz (**Eigenfrequenz**).

$$\omega_0 = \frac{1}{\sqrt{LC}} \tag{6.43}$$

d.h. es ist mit den Anfangsbedingungen $I(0) = I_0$ und $(\mathrm{d}I/\mathrm{d}t)_{t=0} = 0$:

$$I(t) = I_0 \cos \omega_0 t$$

oder in der für Umrechnungen bequemeren **komplexen** Schreibweise:

$$I(t) = I_0 e^{i\omega_0 t}$$

Im realen Fall ist jeder elektrische Schwingkreis **bedämpft**. Die Hauptursachen hierfür sind die Ohmschen Anteile in den Impedanzen der Spule und des Kondensators. Hinzu kommen Energieverluste durch Abstrahlung elektromagnetischer Felder, durch Ummagnetisierung eines eventuell verwendeten ferromagnetischen Spulenkerns und anderes. Die insgesamt zur Dämpfung beitragenden Effekte lassen sich **näherungsweise** durch einen Ohmschen Widerstand R im Schwingkreis berücksichtigen oder erfassen. Sie führen dazu, daß (in dieser Näherung) die Amplituden einer einmal angestoßenen Schwingung exponentiell abnehmen. Bei entsprechenden Anfangsbedingungen ist:

$$I(t) = I_0 e^{-\delta t} e^{i\omega_D t} \tag{6.44}$$

mit

$$\delta = \frac{R}{2L} \quad \text{und} \quad \omega_D^2 = \omega_0^2 - \delta^2$$

Dieses gilt allerdings nur, solange $\delta < \omega_0$ ist, also im sogenannten **Schwing-fall**. In den Fällen $\delta = \omega_0$ (**Aperiodischer Grenzfall**) und $\delta > \omega_0$ (**Kriech-fall**) treten keine Schwingungen mehr auf.

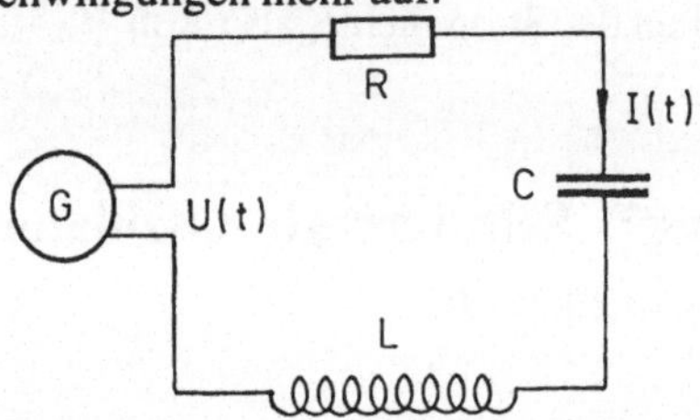

Ungedämpfte Schwingungen, also solche mit konstanter Amplitude, las-sen sich grundsätzlich nur als **erzwungene** Schwingungen aufrechterhalten. Sie müssen von einem Sinus-Generator G im Kreis angetrieben werden. Die von G gelieferte Spannung sei:

$$U(t) = U_0 e^{i\omega t} \tag{6.45}$$

Die Maschenregel verlangt, daß diese („eingeprägte") Spannung gleich der Summe der Spannungsabfälle im Kreis sein muß. Unter Vernachlässigung des Innenwiderstandes von G ist also:

$$U(t) = U_0 e^{i\omega t} = RI + \frac{Q}{C} + L\frac{\mathrm{d}I}{\mathrm{d}t}$$

Q ist die Kondensator-Ladung, und es gilt $\mathrm{d}Q/\mathrm{d}t = I$. Differentiation nach der Zeit t ergibt für $I(t)$ die Differentialgleichung:

$$L\frac{\mathrm{d}^2 I}{\mathrm{d}t^2} + R\frac{\mathrm{d}I}{\mathrm{d}t} + \frac{1}{C}I = i\omega U_0 e^{i\omega t}$$

oder mit (6.43) und $\delta = R/(2L)$:

$$\frac{\mathrm{d}^2 I}{\mathrm{d}t^2} + 2\delta\frac{\mathrm{d}I}{\mathrm{d}t} + \omega_0^2 I = i\frac{\omega}{L}U_0 e^{i\omega t} \tag{6.46}$$

Die allgemeine Lösung dieser Gleichung lautet, wobei Einschwingvorgänge bereits abgeklungen sein sollen:

$$I(t) = I_0 e^{i(\omega t - \varphi)} = I_0 e^{i\omega t} e^{-i\varphi} \tag{6.47}$$

Einsetzen in (6.46) ergibt:

$$
\begin{aligned}
- \; & \omega^2 I_0 e^{i\omega t} e^{-i\varphi} + 2i\delta\omega I_0 e^{i\omega t} e^{-i\varphi} \\
+ \; & \omega_0^2 I_0 e^{i\omega t} e^{-i\varphi} = i\frac{\omega}{L} U_0 e^{i\omega t}
\end{aligned}
$$

oder:

$$
-\omega^2 + 2i\delta\omega + \omega_0^2 = i\frac{\omega}{L}\frac{U_0}{I_0} e^{i\varphi}
$$

Mit

$$
e^{i\varphi} = \cos\varphi + i\sin\varphi
$$

folgt:

$$
\omega_0^2 - \omega^2 + 2i\delta\omega = -\frac{\omega}{L}\frac{U_0}{I_0}\sin\varphi + i\frac{\omega}{L}\frac{U_0}{I_0}\cos\varphi
$$

Gleichheit zweier **komplexer** Größen bedeutet, daß sowohl die Realteile als auch die Imaginärteile gleich sein müssen. Das führt auf die beiden Gleichungen:

$$
\frac{L}{\omega}\frac{I_0}{U_0}(\omega^2 - \omega_0^2) = \sin\varphi \tag{6.48}
$$

oder

$$
2\delta L \frac{I_0}{U_0} = \cos\varphi \tag{6.49}
$$

Division von (6.48) durch (6.49) ergibt für die Phasenverschiebung φ zwischen $U(t)$ und $I(t)$:

$$
\tan\varphi = \frac{\omega^2 - \omega_0^2}{2\delta\omega} \tag{6.50}
$$

Die Addition der Quadrate von (6.48) und (6.49) liefert unter Berücksichtigung der Beziehung $\sin^2\varphi + \cos^2\varphi = 1$ die Gleichung

$$
\frac{L^2}{\omega^2}\frac{I_0^2}{U_0^2}(\omega^2 - \omega_0^2)^2 + 4\delta^2 L^2 \frac{I_0^2}{U_0^2} = 1
$$

Daraus folgt für die Amplitude I_0 der erzwungenen Schwingung:

$$
I_0 = \frac{U_0}{L}\frac{1}{\sqrt{4\delta^2 + \frac{1}{\omega^2}(\omega^2 - \omega_0^2)^2}} \tag{6.51}
$$

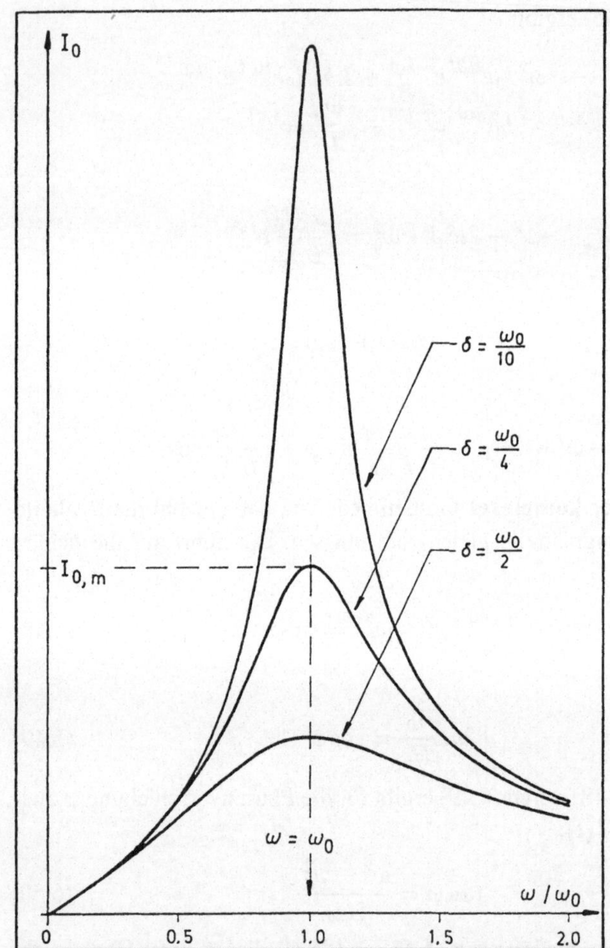

Bild 6.19 Resonanzkurven $I_0(\omega)$ bei verschiedenen Dämpfungen

I_0 durchläuft als Funktion von ω eine **Resonanzkurve**. Drei davon für verschieden starke Dämpfungen sind in dem Bild 6.19 aufgetragen.

I_0 erreicht den Maximalwert $I_{0,m}$, wenn die Kreisfrequenz ω der treibenden Spannung $U(t)$ mit der Eigenfrequenz ω_0 übereinstimmt. Aus (6.51) ergibt sich für $\omega = \omega_0$ mit $\delta = R/(2L)$:

$$I_{0,m} = \frac{U_0}{2\delta L} = \frac{U_0}{R}$$

Für die zugehörige Phasenverschiebung φ_m folgt aus (6.50):

$$\tan \varphi_m = 0$$

Nach (6.49) ist $\cos \varphi$ von ω unabhängig und stets positiv. Also gilt zusätzlich:

$$\cos \varphi_m > 0$$

Beide Bedingungen zusammen liefern:

$$\varphi_m = 2\pi n$$

wobei n eine ganze Zahl ist. Strom und Spannung sind also dann „in Phase". „Von außen betrachtet" verhält sich somit im **Resonanzfall** der Schwingkreis wie ein Ohmscher Widerstand der Größe R.

Die Zusammenhänge zwischen $U(t)$ und $I(t)$ lassen sich in äquivalenter Weise auch mit Hilfe des Begriffs der **Impedanz** beschreiben. Aus (6.47) folgt mit (6.51) und (6.45):

$$I(t) = I_0 e^{i\omega t} e^{-i\varphi} = \frac{e^{-i\varphi}}{L\sqrt{4\delta^2 + \frac{1}{\omega^2}(\omega^2 - \omega_0^2)^2}} U_0 e^{i\omega t}$$

oder:

$$U(t) = Z I(t) \tag{6.52}$$

wobei

$$\begin{aligned} Z &= L\sqrt{4\delta^2 + \frac{1}{\omega^2}(\omega^2 - \omega_0^2)^2}\, e^{i\varphi} \\ &= \sqrt{R^2 + \left[\omega L - \frac{1}{\omega C}\right]^2}\, e^{i\varphi} = |Z| e^{i\varphi} \end{aligned} \tag{6.53}$$

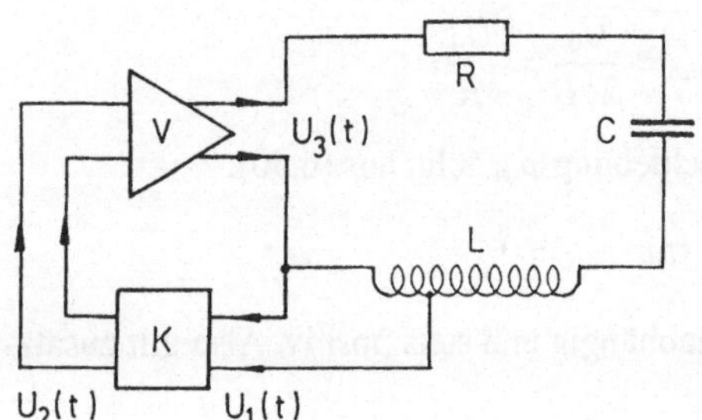

Bild 6.20
Selbsterregung von Schwingungen
mittels Rückkopplung

die Impedanz des (Serien-)Schwingkreises, also der Reihenschaltung aus Ohmschem Widerstand, Spule und Kondensator bezeichnet.

Erzwungene Schwingungen bei der Eigenfrequenz ω_0 lassen sich auch ohne einen separaten Sinus-Generator nach der Methode der sogenannten „Selbsterregung eines Schwingkreises" erzeugen. Dabei wird dem Schwingkreis eine Teilspannung $U_1(t)$ des gesamten Spannungsabfalls $U(t)$ entnommen und über ein Rückkopplungsnetzwerk K als Eingangsspannung $U_2(t)$ einem Verstärker V zugeführt, dessen Ausgangsspannung $U_3(t)$ den Schwingkreis treiben soll. Die Spannung $U_1(t)$ kann induktiv, kapazitiv oder galvanisch an grundsätzlich jeder beliebigen Stelle des Schwingkreises ausgekoppelt werden. Sie kann beispielsweise, wie es das Bild 6.20 vorschlägt, an der Spule abgegriffen werden. Das Verhältnis

$$k = \frac{U_2(t)}{U(t)} = |k|e^{i\varphi_k} \tag{6.54}$$

heißt **Rückkopplungsfaktor**. φ_k ist die Phasenverschiebung zwischen $U_2(t)$ und $U(t)$. Das Verhältnis

$$v = \frac{U_3(t)}{U_2(t)} = |v|e^{i\varphi_v} \tag{6.55}$$

ist die **Verstärkung** von V, wobei φ_v die im Verstärker entstehende Phasenverschiebung zwischen $U_3(t)$ und $U_2(t)$ angibt. Mit diesen Bezeichnungen und mit (6.52) ist dann:

$$U_3(t) = kvU(t) = kvZI(t)$$

Vernachlässigt man die Belastung des Schwingkreises durch das Rückkopplungsnetzwerk K, dann liefert die Maschenregel für den Schwingkreis mit eingeprägter Spannung U_3:

$$U_3 = kvZI = RI + \frac{Q}{C} + L\frac{\mathrm{d}I}{\mathrm{d}t}$$

oder

$$L\frac{\mathrm{d}I}{\mathrm{d}t} + (R - kvZ)I + \frac{Q}{C} = 0$$

Differentiation nach der Zeit t und Division durch L ergeben:

$$\frac{\mathrm{d}^2 I}{\mathrm{d}t^2} + \frac{R - kvZ}{L}\frac{\mathrm{d}I}{\mathrm{d}t} + \frac{1}{LC}I = 0$$

Diese (homogene) Differentialgleichung für $I(t)$ stimmt formal mit derjenigen für einen (freien) bedämpften Schwingkreis überein. Ihre Lösung lautet also in Analogie zu (6.44):

$$I(t) = I_0 e^{-\Delta t} e^{i\Omega t} \tag{6.56}$$

mit

$$\Delta = \frac{R - kvZ}{2L} \quad \text{und} \quad \Omega^2 = \frac{1}{L^2 C^2} - \Delta^2 = \omega_0^2 - \Delta^2 \tag{6.57}$$

Fallunterscheidung

1. Stellt man für einen vorgegebenen Schwingkreis, also bei bekanntem Z und R und für ein vorgegebenes Rückkopplungsnetzwerk, also bei bekanntem k die Verstärkung v so ein, daß die Bedingung

$$kv = \frac{R}{Z} \tag{6.58}$$

erfüllt wird, dann ist nach (6.57) $\Delta = 0$ und $\Omega = \omega_0^2$ und nach (6.56):

$$I(t) = I_0 e^{i\omega_0 t}$$

Die Schaltung erzeugt dann, wie angestrebt, **ungedämpfte** Schwingungen bei der Eigenfrequenz ω_0. Für $\omega = \omega_0$ ist $Z = R$. Somit lautet die Rückkopplungsbedingung (6.58) in diesem Fall:

$$kv = 1$$

oder mit (6.54) und (6.55):

$$kv = |k||v|e^{i(\varphi_k + \varphi_v)} = 1$$

Diese Gleichung verlangt Gleichheit der Beträge **und** Phasen auf beiden Seiten. Das ergibt die beiden Teilbedingungen:

$$|k||v| = 1 \quad \text{und} \quad \varphi_k + \varphi_v = 2\pi n$$

wobei n eine ganze Zahl ist.

Die erste dieser Bedingungen bedeutet, daß die durch die Rückkopplung bedingte Signalabschwächung durch den Verstärker wieder ausgeglichen werden muß. Die zweite sagt aus, daß die durch den gewählten Verstärkertyp festgelegte Phasenverschiebung φ_v durch das Rückkopplungsnetzwerk zu einem ganzzahligen Vielfachen von 2π ergänzt werden muß. Diese Phasenanpassung ist die Hauptaufgabe des Rückkopplungsnetzwerkes.

Phasenverschiebungen lassen sich auf einfachste Weise durch RC- oder RL-Spannungsteiler erzeugen. In diesem Zusammenhang sei an den einfachen RC-Kreis erinnert. Seine Impedanz ist

$$
\begin{aligned}
Z &= R + \frac{1}{i\omega C} = |Z|e^{i\varphi} \\
&= \sqrt{R^2 + \frac{1}{\omega^2 C^2}}\, e^{i\varphi}
\end{aligned}
$$

Der Phasenwinkel beträgt

$$\varphi = \arctan\left[-\frac{1}{\omega RC}\right]$$

Ist $U(t)$ die angelegte Wechselspannung und $U_R(t)$ der Spannungsabfall an R, dann gilt:

$$\frac{U_R(t)}{U(t)} = \frac{R}{Z} \quad \text{oder} \quad U_R(t) = \frac{R}{|Z|}U(t)e^{-i\varphi}$$

d.h. mit

$$U(t) = U_0 e^{i\omega t} \quad \text{ist} \quad U_R(t) = \frac{R}{|Z|}U_0 e^{i(\omega t - \varphi)}$$

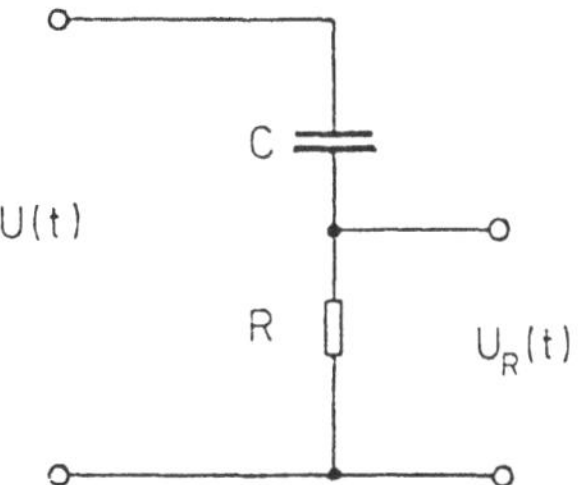

$U_R(t)$ ist also gegen die Eingangsspannung phasenverschoben. Die Phasenverschiebung φ läßt sich durch Variation der Zeitkonstanten RC im Bereich zwischen 0 und $\pi/2$ einstellen. Allerdings ändert sich dabei auch die Amplitude von $U_R(t)$, was durch entsprechende Nachregelung der Verstärkung v ausgeglichen werden muß. Durch Nachschaltung weiterer RC-Spannungsteiler lassen sich entsprechend größere Phasenverschiebungen erreichen. Verschiebungen um $\varphi = \pi$ können auch durch geeignet gepolte Transformatoren erzeugt werden.

2. Ist die Verstärkung v **kleiner** als es die Bedingung (6.58) verlangt, gilt also

$$kv < \frac{R}{Z}$$

dann ist nach (6.57) Δ **positiv** und $\Omega < \omega_0$. Die Schaltung erzeugt dann gemäß (6.56) exponentiell **gedämpfte** Schwingungen.

3. Ist die Verstärkung v **größer** als es die Bedingung (6.58) verlangt, gilt also

$$kv > \frac{R}{Z}$$

dann ist nach (6.57) Δ **negativ** und $\Omega > \omega_0$. Die Schaltung erzeugt dann gemäß (6.56) Schwingungen, deren Amplitude zeitlich exponentiell **wächst**. In der Praxis wird diesem exponentiellen Anstieg durch die **Übersteuerung** des Verstärkers eine Grenze gesetzt. Oberhalb einer durch die Konstruktion des verwendeten Verstärkers festgelegten Amplitude U'_{02} der Eingangsspannung $U_2(t)$ kann jeder reale Verstärker nur noch eine konstante, ihm eigene Ausgangsamplitude U'_{03} liefern. Die Ausgangsspannung $U_3(t)$ ist dann allerdings nicht mehr sinusförmig, sondern – bei einem ideal übersteuernden Verstärker – ein „abgeschnittener Sinus" (siehe Bild 6.21).

Grundsätzlich ist dann auch der Strom $I(t)$ durch den Schwingkreis nicht mehr streng sinusförmig. Er ist jedoch „weitaus sinusförmiger" als $U_3(t)$ bei Übersteuerung, da der Schwingkreis aus dem Fourier-Spektrum von $U_3(t)$ die Grundkomponente mit der Eigenfrequenz bevorzugt ausfiltert. Die Unterdrückung der anderen Fourier-Komponenten ist um so effektiver, je kleiner die Schwingkreis-Dämpfung ist. Der folgende Fall dient zur Verdeutlichung: Der Verstärker sei so stark übersteuert, daß seine Ausgangsspannung praktisch eine Rechteck-Spannung mit der Periode $T = 2\pi/\omega_0$ ist.

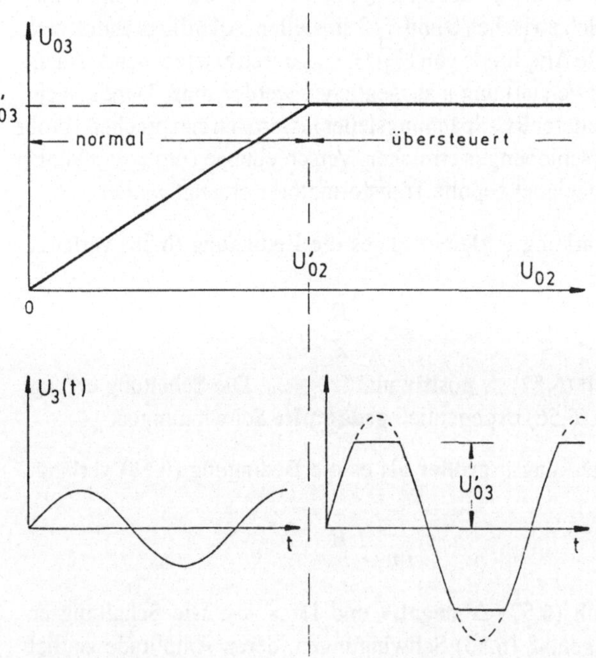

Bild 6.21 Rückkopplung bei Übersteuerung

Die Fourier-Reihe für einen solchen Rechteck-Verlauf besteht aus Summanden, deren Kreisfrequenz $\omega = n\omega_0$ **ungeradzahlige** Vielfache von ω_0 sind und deren Amplituden durch

$$U_{03}^{(n)} = \frac{4U'_{03}}{\pi}\frac{1}{n}$$

gegeben sind ($n = 1; 3; 5; 7; \ldots$). Für die zugehörigen Amplituden $I_0^{(n)}$ der Fourier-Komponenten des Stroms $I(t)$ durch den Schwingkreis folgt dann:

$$I_0^{(n)} = \frac{U_{03}^{(n)}}{|Z(n\omega_0)|} = \frac{4U_{03}'}{\pi} \frac{1}{n|Z(n\omega_0)|}$$

Aus (6.53) ergibt sich für $\omega = n\omega_0$ und $\delta = m\omega_0$:

$$|Z| = L\sqrt{4m^2\omega_0^2 + \left(\frac{n^2-1}{n}\right)\omega_0^2} = \omega_0 L\sqrt{4m^2 + \left(\frac{n^2-1}{n}\right)^2}$$

Damit ist:

$$I_0^{(n)} = \frac{4U_{03}'}{\pi\omega_0 L} \frac{1}{\sqrt{4m^2 n^2 + (n^2-1)^2}}$$

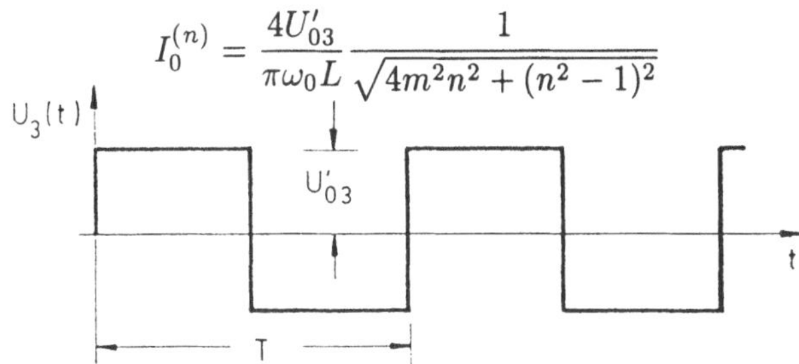

Für eine Dämpfung von $\delta = 0.1\omega_0$, die bei realen Schwingkreisen mühelos zu erreichen ist, betragen dann die Amplituden der ersten drei Fourier-Komponenten für $I(t)$ mit der abkürzenden Bezeichnung $4U_{03}'/(\pi\omega_0 L) \equiv A$:

<u>$n = 1$</u>:

$$I_0^{(1)} = 5A$$

<u>$n = 3$</u>:

$$I_0^{(3)} = \frac{A}{\sqrt{64.36}} = 0.125A$$

<u>$n = 5$</u>:

$$I_0^{(5)} = \frac{A}{\sqrt{577}} = 0.042A$$

Das ergibt:

$$\frac{I_0^{(3)}}{I_0^{(1)}} = 0.025 \quad \text{und} \quad \frac{I_0^{(5)}}{I_0^{(1)}} = 0.008$$

Schon die zweite Komponente $I_0^{(3)}$ ist also nur noch mit 2.5% der Amplitude der Grundkomponente $I_0^{(1)}$ vertreten. Die Schwingung ist also „praktisch sinusförmig".

7 Anhang: Notizen und simple Beispiele zur Vektoranalysis

7.1 Radialkraftfeld

Vorgegeben sei ein Zentralkraftfeld der Form:

$$\vec{F} = A\vec{r} = Ax\vec{u}_x + Ay\vec{u}_y + Az\vec{u}_z$$

Zahlenwert z.B.: $A = 1\,\mathrm{N\,m^{-1}}$.
Wie groß ist die **Divergenz** von $\vec{F}$?

$$
\begin{aligned}
\mathrm{div}\,\vec{F} &= \frac{\partial F_x}{\partial x} + \frac{\partial F_y}{\partial y} + \frac{\partial F_z}{\partial z} = A + A + A = 3A \\
&= 3\,\frac{\mathrm{N}}{\mathrm{m}}
\end{aligned}
$$

7.2 Temperaturverteilung

Vorgegeben sei eine räumliche Temperaturverteilung der Form:

$$T = Br$$

Zahlenwert z.B.: $B = 1\,^{\circ}\mathrm{C\,m^{-1}}$.
Wie groß ist der **Gradient** von T?
Aus

$$\mathrm{grad}\,T = \frac{\partial T}{\partial x}\vec{u}_x + \frac{\partial T}{\partial y}\vec{u}_y + \frac{\partial T}{\partial z}\vec{u}_z$$

folgt mit:

$$r = \sqrt{x^2 + y^2 + z^2} = (x^2 + y^2 + z^2)^{1/2}$$

für die x-Komponente:

$$\frac{\partial T}{\partial x} \;=\; \frac{\mathrm{d}T}{\mathrm{d}r}\frac{\partial r}{\partial x} = B\frac{\partial r}{\partial x} = B\frac{1}{2}(x^2 + y^2 + z^2)^{-1/2}2x$$

$$=. \; B\frac{x}{\sqrt{x^2 + y^2 + z^2}} = B\frac{x}{r}$$

Entsprechendes ergibt sich für die anderen beiden Komponenten. Damit ist:

$$\operatorname{grad} T = \frac{B}{r}(x\vec{u}_x + y\vec{u}_y + z\vec{u}_z) = B\frac{\vec{r}}{r} = B\vec{u}_r$$

Der Gradient weist **vom Ursprung weg**. Er hat den Betrag:

$$|\operatorname{grad} T| = B = 1\,^{\circ}\mathrm{C}\,\mathrm{m}^{-1}$$

7.3 Druckverteilung

Vorgegeben sei eine räumliche Druckverteilung der Form:

$$p = \frac{C}{r}$$

Zahlenwert z.B.: $C = 1$ Pa m. Wie groß ist der **Gradient** von p?
Aus

$$\operatorname{grad} p = \frac{\partial p}{\partial x}\vec{u}_x + \frac{\partial p}{\partial y}\vec{u}_y + \frac{\partial p}{\partial z}\vec{u}_z$$

folgt für die x-Komponente:

$$\frac{\partial p}{\partial x} = \frac{\mathrm{d}p}{\mathrm{d}r}\frac{\partial r}{\partial x} = -\frac{C}{r^2}\frac{x}{r} = -C\frac{x}{r^3}$$

und entsprechendes für die y- und z-Komponente. Das ergibt:

$$\operatorname{grad} p = -\frac{C}{r^3}(x\vec{u}_x + y\vec{u}_y + z\vec{u}_z) = -C\frac{\vec{r}}{r^3} = -\frac{C}{r^2}\vec{u}_r$$

Der Gradient weist **zum Ursprung hin**. Er hat den Betrag:

$$|\operatorname{grad} p| = \frac{C}{r^2} = \frac{1}{r^2}\,\mathrm{Pa}\,\mathrm{m}^{-1} \qquad \text{für} \qquad [r] = \mathrm{m}$$

7.4   Zentralkraftfeld

Vorgegeben sei ein Zentralkraftfeld der Form:

$$\vec{F} = D\,\frac{\vec{r}}{r^3} = \frac{D}{r^2}\,\vec{u}_r$$

mit

$$F_x = \frac{D}{r^3}\,x,\,\ldots$$

Zahlenwert z.B.: $D = 1\,\mathrm{N\,m^2}$.
Zu berechnen ist die **Divergenz** von $\vec{F}$. Zunächst ist:

$$\frac{\partial F_x}{\partial x} = \frac{\partial}{\partial x}\left[D\frac{x}{r^3}\right] = D\frac{\partial}{\partial x}\left[\frac{x}{r^3}\right]$$

Aus der allgemeinen Differentiations-Formel:

$$\frac{\partial}{\partial x}\left[\frac{u}{v}\right] = \left[\frac{u}{v}\right]' = \frac{u'v - v'u}{v^2}$$

folgt mit

$$u = x, \quad v = r^3$$

also mit:

$$u' = \frac{\partial u}{\partial x} = 1 \quad \text{und} \quad v' = \frac{\partial v}{\partial x} = \frac{\partial r^3}{\partial x}$$

$$= \frac{\mathrm{d}r^3}{\mathrm{d}r}\frac{\partial r}{\partial x} = 3r^2\frac{x}{r} = 3rx :$$

$$\frac{\partial F_x}{\partial x} = D\frac{r^3 - 3rxx}{r^6} = \frac{D}{r^6}(r^3 - 3rx^2)$$

Entsprechend erhält man die Ableitungen $\partial F_y/\partial y$ und $\partial F_z/\partial z$. Das ergibt:

$$\operatorname{div}\vec{F} = \frac{D}{r^6}(r^3 - 3rx^2 + r^3 - 3ry^2 + r^3 - 3rz^2)$$

$$= \frac{D}{r^6}\left[3r^3 - 3r(x^2 + y^2 + z^2)\right] = \frac{D}{r^6}\left[3r^3 - 3rr^2\right]$$

also $\operatorname{div}\vec{F} = 0$.

7.5   Kraftfeld

Vorgegeben sei ein Kraftfeld der Form

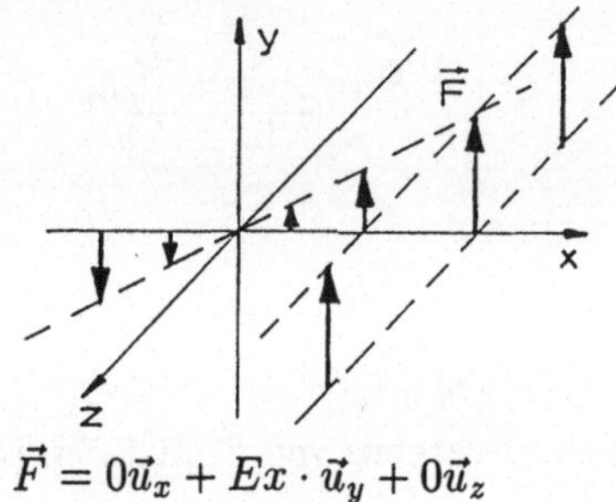

$$\vec{F} = 0\vec{u}_x + Ex \cdot \vec{u}_y + 0\vec{u}_z$$

Wie groß ist die **Rotation** von $\vec{F}$? Ausgehend von der Definition folgt für die Komponenten:

$$(\mathrm{rot}\ \vec{F})_x \;=\; \frac{\partial F_z}{\partial y} - \frac{\partial F_y}{\partial z} = 0 - \frac{\partial(Ex)}{\partial z} = 0,$$

$$(\mathrm{rot}\ \vec{F})_y \;=\; \frac{\partial F_x}{\partial z} - \frac{\partial F_z}{\partial x} = 0 - 0 = 0,$$

$$(\mathrm{rot}\vec{F})_z \;=\; \frac{\partial F_y}{\partial x} - \frac{\partial F_x}{\partial y} = E - 0 = E$$

Die Rotation weist in die (positive) z-Richtung.

7.6   Rotation eines Vektorfeldes. Einfache Beispiele aus der Mechanik

a.) Um die z-Achse rotierende starre Scheibe:
Für die Geschwindigkeit des Volumenelements dV gilt bekanntlich:

$$\vec{v} = \vec{\omega} \times \vec{r} \qquad \text{mit} \qquad v = \omega r\,,$$

letzteres wegen $\vec{v} \perp \vec{r}$. Wegen $\omega = $ const (starrer Körper) ist also:

$$v \sim r$$

Die Winkelgeschwindigkeit $\vec{\omega} = \omega\vec{u}_z$ hat die Komponenten:

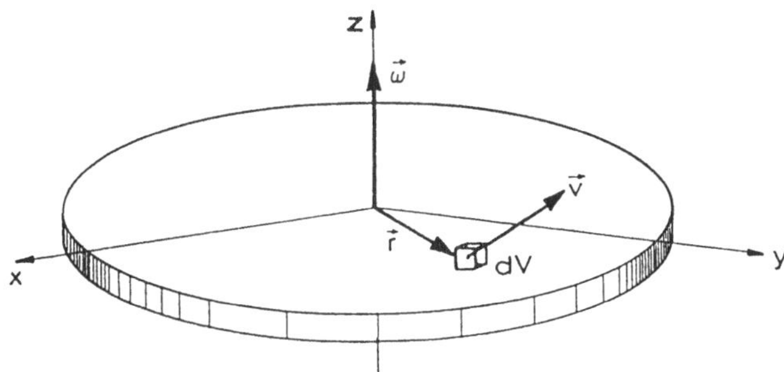

Bild 7.1 Rotierende starre Scheibe

$$\omega_x = \omega_y = 0 \qquad \text{und} \qquad \omega_z = \omega$$

Für die Komponenten von $\vec{v}$ folgt:

$$\begin{aligned}
v_x &= (\vec{\omega} \times \vec{r})_x = \omega_y r_z - \omega_z r_y = -\omega y, \\
v_y &= (\vec{\omega} \times \vec{r})_y = \omega_z r_x - \omega_x r_z = \omega x, \\
v_z &= (\vec{\omega} \times \vec{r}) = 0
\end{aligned} \qquad (7.1)$$

Also ist:

$$\vec{v} = -\omega y \vec{u}_x + \omega x \vec{u}_y$$

Ausgehend von der Definition der Rotation erhält man:

$$\text{rot } \vec{v} = \left[\underbrace{\frac{\partial v_z}{\partial y}}_{=0} - \underbrace{\frac{\partial v_y}{\partial z}}_{=0} \right] \vec{u}_x + \left[\underbrace{\frac{\partial v_x}{\partial z}}_{=0} - \underbrace{\frac{\partial v_z}{\partial x}}_{=0} \right] \vec{u}_y + \left[\underbrace{\frac{\partial v_y}{\partial x}}_{=\omega} - \underbrace{\frac{\partial v_x}{\partial y}}_{=-\omega} \right] \vec{u}_z$$

also:

$$\boxed{\text{rot } \vec{v} = 2\omega \vec{u}_z = 2\vec{\omega}}$$

b.) Magnus-Wirbel um die z-Achse:

Um einen in einem realen Fluid mit der Winkelgeschwindigkeit Ω rotierenden Zylinder vom Radius R bildet sich ein Strömungswirbel mit dem Betrag

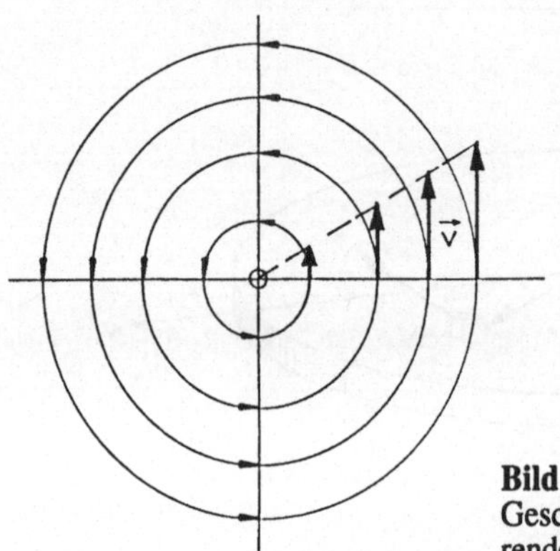

Bild 7.2
Geschwindigkeitsfeld bei einer rotierenden starren Scheibe

$$v(r) = \frac{\Omega R^2}{r}$$

der Strömungsgeschwindigkeit aus. r ist der Abstand von der Zylinderachse (z-Achse). Für die Winkelgeschwindigkeit der Strömung
folgt daraus mit der Abkürzung $A = \Omega R^2$:

$$\omega(r) = \frac{v(r)}{r} = \frac{A}{r^2}$$

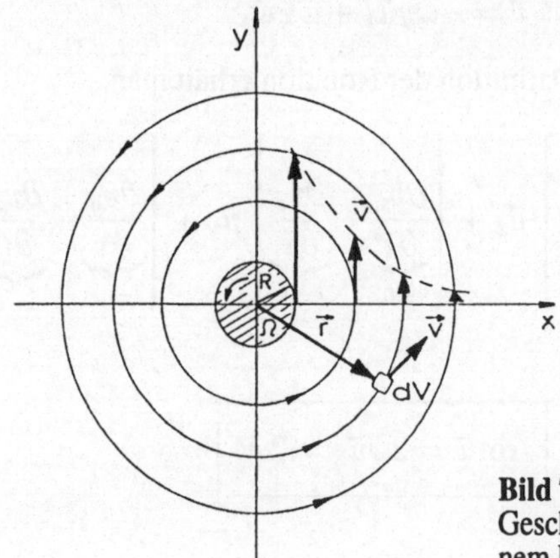

Bild 7.3
Geschwindigkeitsverteilung bei einem Magnuswinkel

Wie im Fall a.) hat auch hier die Rotation von $\vec{v}$ nur eine z-Komponente,
d.h. es ist:

$$\text{rot}\,\vec{v} = \left[\frac{\partial v_y}{\partial x} - \frac{\partial v_x}{\partial y}\right]\vec{u}_z$$

Aus (7.1) ergibt sich:

$$
\begin{aligned}
\frac{\partial v_y}{\partial x} &= \frac{\partial}{\partial x}\left[\omega(r)x\right] = \frac{\partial \omega}{\partial x}x + \omega = \frac{\mathrm{d}\omega}{\mathrm{d}r}\frac{\partial r}{\partial x}x + \omega \\[2mm]
&= \left[-2\frac{A}{r^3}\right]\frac{\partial(x^2 + y^2)^{1/2}}{\partial x}x + \frac{A}{r^2} \\[2mm]
&= -\frac{2A}{r^3}\left[\frac{1}{2}(x^2 + y^2)^{-1/2}2x\right]x + \frac{A}{r^2} \\[2mm]
&= -2A\frac{x^2}{r^4} + \frac{A}{r^2}
\end{aligned}
$$

$$\tag{7.2}$$

und entsprechend:

$$\frac{\partial v_x}{\partial y} = \frac{\partial}{\partial y}\left[-\omega(r)y\right] = 2A\frac{y^2}{r^4} - \frac{A}{r^2}$$

Damit erhält man:

$$
\begin{aligned}
\text{rot}\,\vec{v} &= \left[-2A\frac{x^2}{r^4} + \frac{A}{r^2} - 2A\frac{y^2}{r^4} + \frac{A}{r^2}\right]\vec{u}_z \\[2mm]
&= \left[\frac{2A}{r^2} - \frac{2A}{r^4}(x^2 + y^2)\right] = \frac{2A}{r^2} - \frac{2A}{r^4}r^2 = 0
\end{aligned}
$$

c.) Welche ebenen Wirbelfelder $\omega(r)$ sind rotationsfrei?
Wegen $\partial r/\partial x = x/r$ folgt aus (7.2):

$$\frac{\partial v_y}{\partial x} = \frac{\mathrm{d}\omega}{\mathrm{d}r}\frac{\partial r}{\partial x}x + \omega = \frac{\mathrm{d}\omega}{\mathrm{d}r}\frac{x}{r}x + \omega = \frac{\mathrm{d}\omega}{\mathrm{d}r}\frac{x^2}{r} + \omega$$

Entsprechend gilt:

$$\frac{\partial v_x}{\partial y} = -\frac{\mathrm{d}\omega}{\mathrm{d}r}\frac{y^2}{r} - \omega$$

Damit ist:

$$\operatorname{rot} \vec{v} = \left[\frac{\partial v_y}{\partial x} - \frac{\partial v_x}{\partial y} \right] \vec{u}_z$$

$$= \left(\frac{\mathrm{d}\omega}{\mathrm{d}r} \frac{x^2}{r} + \omega - \left[-\frac{\mathrm{d}\omega}{\mathrm{d}r} \frac{y^2}{r} - \omega \right] \right) \vec{u}_z$$

$$= \left[\frac{\mathrm{d}\omega}{\mathrm{d}r} \frac{x^2 + y^2}{r} + 2\omega \right] \vec{u}_z = \left[r \frac{\mathrm{d}\omega}{\mathrm{d}r} + 2\omega \right] \vec{u}_z$$

Gefordert wird $\operatorname{rot} \vec{v} = 0$. Das führt auf:

$$\frac{\mathrm{d}\omega}{\mathrm{d}r} = -2 \frac{\omega}{r} \qquad \text{oder} \qquad \frac{\mathrm{d}\omega}{\omega} = -2 \frac{\mathrm{d}r}{r}$$

Die Integration

$$\int \frac{\mathrm{d}\omega}{\omega} = -2 \int \frac{\mathrm{d}r}{r}$$

ergibt mit den willkürlichen Integrationskonstanten ω_0 und r_0:

$$\ln \frac{\omega}{\omega_0} = -2 \ln \frac{r}{r_0} = \ln \frac{r_0^2}{r^2}$$

oder mit der Abkürzung $\alpha = \omega_0 r_0^2$:

$$\boxed{\ \omega(r) = \frac{\alpha}{r^2}\ }$$

7.7 Zum Begriff der „Divergenz" eines Vektorfeldes

Am Beispiel der Gravitations-Feldstärke einer homogenen Massenkugel (Masse M, Volumen V, Radius R, Dichte ϱ.

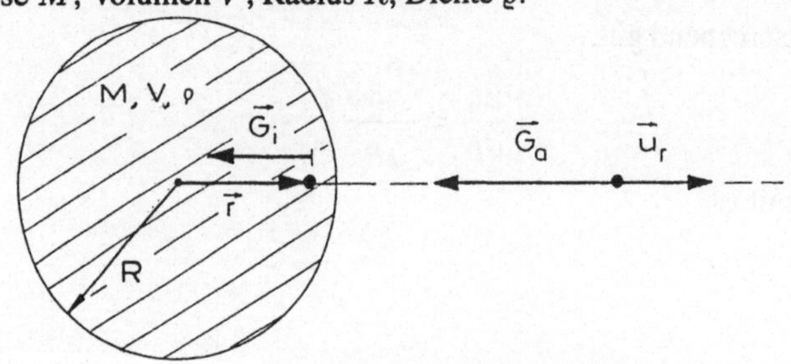

a.) **Innerhalb** der Kugel ist:

$$\vec{G}_i = -\gamma \frac{M}{R^3} r \vec{u}_r = -\gamma \frac{M}{R^3} \vec{r}$$

Mit $M = \varrho \cdot V = (4/3)\pi R^3 \varrho$ erhält man:

$$\vec{G}_i = -\frac{4}{3}\pi\gamma\varrho\vec{r}$$

Ausgehend von der Definition folgt:

$$\begin{aligned}
\operatorname{div} \vec{G}_i &= \frac{\partial G_{ix}}{\partial x} + \frac{\partial G_{iy}}{\partial y} + \frac{\partial G_{iz}}{\partial z} = -\frac{4}{3}\pi\gamma\varrho \cdot \operatorname{div} \vec{r} \\
&= -\frac{4}{3}\pi\gamma\varrho \left[\frac{\partial r_x}{\partial x} + \frac{\partial r_y}{\partial y} + \frac{\partial r_z}{\partial z} \right] \\
&= -\frac{4}{3}\pi\gamma\varrho \left[\frac{\partial x}{\partial x} + \frac{\partial y}{\partial y} + \frac{\partial z}{\partial z} \right]
\end{aligned}$$

oder:

$$\boxed{\operatorname{div} \vec{G}_i = -4\pi\gamma\varrho}$$

b.) **Außerhalb** der Kugel ist:

$$\vec{G}_a = -\gamma \frac{M}{r^2} \vec{u}_r = -\gamma M \frac{\vec{r}}{r^3}$$

Das ergibt:

$$\begin{aligned}
\operatorname{div} \vec{G}_a &= -\gamma M \cdot \operatorname{div} \left[\frac{\vec{r}}{r^3} \right] \\
&= -\gamma M \left(\frac{\partial}{\partial x}\left[\frac{x}{r^3} \right] + \frac{\partial}{\partial y}\left[\frac{y}{r^3} \right] + \frac{\partial}{\partial z}\left[\frac{z}{r^3} \right] \right)
\end{aligned}$$

Es ist:

$$\frac{\partial}{\partial x}\left[\frac{x}{r^3} \right] = x\frac{\partial}{\partial x}\left[\frac{1}{r^3} \right] + \frac{1}{r^3}\frac{\partial x}{\partial x} = -3x\frac{1}{r^4}\frac{\partial r}{\partial x} + \frac{1}{r^3}$$

Wegen $\partial r/\partial x = x/r$ folgt:

$$\frac{\partial}{\partial x}\left[\frac{x}{r^3}\right] = \frac{1}{r^3} - \frac{3x^2}{r^5}$$

Entsprechendes erhält man für die y- und z-Terme. Also ist:

$$\begin{aligned}
\operatorname{div}\vec{G}_a &= -\gamma M\left[\frac{1}{r^3} - \frac{3x^2}{r^5} + \frac{1}{r^3} - \frac{3y^2}{r^5} + \frac{1}{r^3} - \frac{3z^2}{r^5}\right]\\
&= -\gamma M\left[\frac{3}{r^3} - 3\frac{x^2+y^2+z^2}{r^5}\right] = -\gamma M\left[\frac{3}{r^3} - 3\frac{r^2}{r^5}\right]
\end{aligned}$$

oder:

$$\boxed{\operatorname{div}\vec{G}_a = 0}$$

c.) Erläuternde Bemerkungen:

Der Ursprung oder die „Quellen" des Gravitationsfeldes sind **Massen**. Die Feldlinien „entspringen" in Gebieten, in denen die Massendichte $\varrho = \mathrm{d}M/\mathrm{d}V$ von Null verschieden ist. Die Divergenz gibt die „Stärke" oder „Ergiebigkeit" dieser Quellen an. Diese ist nach Fall a.) proportional zu ϱ. Gebiete hoher Massendichte erzeugen „entsprechend viele Feldlinien". Im Sinne dieser Interpretation müßte somit außerhalb der Kugel, also im Gebiet mit $\varrho = 0$, die Quellstärke oder Divergenz verschwinden. Das Ergebnis des Falles b.) bestätigt diese Vermutung.

d.) Analoger elektrischer Fall:

Homogen geladene Kugel (Ladung Q, Volumen V, Radius R, Raumladungsdichte ϱ_e.

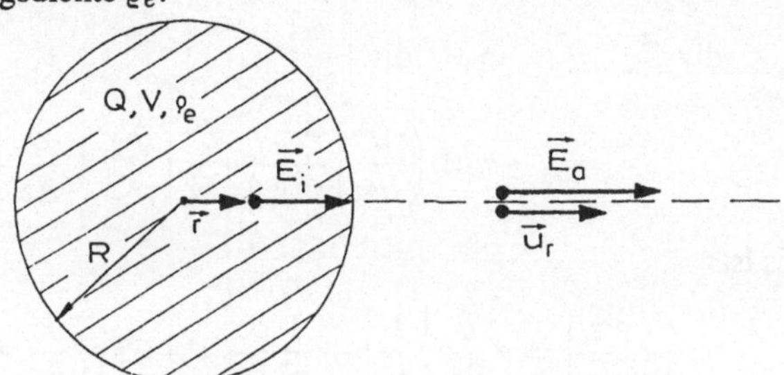

Die Gravitations-Kraft auf eine Masse m beträgt:

$$\vec{F} = -\gamma \frac{mM}{r^2} \vec{u}_r$$

Die Coulomb-Kraft auf eine Ladung q beträgt:

$$\vec{F} = \frac{1}{4\pi\varepsilon_0} \frac{qQ}{r^2} \vec{u}_r$$

Durch den formalen Übergang $m \to q$; $M \to Q$; $-\gamma \to 1/(4\pi\varepsilon_0)$ erhält man als elektrische Feldstärke **innerhalb** der Kugel:

$$\vec{E}_i = \frac{1}{4\pi\varepsilon_0} \frac{Q}{R^3} r\vec{u}_r = \frac{1}{4\pi\varepsilon_0} \frac{Q}{R^3} \vec{r}$$

Mit $Q = \varrho_e V = (4/3)\pi R^3 \varrho_e$ folgt:

$$\vec{E}_i = \frac{1}{3\varepsilon_0} \varrho_e \vec{r}$$

Das ergibt:

$$\operatorname{div} \vec{E}_i = \frac{1}{3\varepsilon_0} \varrho_e \cdot \operatorname{div} \vec{r}$$

oder mit $\operatorname{div} \vec{r} = 3$:

$$\boxed{\operatorname{div} \vec{E}_i = \frac{\varrho_e}{\varepsilon_0}}$$

Außerhalb der Kugel ist:

$$\vec{E}_a = \frac{1}{4\pi\varepsilon_0} \frac{Q}{r^2} \vec{u}_r = \frac{1}{4\pi\varepsilon_0} \frac{Q}{r^3} \vec{r}$$

und damit:

$$\boxed{\operatorname{div} \vec{E}_a = 0}$$

7.8 Welche Zentralkraftfelder $\vec{F} = f(r)\vec{r}$ sind quellenfrei?

In Komponenten-Schreibweise ist:

$$\vec{F} = f(r)x\vec{u}_x + f(r)y\vec{u}_y + f(r)z\vec{u}_z$$

Also folgt:

$$\frac{\partial F_x}{\partial x} = \frac{\partial}{\partial x}\Big[f(r)x\Big] = f(r)\frac{\partial x}{\partial x} + \frac{\partial f(r)}{\partial x}x = f(r) + \frac{\partial f(r)}{\partial x}x$$

oder mit:

$$\frac{\partial f(r)}{\partial x} = \frac{\mathrm{d}f(r)}{\mathrm{d}r}\frac{\partial r}{\partial x} \quad \text{und} \quad \frac{\partial r}{\partial x} = \frac{\partial}{\partial x}(x^2 + y^2 + z^2)^{1/2} = \frac{x}{r} :$$

$$\frac{\partial F_x}{\partial x} = f(r) + \frac{\mathrm{d}f(r)}{\mathrm{d}r}\frac{x}{r}x = f(r) + \frac{\mathrm{d}f(r)}{\mathrm{d}r}\frac{x^2}{r}$$

Die y- und z-Terme erhält man in entsprechender Weise. Das ergibt:

$$\operatorname{div}\vec{F} = \frac{\partial F_x}{\partial x} + \frac{\partial F_y}{\partial y} + \frac{\partial F_z}{\partial z}$$

$$= 3f(r) + \frac{\mathrm{d}f(r)}{\mathrm{d}r}\frac{1}{r}(x^2 + y^2 + z^2)$$

oder wegen $x^2 + y^2 + z^2 = r^2$:

$$\operatorname{div}\vec{F} = 3f(r) + r\frac{\mathrm{d}f(r)}{\mathrm{d}r}$$

Gesucht wird die Funktion $f(r)$, welche die Forderung $\operatorname{div}\vec{F} = 0$ erfüllt. Sie führt auf:

$$r\frac{\mathrm{d}f(r)}{\mathrm{d}r} = -3f(r) \qquad \text{oder} \qquad \frac{\mathrm{d}f(r)}{f(r)} = -3\frac{\mathrm{d}r}{r}$$

Die Integration

$$\int\frac{\mathrm{d}f(r)}{f(r)} = -3\int\frac{\mathrm{d}r}{r}$$

mit den willkürlichen Integrationskonstanten f_0 und r_0 ergibt:

$$\ln \frac{f(r)}{f_0} = -3\ln \frac{r}{r_0} = \ln \frac{r_0^3}{r^3}$$

oder mit der Abkürzung $\alpha = f_0 r_0^3$:

$$f(r) = \frac{\alpha}{r^3}$$

Sachwortverzeichnis